21 世纪高等学校精品规

Java 面向对象程序设计

（第二版）

主　编　赵生慧

副主编　刘　奎　陈业斌　何爱华

中国水利水电出版社
www.waterpub.com.cn

内 容 提 要

Java 语言是当今面向对象程序设计语言的代表之一。本书循序渐进地介绍了 Java 语言程序设计基础，面向对象程序设计，图形用户界面设计，异常处理，applet 小程序设计，I/O 流及 Java 高级编程等。

本书由 13 章组成。第 1 章介绍了 Java 的特点及 Java 程序的开发环境。第 2 章讨论了 Java 中的基本数据类型和运算表达式。第 3 章介绍了类与对象的概念及简单应用。第 4 章进一步讨论了面向对象的继承与多态性。第 5 章说明了程序控制结构及相应的语句。第 6 章则对数组的创建及应用展开了讨论。第 7 章介绍了系统包和常用类以及它们的应用。第 8 章是接口与抽象类的说明与应用，第 9 章讨论了异常处理的方法。第 10 章详细介绍了图形用户界面及其设计。第 11 章则讨论了 Java 的输入与输出流。第 12 章对 applet 程序设计作了介绍。第 13 章讨论 Java 的高级编程。

本书应用性强，讲解清晰透彻，每一章均由引例开始，配备了丰富的例题与习题，不仅适合作为大专院校计算机公共课程和专业课程的 Java 语言入门教材，也可供专业程序设计人员使用。

本书配有电子教案，读者可以到中国水利水电出版社或万水书苑网站免费下载，网址：http://www.waterpub.com.cn/softdown/或 http://www.wsbookshow.com。

图书在版编目（ＣＩＰ）数据

Java面向对象程序设计 / 赵生慧主编. -- 2版. -- 北京 : 中国水利水电出版社, 2010.8（2020.8 重印）
21世纪高等学校精品规划教材
ISBN 978-7-5084-7650-6

Ⅰ. ①J… Ⅱ. ①赵… Ⅲ. ①JAVA语言－程序设计－高等学校－教材 Ⅳ. ①TP312

中国版本图书馆CIP数据核字(2010)第121409号

策划编辑：雷顺加　责任编辑：李　炎　加工编辑：李　冰　封面设计：李　佳

书　名	21 世纪高等学校精品规划教材 Java 面向对象程序设计（第二版）
作　者	主　编　赵生慧 副主编　刘　奎　陈业斌　何爱华
出版发行	中国水利水电出版社 （北京市海淀区玉渊潭南路 1 号 D 座　100038） 网址：www.waterpub.com.cn E-mail：mchannel@263.net（万水） sales@waterpub.com.cn 电话：（010）68367658（营销中心）、82562819（万水）
经　售	全国各地新华书店和相关出版物销售网点
排　版	北京万水电子信息有限公司
印　刷	三河市鑫金马印装有限公司
规　格	184mm×260mm　16 开本　18.25 印张　443 千字
版　次	2007 年 7 月第 1 版　2007 年 7 月第 1 次印刷 2010 年 8 月第 2 版　2020 年 8 月第 11 次印刷
印　数	31001—32000 册
定　价	30.00 元

前　　言

Java 是一种优秀的面向对象程序设计语言，其平台无关性以及对 Internet 应用的支持等多种特点使得其成为当今程序设计语言的代表。更重要的是，它已经有了相当广泛的市场基础，几乎成为软件开发人员及程序员的必备技术。在网络编程、数据库编程、移动通信开发等方面，Java 语言均占有优势。同时，由于 Java 与 Internet 的天然联系，使得开发基于 Java 的 Web 应用变得非常轻松。

根据社会对应用型人才的需求定位，要求高等学校在人才培养时注重教学内容的实用性和应用性，要不断改革教学目标、内容及教学方法，加强对应用能力及学习方法的培养。本书作为一门实用性很强的课程，也突出了其应用性和方法性。

本书采用循序渐进的方法，理论与实践相结合，既有基本的理论介绍，又注重技术的应用及实践。对类和对象这些关键的概念，逐步引入，并结合实际生活中的应用设计案例。对一些抽象的概念，例如接口、抽象类和输入输出流等，均从相关概念延伸出，结合具体例题解释。教材中的引例和实例大部分给出了解题思路和程序分析，以帮助读者理解程序。这种编写方式有利于初学者掌握程序设计流程和编程思想，也能为读者的后续课程学习打下基础。

本书由 13 章组成。第 1 章介绍了 Java 的特点及 Java 程序的开发环境。第 2 章讨论了 Java 中的基本数据类型和运算表达式。第 3 章介绍了类与对象的概念及简单应用。第 4 章进一步讨论了面向对象的继承与多态性。第 5 章说明了程序控制结构及相应的语句。第 6 章则对数组的创建及应用展开了讨论。第 7 章介绍了系统包和常用类以及它们的应用。第 8 章是接口与抽象类的说明与应用，第 9 章讨论了异常处理的方法。第 10 章详细介绍了图形用户界面及其设计。第 11 章则讨论了 Java 的输入与输出流。第 12 章对 applet 程序设计作了介绍。第 13 章讨论 Java 的高级编程。

本书将出版配套的实验指导书，为教学与自学提供方便。在实验指导书中，给出了本书的大部分习题参考解答，且包含与本教材配套的光盘，光盘中给出了本书所有的程序代码、辅助教学系统及教学 PPT 文档。应用辅助教学系统，读者可以从题库中抽取习题进行练习，学习和巩固知识。

参加本书编写的人员均为长期从事计算机教学的教师及技术开发人员，有丰富的 Java 应用及教学经验。本书第 1、2 章由赵生慧编写，第 3、4 章由陈业斌编写，第 5、6 章由何爱华编写，第 7、8、10 章由刘奎编写，第 9 章由陈平编写，第 11 章由马骏编写，第 12、13 章由黄晓玲编写。全书由赵生慧统稿。编写过程中，得到了陈桂林、计成超、陈海宝、李跃民、杨传健等各位教师的帮助。

由于作者水平所限，书中难免存在一些缺点和错误，期待广大读者批评指正。

作　者

2010 年 6 月

目　录

第 1 章　了解 Java

- Java 的起源、发展和主要特点。
- Java 的基本开发环境。
- Java 应用程序的基本结构与组成元素。
- 编辑、编译及运行 Java 应用程序的基本方法与过程。
- Java 小程序的组成与运行。
- 类与对象的概念，面向对象的基本特性，以及面向对象程序设计的基本过程。

- 了解 Java 的技术背景以及 Internet 的发展对 Java 的推动作用。
- 理解平台无关性及可移植性的含义。
- 掌握编写具有简单输出功能的 Java 应用程序的方法。
- 熟悉 JDK 的安装以及编辑、编译、运行 Java 应用程序的方法。
- 理解类、对象、属性、方法等面向对象的基本概念。
- 了解封装、继承及多态等面向对象的基本特性。

1.1　Java 概述

随着程序设计技术的改革及计算环境的改变，Java 语言也得到了迅速发展。一方面，C++等面向对象程序设计语言的发展为 Java 提供了技术基础。事实上，Java 也大量地继承了 C 及 C++的成果，并增加了体现程序设计技术发展状态的功能。另一方面，网络及 Internet 的发展，对程序设计语言提出了新的要求，为 Java 的发展注入了强大的动力。正是 Internet 的快速发展和普及，改变了传统的计算模式，促进了 Java 的普及与流行。

1.1.1　Java 的起源

Java 是由 Sun Microsystems 的 James Gosling 所领导的开发小组设计的。最初的版本是 1991 年的 Oak（橡树），其目标是设计独立于平台且能够嵌入到不同的消费类电子产品的程序。所谓独立于平台，是指通过该语言生成的代码可以在不同体系结构的 CPU 上运行，也可以在异构的操作系统环境下运行。

随着 Internet 及 WWW 的发展，人们发现 Web 也需要在不同的环境、不同的平台上进行程序的移植，这个变化导致了 Oak 的转型及 Java 的诞生。1995 年，Sun 公司的技术人员对 Oak

进行了修改，用于开发 Internet 应用程序，并将其命名为 Java。今天，Java 技术的多功能性、有效性、平台的可移植性以及安全性已经使它成为网络计算领域最完美的技术之一。通过 Java 可以：

- 在一个平台上编写软件，然后在另一个平台上运行。
- 创建在 Web 浏览器中运行的程序。
- 开发适用于联机论坛、即时通讯、在线投票之类的以 HTML 或者 XML 格式处理的服务器端应用程序。
- 开发基于面向服务体系结构的应用程序，并将应用程序封装为服务向用户发布。
- 为移动电话、远程处理器、低成本的消费产品以及任何具有数字核心的设备编写强大而高效的嵌入式应用程序。

1.1.2 Java 平台的构成

Java 平台包括核心 JVM 以及 Java API。

1. JVM

JVM（Java 虚拟机，Java Virtual Machine）是一种纯软件形式的计算机，Java 虚拟机由具体的硬件平台及相应的 Java 解释器组成，解释器的功能是将字节码翻译成目标机器上的机器语言。

2. Java 平台的三种版本

从诞生到现在，Java 经历了许多变化，1998 年 Sun Microsystems 发布了 JDK1.2，从此称之为 Java 2 平台，1999 年开始，Java 2 被分成 J2SE（Java 2 Platform，Standard Edition）、J2EE（Java 2 Platform，Enterprise Edition）和 J2ME（Java Platform，Micro Edition）三种平台，2005 年，Java 的三种版本被相应地更名为：Java SE、Java EE 及Java ME。

- Java SE

Java SE 允许开发和部署在桌面、服务器、嵌入式环境和实时环境中使用的 Java 应用程序。Java SE 是基于 Java 跨平台技术和强有力的安全模块而开发的，其最新的特征和功能极大地提高了 Java 语言的伸缩性、灵活性、适用性以及可靠性。

- Java EE

Java EE 是 Sun 公司针对 Internet 环境下企业级应用推出的一种全新概念的模型，比传统的互联网应用程序模型更有优势，适合于开发服务器端应用程序或者大型 ERP 系统等。Java EE 也是一组规范集，其中的每一个规范规定了 Java 技术应该如何提供一种类型的功能，为应用开发与企业应用集成定义了数目众多的应用编程接口（API）和多种编程模型。

- Java ME

Java ME 可以使用在各种各样的消费电子产品上，例如，智能卡、手机、PDA、电视机顶盒等方面。Java ME 也提供了 Java 语言一贯的特性——跨平台和安全网络传输。随着 3G 及嵌入式芯片技术的发展，基于 Java 的移动式、嵌入式应用将会越来越广泛。

以上三种版本中，作为桌面环境下应用开发工具的主要是 Java SE，它是 Java EE 和 Java ME 的基础。关于 Java 的最新发展，有兴趣的读者可以参考 Java 网站 http://java.sun.com。

1.2.3 Java 的特点

Java 的迅速发展和广泛流行要归功于它所具有的基本特点。Sun 公司在 Java 语言白皮书中将 Java 的特点归纳为，Java 是简单的、面向对象的、分布式的、解释型的、健壮的、安全的、结构中立的、可移植的、高效的、多线程的、动态的等。下面对其中的主要特点进行简要的解释。

1. Java 是简单的

Java 的简单性是指其使用与学习时，与同为面向对象程序设计语言的 C++相比，Java 要简单一些。在 C++中有许多容易混淆的概念，或者被 Java 抛弃，或者以一种更容易理解的方式实现。例如，在 Java 中不再有指针的概念。

2. Java 是面向对象的

传统的程序设计语言是面向过程的，编程时关注的是程序的控制结构、数据的处理过程等。基于对象的编程更加符合人的思维模式，编程时只需关注应用程序的数据和处理数据的方法，并将数据及其处理方法封装在对象之中，使得编写程序更加容易，效率也更高。

3. Java 是结构中立的

Java 推出之初，最能吸引编程人员的就是其体系结构中立（architecture-neutral）的特点，又称为平台无关性，它是指 Java 应用程序与体系结构无关，不用修改就可以在不同体系结构的硬件平台上运行。实际运行时，首先将 Java 源代码编译成字节码（bytecode）。字节码是结构中立的，可以运行在 Java 虚拟机上，与具体的体系结构无关，如图 1-1 所示。字节码文件可以在任何具有 Java 解释器的平台（即 Java 虚拟机）上运行。

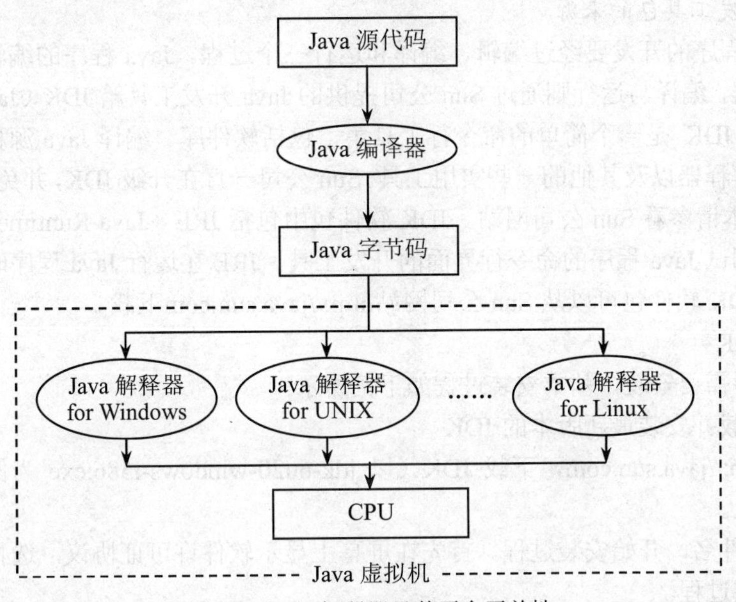

图 1-1　Java 解释器及其平台无关性

4. Java 是安全的

Internet 的安全总是让用户不放心。作为 Internet 程序设计语言，Java 用于网络与分布式环境。因为 Java 执行多层安全机制用以保护系统不受恶意程序破坏，所以当下载并运行一个 Java applet 时，它不会损坏本地系统。

5. Java 是可移植的

可移植性是与平台无关性联系在一起的，Java 程序不必重新编译就可以在任何平台上运行，从而具有很强的可移植性。

6. Java 是开放的

除了以上特点外，Java 的开放性也是促进其快速发展的重要因素。由于 Sun 采取了开放源码策略，在带动 Java 及相关开发技术迅速发展的同时，也使得基于 Java 的开源软件技术成为一种软件开发模式。

1.2 Java 开发环境与应用程序举例

Java 程序分为两类，Java application（应用程序）和 Java applet（小程序）。应用程序是独立的程序，与其他的高级语言程序相同，能够在任何具有 Java 解释器的计算机上运行。applet 是一种特殊的 Java 程序，通常称之为小程序，它可以在兼容 Java 的 Web 浏览器中直接运行，适合开发 Web 程序。

1.2.1 Java 程序开发环境

程序设计语言都有严格的使用规则（语法规则），编写程序时必须遵守这些规则，否则就不能被正确的编译并运行。不同的程序设计语言有不同的开发环境，其语法规则也有差异。在开始学习或者使用 Java 之前，要先准备好基本的环境。

1. Java 开发工具包的来源

一个 Java 程序的开发要经过编辑、编译和运行三个过程。Java 程序的编辑可以使用任何一个文本编辑器，编译与运行则通过 Sun 公司提供的 Java 开发工具箱 JDK（Java Development Toolkit）进行。JDK 是一个简单的命令行工具集，包括软件库、编译 Java 源程序的编译器、执行字节码的解释器以及其他的一些实用工具。Sun 公司一直在升级 JDK，并免费提供给用户，最新的 JDK 版本请参看 Sun 公司网站。JDK 软件包中包括 JRE（Java Runtime Environment）以及用于编译调试 Java 程序的命令行界面的开发工具。JRE 在运行 Java 程序时是必需的，可以单独安装，JDK 软件包可以从 Sun 公司网站http://java.sun.com下载。

2. 安装 JDK

软件下载后需要安装，基本安装过程如下例所示。

例 1.1 下载并安装最新版本的 JDK。

① 访问http://java.sun.com，下载 JDK（以 jdk-6u20-windows-i586.exe 为例）软件包并将其存储在硬盘上。

② 双击文件名，开始安装过程。首先在屏幕上显示软件许可证协议，选择接受协议条款继续下面的安装过程。

③ 选择安装的项目及安装位置。可以选择的安装项目包括开发工具、演示程序及样例、源代码及公共 JRE，如图 1-2 所示。开发工具是必须安装的；演示程序及样例提供了一些示例，为用户编写程序提供参考；源代码是 API 的代码，可以帮助我们了解使用的 API 是如何编写及如何工作的；JRE 也是运行 Java 程序必需的；因此建议这 4 项全部安装。

默认的安装位置是“C:\Program Files\Java\jdk1.6.0\”。如果要改变安装位置，单击“更改”按钮重新设置，例如，将 JDK 安装到 C:\jdk1.6。

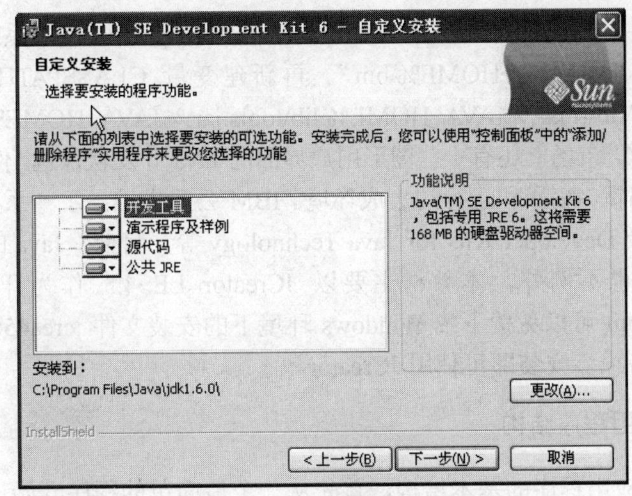

图 1-2 选择 JDK 安装组件

上述安装过程完成后，接着安装公用 JRE，根据屏幕提示选择即可。

3. JDK 环境变量设置

JDK 提供的是命令行用户界面，为了保证在用户工作目录下能够正常调用 Java 编译器，需要在操作系统中进行路径设置。如果使用图形用户界面的集成开发环境，在安装软件时会自动设置环境变量，这一步可以省略。

例 1.2 在 Windows 中设置环境变量，以保证 Java 编译器的正常工作。

分析：设置环境变量就是在 Path 变量值中加入 JDK 的路径。新建一个变量 JAVA_HOME，变量值为 JDK 的具体安装位置；再新建变量 CLASSPATH 设置类路径，使 Java 程序可以方便地调用 JDK 中的类。具体操作方法如下：

① 右击"我的电脑"，选择"属性"，打开"我的电脑"对话框。

② 在显示的对话框中选择"高级"选项卡，单击"环境变量"按钮，屏幕显示如图 1-3 所示的环境变量对话框。

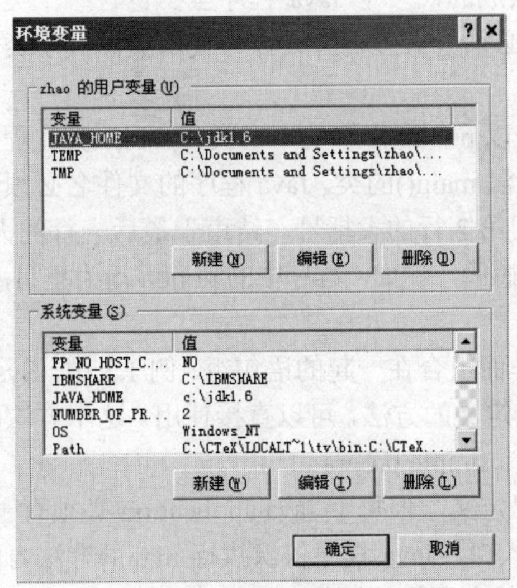

图 1-3 设置路径

③ 在系统变量中新建变量 JAVA_HOME，变量值为 C:\jdk1.6。选中系统变量中的 Path 项，在其变量值中增加“;%JAVA_HOME%\bin”。再新建变量 CLASSPATH，将其变量值设为“;%JAVA_HOME%\lib\rt.jar;%JAVA_HOME%\lib\tools.jar;%JAVA_HOME%\jre”。

除了 Sun 的 JDK，市场上还有一些图形用户界面的 Java 开发软件包。例如 Eclipse、JCreator 和 JBuilder 等具有编辑、编译和运行的集成环境。IBM 公司也推出了一系列的 Java 开发工具，主要有 WebSphere 及 Developer Kits for Java Technology 等。目前，Java 的开发常使用集成开发环境，在教学中也不例外，本教材主要以 JCreator LE 4.5 作为开发环境。通过网址 http://www.jcreator.com 可以免费下载 Windows 环境下的安装文件 jcrea450_setup.exe。双击该文件，根据提示一步一步安装即可使用 JCreator。

1.2.2 Java 应用程序结构

为了理解 Java 应用程序的基本结构，首先从一个最简单的程序开始讨论，该程序的功能是在屏幕上显示信息“This is a simple program!”。

例 1.3 一个简单的 Java 应用程序。

```
//文件名 Simple.java
public class Simple
{
    public static void main(String[] args)
    {
        System.out.println("This is a simple program!");
    }
}
```

一般情况下，一个 Java 应用程序由类、对象与方法等若干部分组成。下面结合本程序对这些组成部分进行简单的解释。

1. 类

类是面向对象程序设计中的基本概念，也是 Java 应用程序的基本组成单位。所有 Java 程序都是由一个或者多个类组成的，一个 Java 程序至少包含一个类，子程序都包含在类定义的块内。要编写 Java 程序，必须能够理解并设计与使用类。关于类的进一步讨论将在本书的第 3 章与第 4 章展开。

例 1.3 中，Simple 就是以 public 修饰的一个类。public 类在程序中最多只有一个，又被称为程序的主类，即含有主方法 main()的类。Java 程序的文件名必须是这里的 public 修饰的主类名。本例中，类定义开始于第 2 行的大括号，结束于最后一行的大括号。

注意，Java 是大小写敏感的，例如，程序中的 println 均为小写，如果写成 Println 就会出错。

2. *方法与 main()方法*

方法是为执行一个操作而组合在一起的语句组。例 1.3 中，System.out.println 是一个方法，其中的 println()是 Java 预先定义的方法，可以直接使用。这个方法的目的是在屏幕上输出字符串，本例中是输出“This is a simple program!”。

方法也可以由用户自己定义，但每个 Java application 必须有一个用户声明的 main()方法，用来表示 Java 程序的执行入口。Java 程序依次执行 main()方法内的每一条语句，直到方法的结束。main()方法的定义格式有严格的规定，详细内容请见本书的第 3 章。

3. 标识符与关键字

编写程序时使用的各种单词或者字符串被称为标识符。关键字是程序设计语言中具有特殊意义的一组标识符，它只能按照预先定义好的方式使用，不能用作其他目的。在 Simple 程序中，出现的标识符有 public、class、Simple、static、void、main、String、args、System、out 和 println，其中 public、class、static、void 是关键字。例如在程序的第 1 行中，当编译器看到 class 时，就知道其后的标识符 Simple 是一个类的名字。关于标识符及关键字的详细描述请参考第 2 章。

有些特定的关键字又被称为修饰符，Java 使用它们来指定数据、方法和类的属性与使用方式。程序中的 public 和 static 就是修饰符。

4. 语句

一条语句表示一个操作，也可以表示一系列操作。程序中，println("This is a simple program!");就是一条语句，在 Java 中，语句用分号“;”结束。

5. 块

将程序中的一些成份组合起来，就构成一个块（block）。在 Java 中，块使用“{”及“}”表示其开始与结束。每个类都有一个组合该类的属性和方法的类块，每个方法也有一个组合该方法语句的方法块。块也可以嵌套，即一个块可以放到另一个块内，图 1-4 表示了这个关系。

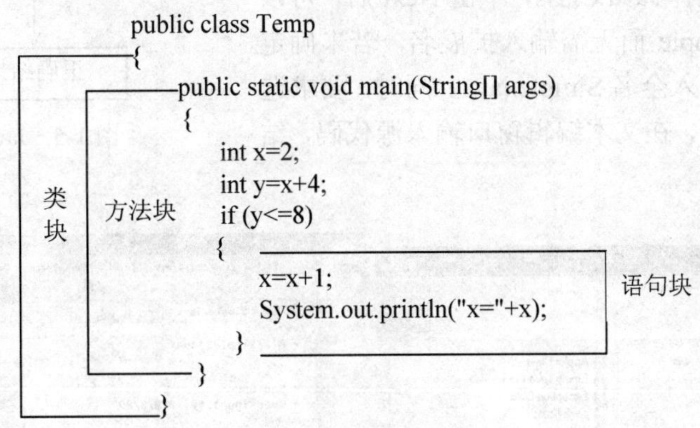

图 1-4　块的示例

6. 注释

为了方便阅读和理解程序，通常的做法是在程序中增加适当的注释。注释语句都是不执行的，编译器在编译源程序时会将其忽略。注释是程序的重要组成部分，一个具有良好风格的程序必须要有清晰而具体的注释。

在 Java 中，注释有两种格式。单行注释用两个斜杠（//）作引导；多行注释用/*和*/将注释的内容括起来。此外，Java 还支持一种称为文档注释的特殊注释，它以/**开头，以*/结尾，主要用于描述类、数据和方法。还可以通过 JDK 的 javadoc 命令转为 HTML 文件，具体请访问 http://java.sun.com/products/j2se/javadoc/index.html。

Java 规范中并没有就程序的书写格式提出明确的要求，但为了增加程序的可读性，设计具有良好风格的程序，建议在书写程序时采用缩进格式，即按照程序的层次，下一个层次比上一个层次后退两格。

1.2.3 Java 应用程序开发过程

一个 Java 程序的开发过程如图 1-5 所示，主要包括：编辑、编译和运行。这个过程是反复的，不管是在创建源代码，还是在编译或者运行时，只要有错误，就必须通过修改程序源代码以纠正错误，然后再重新编译或者运行。

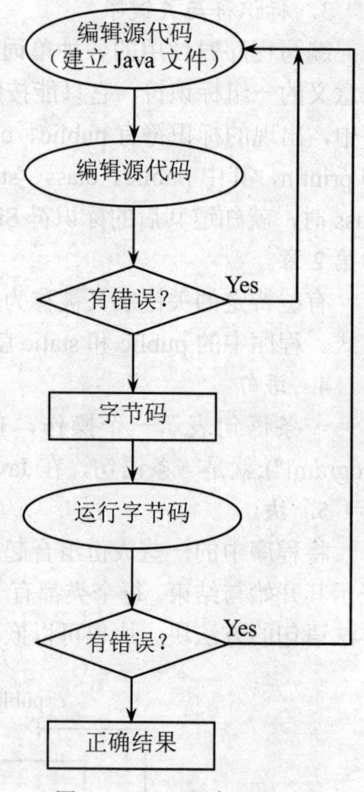

图 1-5 Java 程序开发过程

例 1.4 请在计算机系统中创建例 1.3 中的源程序文件，并编译运行。

1. 编辑源程序

编辑源代码可以使用任何一个文本编辑器，但源代码文件的文件名必须与程序中定义的公共（public）类的类名相同，扩展名必须是“.java”。使用 JCreator 编辑例 1.3 中的源代码文件，命名为 Simple.java。

打开 JCreator 应用程序，然后选择 File→New，进入图 1-6 所示界面，在图 1-6 中，单击 File Type，选择 Java Classes，然后选择 Java Class，单击 Next 后，可以直接输入文件名 Simple 而无需输入扩展名，若未确定文件类型，则需要输入全名 Simple.java。同时，要求选择存放路径。完成后，在文本编辑窗口输入源代码，结果如图 1-7 所示。

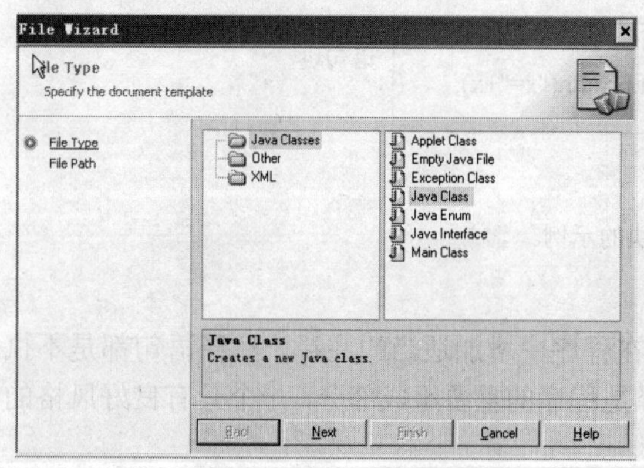

图 1-6 选择文件类型

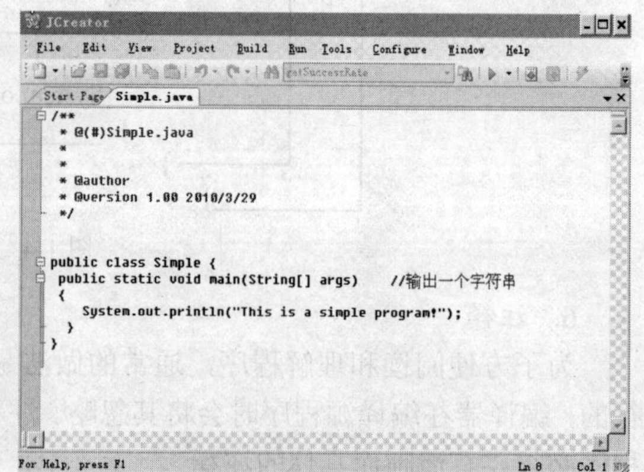

图 1-7 编辑窗口

2. 编译源程序

对一个程序进行编译是指通过编译器 javac.exe 将 Java 源代码文件翻译成字节码（byte code）文件。JCreator 中也集成了编译器，单击菜单 Build→Build File，即对文件进行编译。如果源程序代码没有语法错误，编译器就会生成一个名为 Simple.class 的文件，这个文件称为字节码文件。如果有编译错误，系统会给出一些提示，需要对源代码进行修改，并再次进行编译。

3. 运行字节码文件

运行 Java 程序实际上就是运行字节码文件，在任何一个平台上，只要安装了 Java 解释器 java.exe，就可以运行字节码。在 JCreator 中运行字节码文件的方法是，单击菜单的 Run→Run File，运行结果如图 1-8 所示。

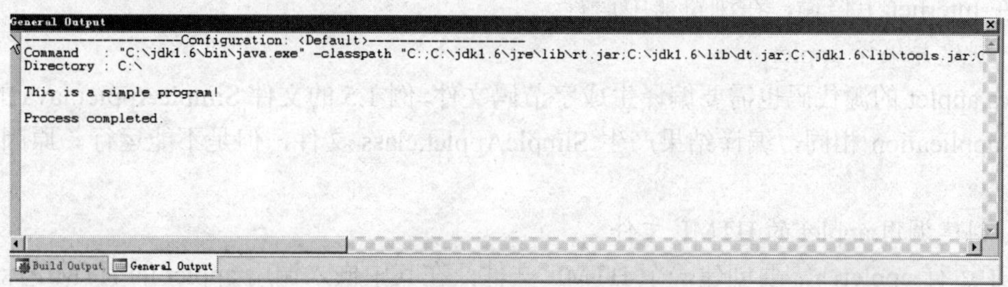

图 1-8 Simple.java 运行结果

在运行字节码时，可能出现运行错误，也可能出现结果不正确的现象，这时需要重新检查并修改源代码文件，将修改后的文件再次编译并运行。

1.3 Java applet 程序举例

Java applet 不是独立的程序，它与 application 既有明显的差异，也有一些共同特征。例如，每个 application 都有一个由 Java 解释器调用的 main()方法，而 applet 则不需要，因为它是直接在浏览器下运行的。下面的例子是一个 applet 程序，它的功能也是显示“This is a simple applet!”。

例 1.5 一个简单的 applet。

```
//文件名 SimpleApplet.java
import java.awt.Graphics;
public class SimpleApplet extends java.applet.Applet
{
    public void paint(Graphics g)
    {
        g.drawString("This is a simple applet!",15,15);
    }
}
```

这个程序的功能是在浏览器中显示字符信息“This is a simple applet!”。但是它不能直接运行，需要将它编译成字节码文件，再通过 HTML 文档从浏览器中访问。

Java applet 的运行还需要图形环境，包括文本信息在内的任何内容都要在图形模式下显示。程序中的 drawString()是 Java 标准类 java.awt.Graphics 中提供的方法，其功能是在图形环境中显示文本。import 语句就是导入 java.awt.Graphics 类。通过导入，在例题程序中可以直接使用类 java.awt.Graphics 中的方法而不必重新编写程序代码。如果没有这个导入语句，就不能在程序中调用 drawString()方法，这是软件可重用性的一个例子，也是面向对象程序的一大优点。关于 drawString()方法的应用参见第 11 章 Graphics 类的介绍。

Java applet 和 Java application 一样也需要经过编译才能运行，但它们的具体执行环境并不一样，下面对 applet 的开发过程进行简单的讨论。

1.3.1 Java applet 的开发过程

创建 Java applet 与 Java application 一样，都需要通过一个编辑工具编辑。不同的是其运行过程，Java application 通过 Java 解释器在虚拟机上运行；而 Applet 由 HTML 文件调用，通过 HTTP 在 Internet 上传输，在浏览器中运行。

1. 创建并编译 applet

Java applet 的源代码也需要编译生成字节码文件，例 1.5 的文件 SimpleApplet.java 的编辑、编译与 application 相同，编译结果产生 SimpleApplet.class 文件，但是不能运行。原因请读者考虑。

2. 创建调用 applet 的 HTML 文件

为了运行 applet，需要创建一个 HTML 文件，在其中嵌入调用 applet 的 HTML 标记。在 JCreator 中编辑 HTML 文档，与建立 application 方法相同。不同之处是，在图 1-6 中的文件类型选择时，需选择 Other→HTML Applet，后面操作类似。

例 1.6 一个调用 applet 的 HTML 文档，文档名为 appletExample.html。

```
<html>
<head>
    <title>The example of Java applet</title>
</head>
<body>
  <applet
    Code = "SimpleApplet.class" width = 200 height = 50 >
  </applet>
</body>
</html>
```

通过上面的例题可以看到，整个 HTML 文档，被括在一对标记<html>与</html>之中，<html>表示文档的开始，并声明该文档是用 HTML 编写的。文档分为头（head）和体（body）两部分，分别用<head>、</head>以及<body>、</body>两对标记定义。头部分包含使用<title>标记的文档标题和浏览器显示文档时可以使用的其他参数，标题是可选的。体部分是实际的文档内容。如需进一步学习 HTML 的其他知识，请参阅有关网页设计资料。这里仅需掌握例 1.6 的应用格式。

程序中调用 applet 使用下面的 HTML 标记：

```
<applet
    code="SimpleApplet.class" width=200  height=50 >
</applet>
```

在这个标记中，<applet>是标记名，code、width 与 height 是属性，code 指定调用的 applet 的名称（实际上也是一个类），接下来的两个属性指定显示区域。

3. 浏览 applet

只要 Java 插件安装正确，通过任何一个 Web 浏览器都可以浏览例 1.6 的 HTML 文档，也可以运行其调用的 applet。只要有浏览器，与具体的硬件及操作系统都没有关系。在 JCreator 环境下，对 appletExample.html 文件运行后，产生如图 1-9 所示的运行结果。

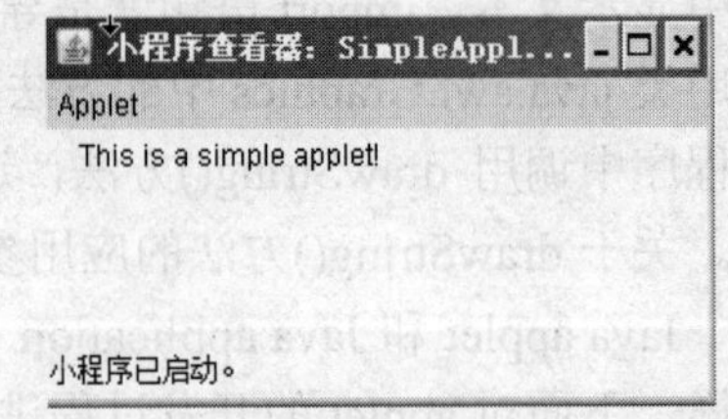

图 1-9 appletExample.html 运行结果

在 JDK 中，在命令行状态使用命令 appletviewer.exe 也可以运行 appletExample.html 文件。

1.3.2 applet 程序组成

现在我们分析例 1.6 的组成。applet 仅仅是一种特殊的 Java 程序，其特殊性并不是因为其有特殊的语法结构或者组成元素，而在于它能够在浏览器中运行。实际上，例 1.6 中的一些组件，例如 import 语句、Graphics 类等在 Java application 中同样可以使用。

1. import 语句

import 语句的功能是告诉编译器当前程序中使用了已经存在的 Java 程序，这个被使用的 Java 程序一般指类。本例中使用的是 Java 标准类库 awt 中的 Graphics 类，即 java.awt.Graphics。在程序中也可以使用自己或者他人已经定义好的 Java 类，但同样需要通过 import 语句导入。

2. 对象

例 1.6 中，paint(Graphics g)中的 g 是由类 Graphics 定义的一个对象（object），在许多场合又称为类 Graphics 的一个实例（instance）。既然 g 是由类 Graphics 实例化的一个对象，它就可以调用类 Graphics 中的方法 drawString()，g.drawstring("This is a simple applet!",15,15)就是一条调用语句。

这几个语句反映了面向对象程序设计的基本方法，通过类创建对象，在对象中调用类的方法，至于方法是如何实现的暂不考虑。

3. 方法 paint()和类 Graphics

这两个元素是例 1.6 的主要内容。在 applet 中可以用 Graphics 类的 paint()方法显示图形，详细内容请参见第 12 章。

4. 类继承和关键字 extends

关键字 extends 表示程序中定义的类是紧随其后的类（已经存在的类）的扩展。在例 1.6 中，类 SimpleApplet 是 Java 中已有类 Applet 的扩展，扩展类 SimpleApplet 继承了 Applet 类的所有功能与属性。

实际上，Applet 类位于包 java.applet 中，也可以通过 import 语句直接导入 Applet 类，例 1.6 的程序可以改成下面的形式。

```
import java.applet.Applet;
import java.awt.Graphics;
public class SimpleApplet extends Applet   //直接引用导入的 Applet
{
    public void paint(Graphics g)
    {
        g.drawString("This is a simple applet!",15,15);
    }
}
```

前面介绍了 applet 与 application 两种程序，为什么需要两种程序？分别在何时使用？回答这个问题，必须清楚这两者的相同点与不同点。

applet 与 application 的程序代码基本相同，但运行环境不同。application 在操作系统的支持下编辑与编译，运行在 Java 虚拟机上；applet 需要在浏览器中运行。因此，如果程序不要求在浏览器中运行，就选择 application。具体请参见第 12 章。

1.4 面向对象程序设计基础

Java 的基本思想是面向对象。面向对象编程技术的核心是类与对象等概念，但仍然涉及到面向过程程序设计中的程序结构及数组等概念。当然，更重要的是面向对象程序设计的编程思想。有一种观点认为，学习面向对象的程序设计应该具有面向过程的基础，但从实际学习情况来看，这种基础并不是必需的，或者至少不是非常重要的。

基于此，我们有必要理解面向对象程序设计的基本概念。

1.4.1 对象和类

面向对象程序设计就是使用对象设计程序，把数据及相关操作封装在一个统一体中，这个统一体就是一个类。对象是类的具体表现。换言之，以面向对象的方法编写的程序是由相互作用的对象组成的。面向对象方式更加接近现实世界的模型，从而增加了程序设计的直观性，提高了编程效率。

1. 对象

对象代表现实世界中可以明确标识的任何事物。现实世界中充满了对象，例如一台电视机、一张桌子或者一扇门等都是对象。对于每一个对象，通常需要考虑两个问题：是什么？能做什么？有两个术语可以描述：属性和行为。属性决定了对象是什么，描述了对象的所有可能的状态；行为决定了对象能够做什么，是对象具备的外部服务。在具体的程序设计中，对象的属性是一些数据域的集合，行为则是方法的集合。也就是说，对象是数据及其处理方法的一个封装，如图 1-10 所示。

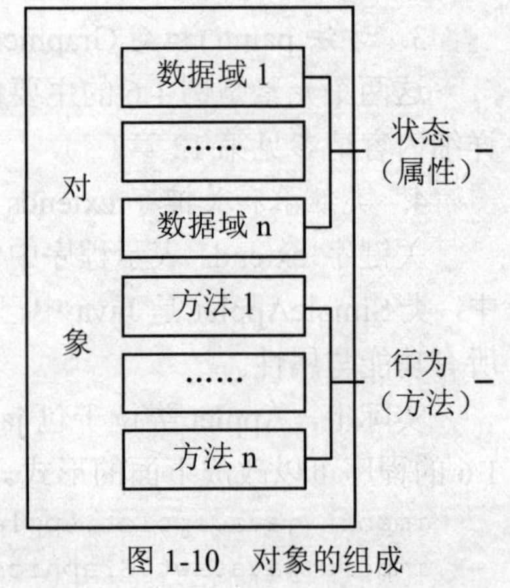

图 1-10 对象的组成

例 1.7 如果将大学生当作一个对象，请分析其属性与方法。

这里大学生是一个实体，属性可以包括：姓名、性别、年龄、身高、专业等，这些均具有静态特征。而方法是类的动态特征，即属于这一类的事物在接收到某种消息或命令时做出的反应，比如学生选修课程就是学生对象的一个方法，而这个方法的发生是在学生需要选修学分时必须的操作。

关于面向对象的程序设计，Alan Kay 进行了如下总结：

① 万事万物皆对象。

理论上，可以将所有待解决的问题进行分解，变成程序中的对象。对象除了可以存储数据，还应该具备对自身数据进行处理的操作能力。也就是说，对象不仅存储数据，而且能够对数据进行处理。

② 程序就是对象的集合。

一个程序是若干对象的集合，对象之间通过消息的传递，请求其他对象进行工作。如果希望向某一对象发出请求，就必须传递消息至该对象。换言之，消息就是发出的请求信息。

③ 每个对象都拥有由其他对象所构成的记忆。

可以通过“封装既有对象”产生新的对象，这样新产生的对象就拥有了由其他对象所构成的记忆。

④ 每个对象都有其类型（Type）。

每个对象都是其类的一个实例，类（class）实际上是类型（type）的同义词。不同的类之间的最重要的区别就是，究竟可以发送什么消息给它？

⑤ 同一类型的所有对象接受的消息都是相同的。

2. 类

既然一切皆是对象，那么对象就太多了。可以将具有某些共同特征的对象当作一类来看待。换言之，同一类的对象有相同的特性，将相同的特性抽取出来就是一个类，类的实例就是对象。

例 1.8 如果将学生当做一个类，则某一个具体的学生就是一个对象，例如 2009 级网络工程专业王明明。当然还可以是某个小学生、中学生，而小学生、中学生都是类，且是学生类的子类。

例 1.9 如果将建筑设计图当作一个类，请分析其组成。

作为建筑设计图的类，需要描述建筑物的主要特征，例如，每个房间的内部结构，包括房间的数量、布局，每个房间的长、宽、高及门窗的位置等。

根据同一个设计图，可以建造多幢房屋。就实际情况而言，每一幢房屋都是不同的。它们可能处于不同的地理位置，周边环境也有差异，等等。但它们又是同一类的，因为它们有相同的内部结构。如果需要建造不同的房屋，则需要重新设计，即需要设计新的类。

上面的例子说明，类决定了对象的结构，对象是类的一个具体实例，一个类可以有许多不同的对象，这些对象具有共同的属性，如图 1-11 所示，当然这里的设计图仅仅是为了说明问题，与实际的图纸相差甚远。

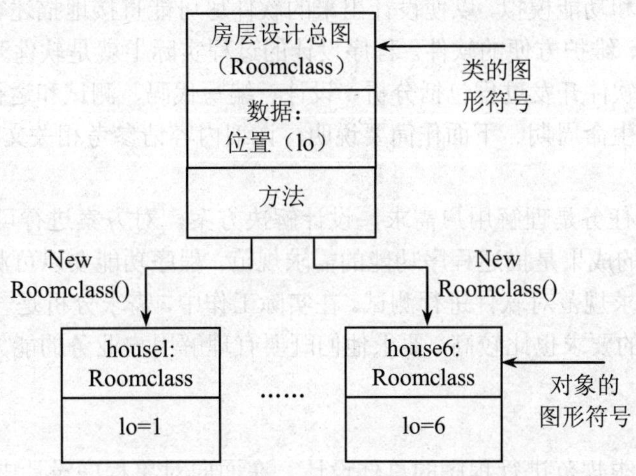

图 1-11 一个类可以有许多不同的对象

通过例 1.8 和例 1.9 可以看到，类是定义一个对象的数据与方法的蓝本。可以从一个类中创建许多对象，当然也可以从一个类中派生另一个类。另外，正如有了设计图并不意味着就有了房屋一样，有了类也不是就有了对象，还需要通过类创建具体的对象。

在实际的程序设计中，通常也是先定义类，再由类创建对象。

1.4.2 面向对象特性

所有的面向对象程序设计语言都有三个特性：封装（encapsulation）、继承（inheritance）和多态（polymorphism）。

1. 封装

所有的对象都需要被封装起来。封装是一种将对象的数据及其处理方法结合起来，使其不被外界干扰滥用的程序设计机制，是对象保护并管理自身信息的一种方式。对象通常都是自治的，不会受到外部其他对象的干扰。通过封装，设计人员可以修改对象的内部结构，不用考虑会对编程人员造成影响。改变对象状态的唯一途径是借助于该对象的方法。

2. 继承

通过已经存在的一个类定义另一个类，或者说由父类定义子类，就是指继承。当实现继承时，子类可以获得父类的属性和方法。继承是软件复用的一种形式，可以提高编程效率，降低编程的复杂性。

3. 多态

多态是指一种允许使用一个接口（一种特殊的类）来访问一类动作的特性。或者说，利用它，开发人员可以在一段时间内以一致的方式引用多个相关的对象。多态性常被描述为“单接口，多方法”，这种特性也减少了编程的复杂性。

具体内容请参看第 4 章“类的继承和多态”。

1.4.3 面向对象程序设计过程

Java 语言是一种面向对象的程序设计语言（Object-Oriented Programming，简称 OOP）。OOP 的基本思想是：用类似于人的思维方式对软件系统要模拟的客观实体进行抽象，再对客观实体进行结构模拟和功能模拟，以使设计出来的软件尽可能直接地描述客观实体，从而构造模块化的、可重用的、维护方便的软件。程序设计的过程实际上就是软件开发的过程。根据软件工程的基本思想，软件开发过程包括分析、设计、编写代码、测试和运行等 5 个阶段，这 5 个阶段又被称为软件生命周期。下面作简要说明，详细内容请参考相关文献。

1. 需求分析

需求分析阶段的任务是理解用户需求，设计解决方案，对方案进行可行性分析。根据软件工程规范，本阶段的成果是描述程序功能的需求规范。程序功能要以可测试的方式描述，以便于测试阶段根据需求规范对软件进行测试。在实际工作中，需求分析是一项复杂又相当重要的工作，对分析人员的要求也比较高，要求他们既要有理解用户业务的能力，又要有软件设计的能力。

2. 设计

设计阶段根据需求规范进行程序的总体设计。在面向对象程序设计中，本阶段要明确程序中需要用到哪些类与对象，给出这些类及对象的定义。对于程序设计的学习者来说，需求分析阶段的任务并不复杂，设计类与对象成了整个程序设计过程中的核心任务。一个类描述的是某一类实体所具有的共性，但针对于每一个个体（对象）来说，相同的属性可能具有不同的值。例如，一个班级中的每一个学生的学号都不相同。利用软件系统来描述和解决现实世界中的问题时，通常涉及到每一个对象。因此，面向对象程序设计就是用类与对象进行程序设计。在程序设计时，一般先定义类，再由类创建对象。

3. 编写代码

这个阶段用代码将设计表示出来或者说实现设计。相对而言，这个阶段的任务是整个软件生命周期中比较简单的。

4. 测试

这一阶段的工作是设计多组不同的输入、试运行程序，尽可能多地发现程序中的错误，并检验程序是否符合需求规范。测试也有一定的方法与技术。面向对象的程序测试通常分为两类，单元测试与综合测试。

5. 运行

运行阶段就是软件投入实际使用的过程。在这一阶段，还存在着软件维护的问题。一般来说，软件投入运行后，设计阶段未能发现的问题会逐步暴露，客户需求也在不断变化，所有这些都要求设计人员不得不对软件进行修改以使其更加符合用户需求，更加完善。更新软件维护所花费的成本在整个软件设计成本中所占的比例相当高，有时甚至达到70%以上。

可见，程序设计是一项复杂的工作，需要大量的实践。对于面向对象的程序设计来说，由于其程序是由对象组成的，程序设计的基本工作首先是设计类与对象，具体的编程工作则是声明类、构造方法、声明并创建对象，通过发送消息组织对象之间的协调等。

Java 作为一种主流的软件开发工具，代表了一种新的软件开发思想、模型和技术。同时，Java 也对 Internet 产生了积极而深远的影响。原因很简单，网络程序是动态的，由此产生了安全及可移植方面的问题。Java 解决了这些问题，它提供了一系列开发 Internet 应用的技术，包括 Java applet、JSP 以及基于 Java 的 Web Services 开发技术等。

习题一

1. 如果您是一位 Java 程序设计的教师，请向您的学生解释 Java 的主要特点、主要应用范围以及学习 Java 的意义。

2. 请以您所在实验室使用的电脑为例，说明运行 Java 程序需要哪些软件？它们的来源是什么？

3. 请通过 Internet 或者其他途径搜索了解以下信息：

（1）目前使用的 Java 开发工具主要有哪些？并请重点列举 Eclipse、Axis 等平台的技术特点、适用环境以及对新技术的支持情况。

（2）Microsoft、Sun 以及 IBM 对 Java 的支持策略。

4. Java 中有几种注释类型，它们分别在哪种情况下使用？

5. Java 是区分大小写的，请具体解释大小写的区别。

6. 充分发挥您的想象力，举一些类与对象的例子，并试着用自己的语言或者图形描述类及对象的结构。如果将一个具体的人（Person）作为对象，可以定义哪些属性及方法？如果考虑定义一个 Person 类呢？

7. 您认为面向对象程序有哪些优点？请说明之。

8. 简要描述 Java application 与 Java applet 的结构与组成。

9．请访问相关的 Java 技术网站并搜索相关信息，说明 Java、Java2、JDK、JSDK 的含义及其联系与区别。

10．Java 虚拟机是什么？有什么功能？

11．模仿例 1.3，请编写一个简单的 Java 应用程序，要求如下：

（1）程序的输出是“My first Java Program!”。

（2）编辑软件不限，文件命名为 example1.java。

（3）编译并运行。

（4）用不同的字符信息替代“My first Java Program!”，重复保存、编译并运行。

12．模仿例 1.5，创建一个名为 exampleapplet1.html 的 HTML 文件，调用 applet 在浏览器中显示“It's Wonderful! Java!”，要求如下：

（1）编写名为 exampleapplet1.java 的文件并编译。

（2）在浏览器中浏览 exampleapplet1.html。

（3）试着将程序的显示部分进行修改，不考虑其正确与否，但修改后要重新编译，注意观察提示信息，努力理解错误原因。

（4）在 import 语句前面加注释符号，观察其结果，再还原重新编译。

第 2 章 基本数据类型与运算

- Java 中的基本数据类型及其应用。
- 定义 Java 标识符的基本规则。
- Java 中常量与变量的含义，定义与使用它们的基本方法。
- Java 中的运算符、常量、变量的含义。
- 通过运算符构成符合 Java 规范的表达式的基本方法。
- 赋值语句的使用以及数据转换与实现机制。

- 根据 Java 规范在程序中正确定义并使用各种标识符。
- 理解 3 种基本数据类型的含义并能正确地识别与应用。
- 根据处理对象的特征正确定义变量类型。
- 在程序中给变量赋值。
- 通过常量、变量及运算符构造符合 Java 规范的表达式。

2.1 引例

为了说明数据类型及其定义，先讨论下面的例题。

例 2.1 某专业的学生一学期学习了程序设计、大学英语及高等数学三门课程。设计一个程序计算三门课程的平均成绩，平均成绩要精确到小数点后面一位。

分析：从直观上看，程序处理数据的过程与人工处理的过程基本相似。下面借鉴逐步求精的方法分析问题的求解过程。根据第 1 章讨论的知识，我们已经知道 Java 程序是由类组成的。因此可以将问题转化为“设计一个计算平均成绩的类”。由于暂时还没有学习类与对象的定义方法，先假设已经定义好了相应的类，直接考虑如何根据需要处理数据。

1. 第 1 步求精：直观分析问题的求解过程

（1）输入三门课的成绩。

（2）计算平均成绩。

（3）输出结果。

2. 第 2 步求精：细化实现方法

（1）定义表示三门课程成绩的变量，设计输入三门课程成绩的方法。

（2）定义表示平均成绩的变量，设计计算平均成绩的公式，平均成绩=(程序设计成绩+

大学英语成绩+高等数学成绩)/3。

（3）设计结果输出的方式。

3. 第 3 步求精：设计并定义类

由于 Java 程序是由类组成的，现在必须考虑定义什么样的类。根据第 1 章的内容，我们知道定义类一般可以分为三个步骤：引入标准类库、定义类名、设计类的 main()方法。现在考虑将第 2 步求精的结果作为类的 main()方法。

（1）引入标准类库。

（2）定义类名。

（3）设计类的 main()方法。

1）定义表示三门课程成绩及平均成绩的变量。

2）输入三门课程的成绩。

3）计算平均成绩。

4）输出结果（通常需要确定输出格式，这里我们并不追求完美的输出格式）。

将以上描述转换成 Java 代码，程序源代码如下：

```
//文件名 Jpro2_1.java
import java.io.*;                                                    //引入类
public class Jpro2_1                                                 //定义主类
 {
   public static void main (String[] args)                           //定义main()方法
   {
      int pro_score,eng_score,math_score;                            //声明变量
      float average_score;
      pro_score =89;                                                 //输入三门课程成绩
      eng_score=86;
      math_score=93;
      average_score=(pro_score+eng_score+math_score)/3;              //计算平均成绩
      System.out.println("Score of three courses
         is"+pro_score+","+eng_score+","+math_score);                //标准输出
      System.out.println("The average score is:"+ average_score);
   }
}
```

程序运行结果如下：

```
Score of three courses is: 89,86,93
The average score is:89.0
```

现在分析一下程序中用到的数据及变量。

在 main()方法的开始部分，是 int 和 float 两条语句，它们的作用是定义变量，也就是告诉编译程序，程序中要用到 pro_score、eng_score、math_score 这几个变量，它们是 int（整型）数据；还要用到 average_score 这个变量，它是 float（浮点型）数据。

如果没有这两条语句，下面的计算公式（在 Java 中被称为表达式）无法正常运行并得出结果。也就是说，在 Java 程序中，必须先定义变量，再使用。很显然，为了正确的定义变量，必须先理解实际数据的性质，确定其类型。可以将上述第三步求精过程进一步的描述如下：

（1）引入标准类库。

（2）定义类名。

（3）设计类的 main()方法。

1）确定原始数据的数据类型并设计好表示它们的变量名（三门课程的成绩 pro_score、eng_score、math_score，指定其为整数，则用 int 类型表示）。

2）确定程序运行过程中用到的变量及其类型（用 average_score 表示平均成绩，考虑到成绩要精确到小数点后面一位，用 float 类型表示）。

3）定义变量（前两步分析在程序中反映不出来，只是为这一步建立基础）。

4）输入表示三门课程成绩的三个变量 pro_score、eng_score、math_score 的值。

5）计算平均成绩，average_score=(pro_score+eng_score+math_score)/3。

6）输出结果。

实际上，这里的分析过程并不完全符合面向对象的要求，在第 3 章将有进一步的讨论。另外，计算平均成绩的公式与通常的数学公式的表示方式并不相同，这也是程序设计语言的特定要求。详细的情况将在 2.5 节“运算符与表达式”中讨论。下面就例题中涉及的知识进行讨论。

2.2 标识符

通过前面讨论的例题，我们发现，无论是类、方法，还是变量都必须有一个名称，这就是本节所要讨论的内容——标识符。直观上讲，标识符就是编写程序时使用的各种字符序列，就如同我们数学上用“x”、“y”、“z”等来表示未知数一样。当然 Java 对标识符的使用有严格的规定。

2.2.1 标识符的分类

标识符（Identifier）是赋给类、方法或者变量的名称，用以标识它们的唯一性。一般可分为 3 种类型：

- 程序设计人员自行选用的标识符。
- 其他程序设计人员选用的标识符（String、System、out、println 和 main 等）。
- 语言中保留特别含义的标识符，即关键字（class、public、static 和 void 等）。

其他程序设计人员选用的标识符，是指已经被其他程序员选用并定义了具体含义的标识符，通常是预先定义好的 Java 标准类库的一部分。在编程时，也只能使用它们，而不能再为其定义新的含义。事实上，即使不是 Java 标准类库中的类和方法，只要在程序中引用了其他程序员编制的类，一般也不建议使用所引用类中已经定义了的标识符。

程序员可以根据需要在程序中定义标识符。例如，例 2.1 中的 Jpro2_1、pro_score、eng_score、math_score、等等，但不能使用保留字及已经被其他程序员选用的标识符。标识符可以由字母、数字、下划线（_）及美元符号（$）按一定的顺序组合而成，但不能以数字开头。例如，average、table12 及$price 等均为有效的标识符，而 5_step 则为非法标识符。Java 语言对标识符还有如下规定：

- 长度不限，但不宜过长。一般遵循“见名知义”原则，即为标识符取一个能代表其意义的名称。
- 区分字母的大小写，如 Student 和 student 是两个不同的标识符。
- 不能是关键字。

2.2.2 关键字

关键字是指被系统所保留使用并赋予特定意义的一些标识符，只能按照预先定义好的方式使用，不能被编程人员用作标识符，也不能作为其他用途。Java 的关键字对 Java 的编译器有特殊的意义，它们用来表示一种数据类型，或者表示程序的结构等。如果它们不是作为关键字出现在 Java 程序中，Java 编译器能够识别它们并产生错误信息。Java 语言有 51 个保留关键字，根据它们的意义分为以下几种类型：

- 数据类型：boolean，int，long，short，byte，float，double，char，class，interface
- 流程控制：if，else，do，while，for，switch，case，default，break，continue，return，try，catch，finally。
- 修饰符：public，protected，private，final，void，static，strictfp，abstract，transient，synchronized，volatile，native。
- 动作：package，import，throw，throws，extends，implements，this，Super，instanceof，new。
- 保留字：true，false，null，goto，const。

Java 中还有一类关键字，或者叫做预留关键字，它们虽然现在没有作为关键字，但在以后的升级版本中有可能作为关键字。比如 cast、future、generic、inner、operator、outer、rest 和 var 等都是保留字，在 Java 中也不能使用它们作为标识符。

2.3 Java 基本数据类型

Java 中的数据类型分为基本数据类型和复杂数据类型两类。基本数据类型包括数值型、字符型及布尔型。复杂数据类型包括类、接口和数组等，也称为引用类型，即通过对象的创建，获得引用类型的值。

2.3.1 数值型

Java 的数值型数据又分为整数和浮点数两种类型，整数不带小数点，浮点数含有小数点。整数有 byte（字节型）、short（短整型）、int（整型）及 long（长整型）等 4 种，浮点型数据有 float（单精度浮点型）和 double（双精度浮点型）两种。图 2-1 显示了 Java 中所有的数值类型。

类型	存储位数	取值范围（十进制）	默认值
byte	8	-128~127	0
short	16	-32768~32767	0
int	32	-2147483648~2147483647	0
long	64	-9.2E+18~9.2E+18	0
float	32	近似为-3.4E+38~-1.4E-45, 1.4E-45~3.4E+38	0.0F
double	64	近似为-1.7E+308~-2.2E-208, 2.2E-208~1.7E+308	0.0D

图 2-1 Java 中的基本数值类型

存储数据要占用一定的存储空间，不同类型的数据所占用的存储空间不同。所有数值类型依据其占用的内存空间大小进行区分。在设计程序的过程中，程序员需要选择大小合适的变量类型，否则有可能造成内存空间的浪费。尽管现在的内存空间已经相当丰富，但与日益庞大的程序相比，内存总是不够的。

Java认为所有的整数都是int型，只有在整数值后面加一个L或者l才可以将其表示成long型值，如69L，056L，0xfbL等。同样，Java认为所有的浮点值都属于double类型的数据。如果需要使用float类型的数据，需要在数值后面加一个F或者f，如3.669F或者6.223f等，当然也可以通过在数值后面加上D或d表示double类型，如3.78d。

在实际应用中，特别是在给变量赋值时，一般应该保证数值类型与变量类型的一致。下面的数据类型定义及赋值说明了这一点。

```
int num=3;
float fFloat=5.0f;
long len=0L;
```

当然，Java也有自动转换数值类型的机制，请参阅下一节的相关内容。

对于整型数据，我们不仅可用十进制表示，还可以用八进制、十六进制表示。八进制以0开头，如054与036。十六进制以0x开头，如0x78及0x3AFB。而对于浮点型数值也有十进制表示法与科学计数法两种。十进制形式由数字和小数点组成，例如，305.06，0.0045等。科学计数法由数字和e（或E）组成，e（或E）前必须有数字，后面是整数，例如，1234.567可表示为1.234567E3，0.00654可表示为6.54E-3。

2.3.2 字符型

Java中的字符型数据用char表示，它的值用16个bit来存储，取值范围是0~65535。它表示的是Unicode码表所定义的国际化字符集中所收集的所有字符，根据Unicode编码，可以比较其大小，类似于ASCII码的比较。与其他语言一样，Java也用单引号来表示字符型数据。如'A'、'c'、'#'、'&'与'9'等。例如，

```
char grade1='A', grade2='B';
```

显然grade1 和grade2可以比较大小，'A'的编码值小于'B'的编码值，所以grade1小于grade2。

2.3.3 布尔型

布尔型（boolean）是一种表示逻辑值的简单数据类型。它的取值只能是常量true或false这两个值中的一个，在存储器中占8个bit。通常用于程序中的一些逻辑判断从而对程序的运行进行控制。例如，根据成绩的及格线60分，判断考试是否通过。

```
int grade;
boolean passOrNo;
if (grade>=60)
    passOrNo=true;
else
    passOrNo=false;
```

2.4 常量、变量与赋值

在程序中经常要用到一些数据，例如，学生的年龄、成绩、性别、学号，等等，这些值

有的是已知的固定不变的，有的则随着环境或者状态的变化而变化。对这些数据进行处理就要定义相应的常量与变量，并为其赋值。

2.4.1 常量

常量（constant），就是在程序运行过程中其值不会被改变的量，就像我们在数学中常用到的π=3.14。常量也叫常数，也被称为“字面量”。在 Java 语言中，按照数据的特征，可将常量分为整型、浮点型、字符型、字符串型与布尔型等 5 种类型。

整型常量和浮点型常量都属于数值型，其分类及说明与 2.3.1 节相同。

字符型常量是指 Unicode 字符集中的所有单个字符，包括可以打印的字符和不可打印的控制字符，它的表示形式有四种：

（1）以单引号括起来的单个字符，例如，'A'、'h'、'*'、'1'。

（2）以单引号括起来的“\”加三位八进制数，形式为'\ddd'，其中 d 可以是 0~7 中的任一个数，例如，'\141'表示字符'a'。其中 ddd 的取值范围只能在八进制数的 000~777 之间，因而它不能表示 Unicode 字符集中的全部字符。

（3）以单引号括起来的“\u”加四位十六进制数，例如，'\u0061'表示字符'a'。这种表示方法的取值范围与 char 型数据相同，因而可以表示 Unicode 字符集中的所有字符。

（4）对于那些不能被直接包括的字符以及一些控制字符，Java 定义了若干转义序列。如'\\'代表'\'，'\n'代表换行等。如表 2-1 所示的是 Java 中的一些字符转义序列。

表 2-1 Java 中的转义序列

转义序列	含义	转义序列	含义
\'	单引号	\f	换页
\"	双引号	\n	换行
\\	反斜杠	\r	回车键
\b	退格	\t	水平制表符

字符串常量就是用双引号括起来的由零到多个字符组成的字符序列。如"Hello World！"，"I am a programmer.\n"等。字符常量的八进制、十六进制表示法和转义序列在字符串中同样可用。要注意的是'A'与"A"是不同的，前者是字符，后者是字符串。同样 12.345 与"12.345"也是不同的，读者应注意加以区分。字符串常量可以用 String 类来定义，关于 String 类我们将在第 7 章中详细讲述，读者在此只需把它当作字符串类型数据即可。

布尔型常量只有两个值，true 和 false。

在 Java 中，使用关键字 final 声明一个常量。其格式为：

final 数据类型　常量名称=常量值；

上式中的数据类型可以是 Java 中任一合法的数据类型，如 int、float、double、char、String 等。常量名称必须是 Java 的合法标识符，一般采用大写字母单词命名，单词与单词之间用下划线加以分割，代码如下所示：

```
static final int MAX_WIDTH = 1000;
static final float GRADE_ENGLISH = 85.5f;
```

2.4.2 变量

变量（variables）是 Java 程序中的基本存储单元，是在程序运行过程中其值可以改变的量。一个变量蕴含有三个含义：①变量的名称。变量的名称简称变量名，变量名是用户自己定义的标识符，它表明了变量的存在和唯一性；②变量的属性。即变量的数据类型，包括简单数据类型和复合数据类型；③变量的初值。变量的值是指存放在变量名所标记的存储单元中的数据。

Java 中所有的变量必须是先声明后使用。变量的声明方法是：

数据类型　变量名 1[=初值 1][，变量名 2[=初值 2]……]；

其中，数据类型必须是 Java 的基本数据类型之一，或者是类、接口类型的名称（关于类和接口将在第 3 章和第 7 章中讨论）。变量名可以是任意合法的 Java 标识符，但不能以下划线或$开头。变量名命名一般以小写字母开头，如果有多个单词构成，第一个单词的首字母小写，其后单词的首字母大写。变量名的选用应该易于记忆，且能够指出其意义。除了一次性的临时变量外，尽量避免单个字符的变量名。

方括号中的内容是可选项，用等于号加初值给变量赋初值，例如

```
int math=78,english=80;
```

一个变量必须经过声明、赋值之后才能被使用；类型相同的几个变量可以在同一个语句中被声明及被赋初值，相互之间应用“,”作间隔。

这里我们介绍简单数据类型的变量，包括整型变量、浮点型变量、字符型变量及布尔型变量。下面通过例子说明它们的定义与赋值。

例 2.2　四种整型变量和两种浮点型变量的定义和赋值。

```
//文件名 Jpro2_2.java:
public class Jpro2_2
{
    public static void main(String args[])
    {
      short b=050;
      int c=0xA3;
      long d=2.0E+10;
      byte e=129;
      float ff=1.234;
      double dd=34.56d;
      System.out.println("短整型变量的值:b="+b);
      System.out.println("整型变量的值:c="+c);
      System.out.println("长整型变量的值:d="+d);
      System.out.println("字节型变量的值:e="+e);
      System.out.println("单精度浮点型的值:ff="+ff);
      System.out.println("双精度浮点型的值:dd="+dd);

    }
}
```

程序编译时有错，原因是变量 d,e,ff 定义均会损失精度，不能正确运行。

程序分析：

程序中定义了数值型的四种变量和浮点型的两种变量，注意这六种类型变量定义的关键

字，分别是它们的数据类型。程序中定义的变量 b 和 c 分别以八进制和十六进制表示，输出结果将以十进制数表示。double 型变量存放精度较高的数据，而使用 float 型变量则可以节省存储空间，但是如果对 float 型变量赋值为常数，没有加字母“f”，可能会有精度损失。在定义一个整型变量时要注意该类型变量可存放的数据范围，否则也可能会因溢出造成错误。在给一个 long 型变量赋一个超出 int 型数据所能表示范围的整数时应在该数后加 L 或 l 否则也会造成出错。同样给一个 byte 型变量赋值超过其范围时，也会出借。

请修改程序，使程序运行正确。

例 2.3 字符型变量和布尔型变量的定义及赋值。

```
//文件名 Jpro2_3.java
public class Jpro2_3
{
public static void main(String args[])
  {
   char c1='b';
   char c2='\142';
   char c3='\u0062';
   char c4='\"';
   boolean f1=true,f2;
   f2=(3+2)<4;
   System.out.println("字符型变量的值:c1="+c1+",c2="+c2+",c3="+c3);
   System.out.println("字符型变量的值:c4="+c4);
   System.out.println("布尔型变量的值: f1="+f1+",f2="+f2);
  }
}
```

运行结果：

```
字符型变量的值:c1=b,c2=b,c3=b
字符型变量的值:c4="
布尔型变量的值:f1=true,f2=false
```

程序分析：

程序中定义了 4 个字符型变量，用关键字 char 定义字符型变量，其中 c1、c2、c3 的定义分别使用字符型的三种表示方法，c1 以单引号括起来，c2 以八进制表示，c3 以 Unicode 编码表示，它们均表示字符'b'。c4 用转义字符输出双引号"。布尔型变量 f1 定义时赋值为 true，f2 赋值为一个比较表达式，结果为 false。

2.4.3 赋值语句

在前面我们已经使用了这样的语句，例如 int a=10; ，它的意思是声明变量 a 是整型变量，并且给 a 赋初值为 10。这条语句与下面两条语句是等价的：

```
int a;
a=10;
```

第二条语句就是一条赋值语句。赋值语句的一般形式为：

变量名=表达式;

上式中，变量名是一个已经被声明过的变量；表达式是一个可以计算出确定值的式子，但表达式的值必须与变量的数据类型兼容；语句的最后必须以分号结束。

赋值语句执行的过程中，先计算出表达式的值，然后把该值存储到赋值运算符（=）左边的变量所代表的存储单元，并覆盖其原有的值。如：

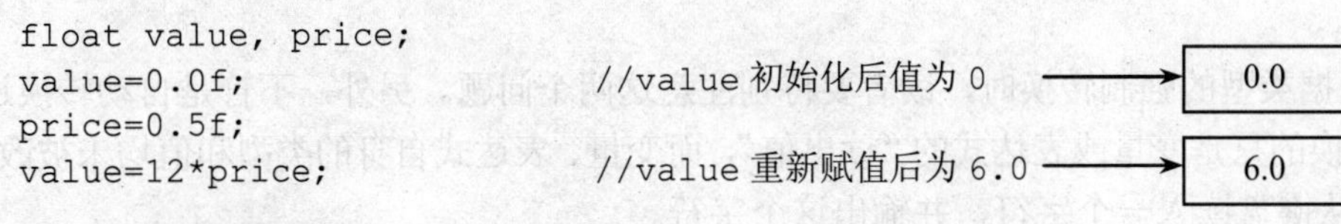

2.4.4 类型转换

Java 是强类型语言，其中的每个数据都有特定的数据类型。Java 中所有的数值传递都必须进行类型相容性检查以保证类型是兼容的。任何类型不匹配都将被报告为错误。因此，我们在进行程序设计时经常要对一些类型不同的数据进行类型转换。Java 的数据类型转换有两种情况：表达式中的自动转换和强制转换。

1. 表达式中的自动转换

java 表达式中，当涉及到两个不同类型的数据进行运算时，系统会自动把两个不相同的类型数据转换成相同的类型再进行运算。这种转换是在程序运行过程中不需人为干预而自动进行的，但转换是有条件的，即两种数据类型必须是兼容的，规则是把表达式中取值范围小的数据类型转换成另一取值范围大的数据类型。例如，

```
int a;
float b;
double c;
```

若有表达式 a+b+c，先计算 a+b，a 被转换成 float 型与 b 相加，结果为 float 型；然后结果再被转换成 double 型与 c 相加，结果为 double 型数据。可自动进行转换的数据类型如表 2-2 所示。

表 2-2 自动转换的各数据类型间关系表

源数据类型	目标数据类型
byte	short、int、long、float、double
short	int、long、float、double
char	int、long、float、double
int	long、float、double
long	float、double
float	double

2. 强制类型转换

对于类型不一致数据，在写表达式时不能进行自动类型转换，这时就要执行强制类型转换。

强制类型转换的一般格式为：

（目标数据类型）被转换数据

被转换数据可以是变量或表达式等，如要把 double 型变量 money 的值转换成 int 型，形式为：（int）money。

若把表 2-2 中的目标类型向源类型转换都必须使用强制转换。这样的转换是把取值范围大的向取值范围小的类型转换，但结果可能带来两个问题：精度损失和溢出。

例如将浮点型数据转换为整型数据，其结果是小数部分丢失。

```
float a=123.45f;
int b;
```

```
b=(int)a;
```

在使用数据类型的强制转换时，读者要特别注意这两个问题。另外，不管是自动转换还是强制转换，转换的只是变量或表达式的“读出值”，而变量、表达式自身的类型和值均未被改变。

例 2.4 从键盘读入一个字符，并输出这个字符。

```
//文件名 Jpro2_4.java
import java.io.*;
public class Jpro2_4
{
    public static void main(String args[])
    {
        char ch=' ';
        System.out.println("Input a interger or character:");
        try
        {
          ch=(char)System.in.read();         //从键盘中读入一个字符
        }
        catch (IOException e)
        {
        }
        System.out.println("The input is \'"+ch+"\'");
    }
}
```

请读者自行运行结果。

程序分析：

程序定义了一个字符型变量 ch，接收输入的字符。System.in.read()表示从键盘输入流中读入一个字节并返回它的值，返回值是 0～255 的 int 值，具体请见第 10 章。由于返回值为 int 型，因此要输出这个字符，须将其强制转换为 char 型。程序中用了 try-catch 语句进行异常处理，关于异常处理的内容请参看第 9 章，读者可以去掉 try-catch 语句编译程序，查看有何错误。

2.5 运算符与表达式

前面我们已经用到了一些表达式，例如 a+b+c，就是一个算术表达式。其中“+”号就是一个运算符，a、b、c 本身也是一个表达式。一个常量或一个变量是最简单的表达式。一般的表达式是指由数据和运算符连接在一起的符合 Java 语法规则的式子。这里的数据是常量或变量，表达式中数据的连接符+、-、*、=及<就是运算符。Java 的运算符主要包括算术运算符、关系运算符、逻辑运算符等。

2.5.1 算术运算符和算术表达式

Java 中的算术运算符主要用来对整型及浮点型数据进行运算，也可以对字符型数据进行运算。算术运算符又可以分为单目运算符和双目运算符。

1. 单目运算符

单目运算符是指只对一个操作数运算的运算符。Java 中的单目运算符有++（自增）、--（自减）和-（取反）等 3 种类型。单目运算符++与--可以位于操作数的左边或右边，但在使用时是有差别的。如：

a++、a--：表示先使用 a，再使 a 增（减）1。

++a、--a：表示先使 a 增（减）1，再使用 a。

2. 双目运算符

双目运算符是指算术运算符的左、右两边均要有操作数。Java 中的双目算术运算符有+（和运算）、-（差运算）、*（积运算）、/（除运算）及%（求余运算）。

注意：两个整数相除时其结果仍是整数，小数部分被舍去。另外，%运算符既可以对整数进行操作也可以对浮点数进行操作。当除数为 0 时，/和%运算会产生异常，需要进行异常处理。

3. 算术表达式

算术运算符连接的操作数为数值型。由算术运算符连接的式子称为算术表达式。

例如，++a，s=(a1+a2+a3)/3，totalPrice=(weight*unitPrice+tax)* discount.

2.5.2 关系运算和逻辑运算

在程序中，一个运算的执行通常在某个条件下，根据条件是否满足来判断运算能否执行。这个判断过程可以使用关系运算或逻辑运算。

1. 关系运算符和关系表达式

关系运算符是用来比较两个值之间的大小关系的。关系运算的结果是布尔（boolean）型，结果为真（true）或假（false）。Java 中的关系运算符如表 2-3 所示。

表 2-3 关系运算符

运算符	操作	功能
==	操作数 1 ==操作数 2	判断操作数 1 是否等于操作数 2
!=	操作数 1 != 操作数 2	判断操作数 1 是否不等于操作数 2
>	操作数 1 > 操作数 2	判断操作数 1 是否大于操作数 2
<	操作数 1 < 操作数 2	判断操作数 1 是否小于操作数 2
>=	操作数 1 >= 操作数 2	判断操作数 1 是否大于等于操作数 2
<=	操作数 1 <= 操作数 2	判断操作数 1 是否小于等于操作数 2

例如，

```
float grade=70,pass=60;
boolean c=grade>=pass;
```

则结果 c=true。

2. 逻辑运算符和逻辑表达式

Java 中共有 6 个逻辑运算符。如果它们的操作数是布尔类型的数据，其结果也是布尔类型。各逻辑运算符如表 2-4 所示。

表 2-4 中&和&&、|和||在形式上具有相同的名称及功能，其实它们是有差别的。&&和||也被称为“短路逻辑运算符”，在运算过程中会产生“短路效应”，如 a&&b，当 a 为 false 时不再判断 b，直接判定 a&&b 的值为 false；若是 a||b，当 a 为 true 时不再判断 b，直接判定 a||b 的值为 true。而对于&和|则不会出现这种情况，它们是先计算出两边操作数的值，然后再进行逻辑判断。另外，当&、^和|的操作数为布尔类型时它们是逻辑运算符，进行逻辑运算，但若

操作数为整数及字符时，它们会作为位运算符进行位运算。

表 2-4 逻辑运算符

运算符	名称	例子	功能
!	逻辑非	!a	a 为真时值为假，反之亦然
&	逻辑与	a&b	a、b 均为真时值为真，否则为假
^	逻辑异或	a^b	a、b 同值时值为假，异值时为真
|	逻辑或	a|b	a、b 均为假时值为假，否则为真
&&	短路与	a&&b	a、b 均为真时值为真，否则为假
||	短路或	a||b	a、b 均为假时值为假，否则为真

3. 关系表达式和逻辑表达式举例

例 2.5 关系运算与逻辑运算示例。

```
//文件名 Jpro2_5.java
public class Jpro2_5
{
    public static void main(String args[])
    {
        int number1=10,number2=20;
        boolean b1,b2,b3=false,f1,f2,b4=true;
        b1=number1>number2;
        b4=b1&&(b2=number1<number2);              //b1 为 false，b4 值未被改变
        f1=b4||(b3= number1<number2);             //b4 为 true，b3 值未被改变
        f2=f1|(b4= number1>number2);              //b4 值被改变
        System.out.println("number1="+ number1);
        System.out.println("number2="+ number2);
        System.out.println("number1>number2 result is "+b1);
        System.out.println("b1&&(b2= number1<number2) result is "+b4);
        System.out.println("f1="+f1+",f2="+f2);
    }
}
```

请读者自行运行结果，并分析结果。

注意，程序中关系运算和逻辑运算的运算顺序以及短路或||和逻辑或|运算的区别。

关系运算和逻辑运算通常又称为布尔运算，一般应用于条件语句中，在以后的课程中会经常使用布尔运算。如判断某个整数 m 是否为奇数，条件语句表达式为

```
if  (m % 2 ==0 )
```

2.6 其他运算符

除了以上运算符外，还有其他运算符，如条件运算符、位运算符及赋值运算符等。

2.6.1 条件运算符

Java 中，有一种特别的三元运算符构成的条件表达式。使用格式如下：

条件表达式？语句 1：语句 2

其中的？和：称为条件运算符，它们必须一同出现，此运算符需要三个操作数。其中语句 1 和语句 2 可以是复合语句。意思是，当条件表达式值为 true 时，执行语句 1，否则执行语句 2。

说明：

（1）条件运算符的优先级别很低，仅优先于赋值运算符。

（2）条件运算符的结合性为自右向左。例如，

(a>b)?a: (c>d)?c: d

其中 a=5，b=8，c=1，d=9。根据右结合性，应先计算(c>d)?c:d。因为 1>9 为 false，故取 d=9 为该表达式的结果。再计算(a>b)?a:d，则最终结果为 9。

2.6.2 位运算符

Java 中，可以使用位运算直接对整数类型和字符类型的数据的位进行操作。Java 中的位运算符如表 2-5 所示。

表 2-5 位运算符

运算符	名称	例子	功能
~	按位非	~a	a 按位取反
<<	左移	a<<b	a 左移 b 位，右边补零
>>	带符号右移	a>>b	a 右移 b 位，若 a 的最高位为 1，左边补 1，否则补 0
>>>	无符号右移	a>>>b	a 右移 b 位，左边补 0
&	按位与	a&b	a 和 b 按位与
^	按位异或	a^b	a 和 b 按位异或
|	按位或	a|b	a 和 b 按位或

Java 中的数是以补码表示的。正数的补码就是其原码，负数的补码是其对应的正数按位取反（1 变为 0，0 变为 1）后再加 1。关于位运算的各运算方法读者可以从下面的例子中细心体会。

例 2.6 byte a=7，b=-7，c=15，d=42 则

```
a：00000111              b：11111001
c：00001111              d：00101010
~c= -16：11110000
a<<2=28：  00011100      b>>2= -2：11111110      b>>>2=62：00111110
c&d=10：  00001111       c^d=37：00001111        c|d=47：00001111
        &00101010              ^ 00101010              |00101010
       -------------------    -------------------     ---------------------
         00001010               00100101                00101111
```

2.6.3 赋值运算符和赋值表达式

关于赋值运算符"="，我们在前面已多次用到，相信读者并不陌生。如 a=b 就是把变量 b

的值赋给变量 a，则 b 与 a 的值相同，a 原来的值丢弃。赋值运算符两边数据类型可以不相同但必须相容，当数据类型不相同时：若右边数据取值范围小于左边数据，则会自动转换；反之，则必须强制转换。除了上面的“=”之外还有一些扩展的赋值运算符。这些扩展赋值运算符的使用不仅可以使程序表达简练，而且可以提高程序的编译速度。扩展赋值运算符就是把赋值运算符与算术运算符、逻辑运算符或位运算符中的双目运算符结合起来而形成的赋值运算符，如表 2-6 所示。

表 2-6　扩展赋值运算符

运算符	名称	例子	功能
+=	加并赋值	a+=b	a=a+b
-=	减并赋值	a-=b	a=a-b
*=	乘并赋值	a*=b	a=a*b
/=	除并赋值	a/=b	a=a/b
%=	取余并赋值	a%=b	a=a%b
&=	按位（逻辑）与并赋值	a&=b	a=a&b
^=	按位（逻辑）异或并赋值	a^=b	a=a^b
|=	按位（逻辑）或并赋值	a|=b	a=a|b
<<=	左移并赋值	a<<=b	a=a<<b
>>=	带符号右移并赋值	a>>=b	a=a>>b
>>>=	无符号右移并赋值	a>>>=b	a=a>>>b

显然，用赋值运算符连接起来的式子就是赋值表达式。表 2-6 的第 3、第 4 列全部是赋值表达式。

2.6.4 运算符优先级

对于 Java 语言中的一个表达式，如例 2.6 中的几个表达式，包含了多个运算符，哪个运算符先运算哪个后运算，与数学中的运算规则类似，也要有规则，即设置运算符的优先级。Java 语言运算符的运算级别共分为 15 级，其中 1 级的优先级最高，15 级最低，如表 2-7 所示。例如，计算下面表达式的值。

表 2-7　运算符的优先级

优先级	运算符	含义	结合性
1	[ ]　.　( )	数组下标、对象成员、计算及方法调用	从左到右
	++　--	先用后增、先用后减	
2	++　--	先增后用、先减后用	从右到左
	+　-	正号、负号	
	~　!	按位非、逻辑非	
3	new　(类型)	对象实例化、强制类型转换	从右到左
4	*　/　%	乘、除、取余	从左到右

续表

<table>
<tr><th>优先级</th><th>运算符</th><th>含义</th><th>结合性</th></tr>
<tr><td>5</td><td>+ -</td><td>加、减</td><td>从左到右</td></tr>
<tr><td>6</td><td><< >> >>></td><td>左移、带符号右移、无符号右移</td><td>从左到右</td></tr>
<tr><td rowspan="2">7</td><td>< <=</td><td>小于、小于等于</td><td rowspan="2">从左到右</td></tr>
<tr><td>> >=</td><td>大于、大于等于</td></tr>
<tr><td>8</td><td>= = !=</td><td>相等、不等</td><td>从左到右</td></tr>
<tr><td>9</td><td>&</td><td>逻辑（按位）与</td><td>从左到右</td></tr>
<tr><td>10</td><td>^</td><td>逻辑（按位）异或</td><td>从左到右</td></tr>
<tr><td>11</td><td>|</td><td>逻辑（按位）或</td><td>从左到右</td></tr>
<tr><td>12</td><td>&&</td><td>逻辑与</td><td>从左到右</td></tr>
<tr><td>13</td><td>||</td><td>逻辑或</td><td>从左到右</td></tr>
<tr><td>14</td><td>? :</td><td>条件运算符</td><td>从右到左</td></tr>
<tr><td rowspan="2">15</td><td>=</td><td>赋值</td><td rowspan="2">从右到左</td></tr>
<tr><td>扩展赋值符</td><td>扩展赋值</td></tr>
</table>

例如，计算机下面表达式

```
int a=3,b=8,c;
c=a+++b;
```

上述第二条语句被执行后，变量 a、b、c 的值分别是多少呢？如果表达式被理解为 c=a+（++b），那么，a=3、b=9、c=12。其实结果并不是这样，而是 a=4、b=8、c=11。这是因为++作为“先用后增”运算符的优先级高于作为“先增后用”运算符的优先级。在此建议初学者在写表达式时多使用括号，这样既能防止引起混乱，又方便别人阅读你的程序代码。

例 2.7 判断 2006 年是否为闰年。

```
//文件名 Jpro2_7.java
public class Jpro2_7
{
    public static void main(String args[])
    {
     int year=2006;
     boolean t;
     t=year%400==0||year%4==0&&year%100!=0;
     System.out.println(year+" is intercalary year ="+t);
     }
}
```

运行结果：

2006 is intercalary year =false

注意：语句 t=year%400= =0||year%4= =0&&year%100!=0;总体是一个赋值运算表达式，右边部分是逻辑表达式，其中包含算术运算、关系运算和逻辑运算，请读者分清它的运算级别。

本程序每次运行只能判断一个年份是否为闰年，每判断一个年份，需要修改程序中的 int year=2006;，因此很不方便判定多个年份是否为闰年。如果采用从命令行接收数据的方法，将大大改善程序。将语句：

int year=2006;

修改为下面两条语句即可。

int year;

year=Integer.parseInt(args[0]);

这样，当判断 2006 年是否为闰年时，在 JCreator 运行时，在弹出的命令行参数对话框中输入 2006，则将 2006 传送到 args[0]，然后由 Integer.parseInt()方法将 2006 转换成整型赋值给 year。在参数输入时只要将 2006 换成其他年份，就可计算任一年份是否为闰年。

实际上使用命令行接收参数，仍不是一个好方法，尤其当判别连续的年份时，在第 4 章中我们将通过学习循环语句更加方便地解决这个问题。

2.7 实例

例 2.8 请判断一个三位数是否为水仙花数。水仙花数是指一个 n 位数(n≥3)，它的每位上的数字的 n 次幂之和等于它本身（例如：1^3 + 5^3 + 3^3 = 153）。

分析：

采用自顶向下、逐步求精的方法，先给出总的框架，再分析问题，然后逐步细化。

（1）总体步骤：

1）输入一个三位数 n。

2）分别求出个、十、百的三个位上的数，并分别对它们计算三次幂。

3）将这三个幂相加，判断是否与 n 相等。

（2）逐步细化及分析：

1）定义一个正整数，保存在一个整型变量 s 中。

2）这一步是数据处理过程，要求完成的任务较多。

根据数学运算方便，从高位开始，先分别求出三个位上的数，再进行相加。

百位=s/100，十位=(s-百位*100)/10，个位=s%10，

和=百位*百位*百位+十位*十位*十位+个位*个位*个位

3）第二步计算的和与 n 如果相等，输出是水仙花数，否则输出不是。

（3）本例比较简单，细化到第二步基本清楚了。对于编程来说，还需要进一步考虑的是，程序中使用到的变量及其类型，程序中需要引入的类库。

（4）以上问题考虑清楚后，再根据 Java 语言的程序格式编写正式代码。

```
//文件名 Jpro2_8.java
import javax.swing.JOptionPane;
public class  Jpro2_8
{
    public static void main(String[] args)
    {
     int hNumber,tNumber,pNumber;
     double add;
     String intString=JOptionPane.showInputDialog(null,"请输入一个整数：","例
2.8 演示", JOptionPane.QUESTION_MESSAGE);
     int number =Integer.parseInt(intString);
     hNumber = number /100;
     tNumber =( number - hNumber *100)/10;
     pNumber = number %10;
```

```
        add=Math.pow(hNumber,3)+ Math.pow(tNumber,3) + Math.pow(pNumber,3);
        System.out.println("百位数是:"+ hNumber +"\t 十位数是:"+ tNumber);
        System.out.println("个位数是:"+ pNumber+"\t 各位数的三次幂的和是:"+add);
        if (add==number)
            System.out.println("这个数"+ number +"是水仙花数!");
        else
            System.out.println("这个数"+ number +"不是水仙花数!");
    }
}
```

运行结果如图 2-2 所示。

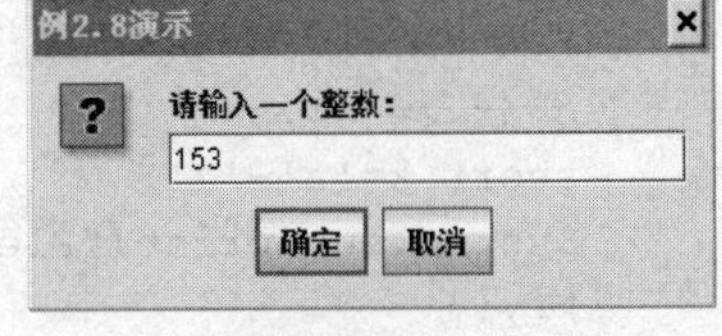

图 2-2　例 2.8 运行结果

百位数是:1　十位数是:5

个位数是:3　各位数的三次幂的和是:153.0

这个数 153 是水仙花数!

程序分析：

程序中引用了类 javax.swing.JOptionPane，可以快速生成各种标准的模式对话框，其方法 showInputDialog()是显示请求用户输入内容的问题消息对话框，具体请见第 11 章。程序中还使用了一个 Math 类的 pow(a,b)方法，是计算 a 的 b 次幂。通过引用三个变量 hNumber、tNumber、pNumber 分别计算一个三位数的百位数、十位数和个位数，并使用判断语句：

if(条件表达式)

…

else.

…

判断这三个数的三次幂之和是否等于输入的数。如果相等，则输出是水仙花数，否则输出不是。其中条件表达式为：add= =number。

例 2.9　从键盘输入一个字符，如果该字符是英文字母，则进行大小写转换。也就是说，如果输入的是大写字母则输出其小写字母，反之则输出大写字母。

分析：

采用自顶向下、逐步求精的方法，先给出总的框架，再分析问题，然后逐步细化。

（1）总体步骤：

1）输入一个字符 c。

2）判断该字符是否为英文字母。

3）将该字母进行大小写转换并输出。

（2）逐步细化及分析：

1）定义两个字符变量 c、s，分别保存原字符和转换后的字符。定义一个 short 型变量 k 保存字母 A 与 a 在 Unicode 中的位置差。注意：这里的 k 也可定义为 int 型变量，但在后面给字符 s 赋值时需进行强制类型转换。

2）先从键盘上读入一个字符，判断该字符是否为英文字母。

3）若该字符是英文字母，再判断该字母是大写字母还是小写字母。然后用该字母加或减其大小写字母在 Unicode 中位置差的方法来实现转换。注：大、小写字母在 Unicode 中均是按顺序排列的，且大写在前、小写在后，所以可以用‘a’-‘A’来表示每个大小写字母之间的位置差。

4）输出结果。

（3）以上问题考虑清楚后，再根据 Java 语言的程序格式编写正式代码。

```
//文件名 Jpro2_9.java
import java.io.*;
public class  Jpro2_9
  {
 public static void main(String[] args)
   {
    char c=' ',s=' ';
    short k='a'-'A';                           //k 为大小写字母在 Unicode 中的排位差
    System.out.print("Please enter a character:");
    try{
      c=(char)System.in.read();
    }catch(IOException e){};
    if (c>='A'&&c<='Z'|| c>='a'&&c<='z')
    {
      if (c>='A'&&c<='Z')                     //c 为大写字母
        s=(char)((short)c+k);                 //大写变小写
      if (c>='a'&&c<='z')                     //c 为小写字母
        s=(char)((short)c-k);                 //小写变大写
      System.out.println("The original letter is:"+c+"The present letter is:"+s);
    }
    else
      System.out.println("It's not a letter!");
    }
  }
```

运行结果：

```
Please enter a character:x
The original letter is:x  The present letter is:X
```

程序分析：

程序中使用 System.in.read()方法从键盘输入一个字符并存入字符变量 c 中，然后判断 c 是否为字母，如果是字母继续判断其为大写或小写，如果字符值在'A'和'Z'之间，说明 c 是大写字母；如果字符值在'a'和'z'之间，则说明 c 是小写字母。

第一个 if 语句的条件表达式：

c>='A'&&c<='Z'|| c>='a'&&c<='z'

是一个逻辑表达式，用来判断 c 中存放的字符是否为英文字母。在此表达式中，关系运算符优先级大于逻辑运算符，同时逻辑运算符“&&”优先于运算符“||”，所以该表达式可以判定 c 的值是否在字母“A”到“Z”或“a”到“z”之间，也就是说 c 中存放的是否为英文字母。如果是英文字母，则输出，否则输出" It's not a letter!"。

习题二

1．请简要描述数据类型对程序的重要性，以及本章讨论的变量定义等内容在 Java 程序设计中的地位。

2．简述 Java 语言的 8 种基本数据类型的主要特征。

3．对运算符的优先级进行分类，并指出各类别的优先关系。

4．下列哪个是合法的标识符？

application、Applet、a++、8*9、$y、name、5age、&x、case

5．进行下面变量的说明：

初值为 100 的 long 变量

初值为 30.5 的 float 变量

初值为 45.8 的 double 变量

初值为 a 的 char 变量

初值为 false 的 boolean 变量

6．根据定义的变量，计算下面 3 题中各个表达式的值。

（1）设 int ir,n1=35,n2=60,n3=19,n4=6;

```
double fr;
float v1=17.0f,v2=12.78f;
ir=n1/n4;
fr=n1/n4;
fr=n1/v1;
fr=n1/n2;
fr=(double)n1/n2;
ir=(int)(v1/n4);
fr=(int)(v1/n4);
fr=(int)((double)n1/n2);
ir=n3%n4;
```

（2）设 int a=3, b1,b2,b3;

```
double d=1.0, e1,e2;
b1=45+43%5*(23*3%2);
b2=45+45*50%(--a);
e1=1.5*3+(++d);
e2=1.5*3+d++;
b3 %=3/a+3;
```

（3）设 int x=5,y=4,z=8;

```
boolean t1,t2,t3,t4,t5;
t1=（true）&&(x>y);
t2=(x+y>z||true)&&(x<y);
t3=x<z&&4>8||false;
t4=x+y-z>0&&x*y<z||y>x;
t5=t1&&t2||(t3&&t4);
```

7．程序输出结果如下，请在______处填上适当的内容，使之运行正确。

```
a1=169
n1=855
f1=829.6
d1=959.151975465
//Test2_1.java
import java.io.*;
public class Test2_1
{
  public static void main(String args[])
  {
    char  a='r';
    byte  b=8;
    int   i=55;
    ______  n=1024L;
    float  f=103.7f;
    ______  d=954.2431;
    int   a1=a+i;
    long  n1=n-a1;
    float  f1=b*f;
    double d1=f1/a1+d;
    System.out.println("a1="+a1);
    System.out.println("n1="+n1);
    System.out.println("f1="+f1);
    System.out.println("d1="+d1);
  }
}
```

8．编写一个程序，根据给定的四个浮点数，计算并输出它们的和、平均值。

9．编写一个程序，根据给定的三个双精度数，输出其中最大的数。

10．编写并测试一个 Java 类，计算一个一般三角形的面积。公式为：area= $\sqrt{p(p-a)(p-b)(p-c)}$，其中，已知三角形三边 a、b、c，p=(a+b+c)/2。注：开根号可以使用 Java 中 Math 类的 sqart 方法，形式：Math.sqart(double a)。

11．结合实际，设计一个可以用本章知识解决的问题，并编程实现。例如：会计发工资时常常要涉及到零钱的问题。比如，现在五个人的工资分别是 1895.83 元、2235.69 元、1778.66 元、1291.71 元、1947.44 元，问该会计要准备哪些面值的货币各多少，才能够不用找零顺利发放？

第 3 章　类与对象

- 类和对象的概念。
- 类的编写方法和对象的创建。
- 类的成员变量的定义。
- 类的成员方法的定义。
- 包的概念。
- 访问权限。
- 内部类及泛型类。

- 理解类和对象的基本概念。
- 掌握类和对象的创建与应用。
- 理解方法和构造方法的概念。
- 掌握方法的声明和调用。
- 理解包的概念。
- 掌握类及其成员访问权限控制。
- 理解内部类的基本概念。
- 编写简单的面向对象程序。

3.1　引例

例 3.1　用面向对象的思想来设计一个简单的程序，求一个矩形的周长和面积。

分析：以面向对象的程序设计方式来思考这一问题，我们可以通过以下几步来解决：

（1）用一个合适的名字（如 Rectangle）来标识我们要分析的客观实体（矩形）。

（2）分析客观实体的共有特征：长和宽，用 length 和 width 两个属性对其进行描述。

（3）分析客观实体的共有功能，用 perimeter()和 area()两个方法来实现其功能。

（4）设计矩形类和一个测试类。

（5）在测试类中，用矩形类产生一个矩形对象，并计算其周长和面积。

程序代码如下：

```
//文件名 Jpro3_1.java
class Rectangle                            //定义类
```

```
{
    float length;                          //定义属性
    float width;                           //定义属性
    double perimeter()                     //定义方法
    {
        return 2*(length+width);
    }
    double area()                          //定义方法
    {
        return length*width;
    }
}
public class Jpro3_1                                 //定义类
{
    public static void main(String args[])           //定义程序执行的入口方法
    {
        Rectangle r1=new Rectangle();                //创建对象
        r1.length=5.5f;                              //给对象的属性赋值
        r1.width=3.5f;
        double zc= r1.perimeter();                   //调用perimeter()方法计算周长
        System.out.println("矩形的周长是:"+zc);              //输出周长
        System.out.println("矩形的面积是:"+r1.area());      //计算并输出面积
    }
}
```

程序运行结果：

```
矩形的周长是:18.0
矩形的面积是:19.25
```

程序分析：

在上述Java源程序Jpro3_1.java中，定义了两个类。第一个类为矩形类，类名为Rectangle，用于实现对矩形实体的共同的属性和方法的封装；第二个类的类名Jpro3_1与源程序名相同，该类的主要功能不是用来封装实体，而是用于编写算法对前面的Rectangle类的功能进行测试，因此，不妨称其为测试类。在测试类中首先定义了一个程序执行的入口方法main()，在该方法中用矩形类定义矩形对象，再利用矩形对象调用其相应的属性和方法完成其相应的功能。

为了解决这个问题，在开始的分析中，我们提到了几个概念：类、属性、对象和方法，它们究竟有什么意义，下面将一一介绍。

3.2 类

将客观世界中的一个特定种类的实体放在一起，并抽取它们身上共性加以描述，这就得到了软件系统中的类。因此，通常从下面三个方面来描述一个类：

① 有一个名字来唯一标识它所描述的客观实体。

② 有一组属性来描述客观实体的共有特征。

③ 有一组方法来实现客观实体的共有行为。

类是组成Java程序的基本要素。类封装了一类对象的属性和方法。类是用来定义对象的模板，当使用一个类创建了一个对象时，我们也说给出了这个类的一个实例。

3.2.1 类的声明

Java 语句中类的定义通常包含两个部分：类声明和类体。其基本格式如下：

```
class 类名
{
    类体的内容
}
```

其中，“class 类名”是类的声明部分。

class 是关键字，用来定义类。类名指的是类的名称，类名的命名与标识符的命名一致。类名的命名规则是，类名的第一个字母通常要大写，如果类名是多个单词连接而成，每个单词首字母都大写，如 BeijingChangcheng、HelloChina、ComputerArea 等。类名最好能体现类的功能或作用。

当定义一个类时，我们可以在“class 类名”前加 public、abstract 和 final 等修饰符对所定义类的特征进行限制。还可以在其后加 extends <父类名>和 implements <接口名列表>来说明类的继承性。这些内容在后面的章节中将会陆续介绍。

3.2.2 类体的构成

定义类的目的是为了描述一类事物共有的属性和功能，即将数据和对数据的操作封装在一起，这一过程由类体来实现。类体通常有两种类型的成员：

① 成员变量——通过变量声明定义，来描述类创建的对象的属性。

② 成员方法——通过方法的声明定义，来描述类创建的对象的功能。

封装的思想就是将数据和对数据的操作封装在一起，当一个对象执行自己的操作时，它对外界隐藏了操作的细节。如当人们看电视时，通常大部分人都不关心电视机机壳里隐藏的复杂电子元器件，也不关心这些电子器件是如何工作来产生电视画面的。电视机做了自己要做的事并对我们隐藏了它的工作过程。

如何才能做到对类的合理封装呢？这要通过合理地定义类中的成员变量和成员方法来实现。

1. 成员变量的定义

定义成员变量最简单的格式为：

类型 变量名 1[，变量名 2，…]

如果我们把变量名前的所有关键字称为该变量的修饰符，那么变量的类型修饰符是必须有的。它决定该变量在内存中分配空间的大小。成员变量可以是简单类型，如 byte、int、long、boolean、float、double；也可以是数组、字符串或类等引用类型。

每个类中的成员变量类型的定义，要根据具体情况来定，不能一概而论。如将例 3.1 中 Rectangle 类中的 length 和 width 定义为 int 型是否可以？

```
class Rectangle
{
    int  length;
    int  width;
}
```

这样的定义对于程序来说完全可以，只不过在现实世界中，矩形的长和宽并非总是整数，所以定义为 float 类型比 int 类型更具有实际意义。

那么，例 3.1 中关于矩形长和宽的定义是否合理呢？

```
class Rectangle
{
    float length;
    float width;
}
```

从类的封装性来看，上面的定义并不理想。由于 Rectangle 类中的成员变量的访问权限修饰符为缺省情况，于是在测试类 Jpro3_1 中，我们可以对 Rectangle 类的成员变量直接进行操作。

```
pubic class Jpro3_1
{
    public static void main(String args[])
    {
        Rectangle r1=new Rectangle();
        r1.length=5.5f;
        r1.width=3.5f;
    }
}
```

这就相当于一个电视机除去了机壳，任何人都可能对其里面的器件直接进行操作，没了任何封装性，其安全性就受到了威胁。

对于软件系统来说，封装有什么作用呢？在一个包含许多对象的系统中，对象之间以各种方式相互依赖。如果其中一个对象出现了故障，软件工程师不得不修改它的时候，对其他的对象隐藏这个对象的操作意味着只需修改这个对象而不需改变其他对象。如上面的 Rectangle 类的定义中，如果将成员变量 length 的类型由 float 改为 int，那么测试类 Jpro3_1 中的语句 r1.length=5.5f;，将不能通过编译。

要解决上述问题，我们可以在定义成员变量时再加上访问权限修饰符，其格式如下：

[访问权限] 类型 变量名 1[，变量名 2，…]

成员变量常用的访问权限修饰符有 4 种：public（公共的）、protected（受保护的）、private（私有的）和 default（缺省的）。Rectangle 类中的成员变量没有使用访问权限修饰符，也就是访问权限修饰符缺省，此时，同一个包（具体见 3.8.2 节）中的其他类就能对其进行访问。要实现类的成员变量在类的外部不可见，就必须使用 private 修饰符对其进行限定。用 private 修饰的成员变量只在本类中有效，因此，可以实现数据最严密的封装。如可将例 3.1 中关于矩形长和宽的定义修改成如下形式：

```
class Rectangle
{
    private float length;
    private float width;
}
```

这样，外部类就不能直接访问其成员变量了。如将 Rectangle 类的两个成员变量定义为私有，那么测试类 Jpro3_1 中两条访问成员变量的语句将无效。如：

```
public class Jpro3_1
{
    public static void main(String args[])
    {
        Rectangle r1=new Rectangle();
```

```
        r1.length=5.5f;           //非法
        r1.width=3.5f;            //非法
    }
}
```

接下来的问题是：如果外部类无法访问其他类私有的成员变量，那么，每个类私有的成员变量又该如何赋值呢？我们有三种途径来解决这个问题：

① 在定义成员变量时赋初值。

② 在类中定义成员方法时给成员变量赋值。

③ 利用构造方法给成员变量赋初值。

2. 成员变量的初始化

成员变量定义时如果没有赋值，则其初值是它的默认值。例如，byte、short、int 和 long 类型的默认值为 0，float 类型的默认值为 0.0f，double 类型默认值为 0.0，boolean 类型的默认值为 false，char 类型默认值为“\u0000”，引用类型默认值为 null。但有时我们需要变量具有其他初值，那么可以在定义的同时给变量赋值。如在定义 Rectangle 类的成员变量时，直接给长和宽赋初值：

```
class Rectangle
{
    private float length=5.5f;
    private float width=3.5f;
}
```

注意以下的写法是错误的：

```
class Rectangle
{
    private float length;
    length=5.5f;              //非法
}
```

上述程序中的错误反映了这样一个问题：对成员变量的操作应放在方法中进行，当程序执行过程中要改变成员变量的值，应设计相应的方法，在方法体内通过相应的语句来修改成员变量的值。

3. 成员方法

在 Java 中，方法只能作为类的成员，也称为成员方法。方法操作类所定义的数据，以及提供对数据的访问的代码。大多数情况下，程序都是通过类的方法与其他类的实例进行交互的。

方法包括方法声明和方法体。创建成员方法最简单的格式为：

```
返回值类型  方法名（[参数列表]）
{
    方法体
}
```

第一行为方法声明，大括号中的是方法体。方法体可以包含一个或多个语句，每个方法执行一项任务。每个方法只有一个名称，通过使用这个名称方法才能被调用。方法名一般用小写字母表示，如例 3.1 中定义的 perimeter ()方法和 area()方法。但当方法名由多个英文单词组成时，一般第一个单词用小写，后面每个单词的首字母都大写，如 computePerimeter()、computeArea()等。

返回值类型是方法返回值的数据类型。若方法不返回任何值，则返回值类型为关键字 void。除构造方法外，所有的方法都要求有返回值类型。方法名的定义与标识符定义一致，最好能够体现方法的含义，达到“见名知义”的程度。如例 3.1 中，可以定义专门操作成员变量的方法，一般命名为 setXxx()和 getXxx()。如对 Rectangle 类进行修改，增加 4 个专门用于操作成员变量的方法：

```
class Rectangle
{
    private float length=5.5f;
    private float width=3.5f;
    void setLength(float l)
    {length=l;}
    void setWidth(float w)
    { width =w;}
    float getLength()
    {return length; }
    float getWidth()
    {return width; }
}
```

在增加的 4 个方法中，setLength(float l)和setWidth(float w)方法分别用来设置两个成员变量 length 和 width 的值。getLength()和getWidth()方法分别用来获取两个成员变量 length 和 width 的值。由于两个成员变量的访问权限被定义为 private，从 Rectangle 类的外部无法对这两个变量进行访问，程序中提供了两组 set()和 get()方法用于对两个成员变量进行读写操作。如只设置 get()方法，那么该变量对外来说是只读的；如只设置 set()方法，那么该变量对外来说是只写的。

方法的参数列表是可选的。列表中的参数称为形式参数，简称为形参。当方法被调用时，形参被数据或变量替换，这些数据或变量称为实际参数，简称为实参。这种在方法调用时用实参代替形参的形式，称为参数传递。

如果希望方法有返回值，则在方法体的最后使用 return xxx;语句，终止方法并返回一个值给该方法的调用者。

在类体中，有一些方法的设置是为了实现类的相应功能，如例 3.1 中，perimeter()方法和area()方法分别用来计算矩形的周长和面积。这些方法往往是类对象的功能体现。

成员方法也可加访问权限修饰符，用来限定该方法的使用范围。成员方法的访问权限修饰符与成员变量相同，共有 4 种，其意义也相似。其具体内容将在 3.8 节中介绍。

4. 构造方法

构造方法是一种特殊方法，它的名字必须与它所在类的名字完全相同，并且不返回任何数据类型。Java 程序中的每个类允许定义若干个构造方法，但这些构造方法的参数必须不同。

每个类都有一个默认的构造方法（它没有任何参数），如果类没有重新定义构造方法，则创建对象时系统自动调用默认的构造方法。否则，创建对象时调用自定义的构造方法。

在例 3.1 中的 Rectangle 类中，在定义成员变量的同时给变量赋了初值，这就意味着用此类创建的任何矩形对象，其初始的长和宽都是一样的，如果我们希望每次能得到长和宽都不一样的矩形对象，又该如何来设计呢？请看下面的程序：

```
class Rectangle
{
    private float length;
    private float width;
   public Rectangle()
   {
     length=5.5f;
     width=3.5f;
    }
   public Rectangle(float x, float y)
   {
     length=x;
     width=y;
    }
   ......

}
```

在 Rectangle 类中，增加了两个构造方法，分别用于创建类的对象。那么，在测试类 Jpro3_1 中，就能调用这两个构造方法来创建对象，程序代码如下：

```
public class Jpro3_1
{
    public static void main(String args[])
    {
        Rectangle r1=new Rectangle();
        Rectangle r2=new Rectangle();
        Rectangle r3=new Rectangle(2.4f,3.2f);
        Rectangle r4=new Rectangle(2.0f,3.5f);
        ......
    }
}
```

每次调用无参构造方法所创建的矩形对象的长和宽都有一个固定的初值，如 r1 和 r2 的长为 5.5，宽为 3.5。而每次调用带参构造方法时，只要实参不同，就能构造出不同的矩形对象。如 r3 的长为 2.4，宽为 3.2；r4 的长为 2.0，宽为 3.5。

5. main()方法

一般情况下，要使用一个类，就必须创建这个类的对象。那么，对象的创建是应该设计在同一个类中还是设计在另一个类中呢？答案是两者都可以，但最好是在另一个类中。这样，没有对象定义的纯粹的类设计部分就可以单独保存在一个文件中，就不会影响该类的重复使用。

在例 3.1 中，矩形类和测试类分别放在两个类中来进行设计，就是类重复使用思想的体现。由于 main()方法是每个 Java 应用程序执行的入口方法。因此，在 Jpro3_1 类中设计了 main()方法。main()方法的定义格式如下：

```
public static void main(String args[])
```

public 修饰符说明 main()方法可以为所有类访问。static 修饰符表明 main()方法是静态方法。main()方法用于启动 Java 应用程序，因为是用 static 定义的，当应用程序启动后，实际上系统中并不存在任何对象，可以直接调用。因此，main()方法的主要工作就是创建启动程序所需的对象。它的返回值类型为 void，即无实际返回值。args[]是形式参数。

3.3 对象

对象（object）是以类作为“模板”创建的，类是一种复杂数据类型，是对象定义的前提。类是具有共同特性的实体抽象，而对象又是现实世界中实体的表现。对象是类的实例化，对象和实例（instance）两个词语通常可以互换。当然，实例也可理解为类的具体实现。类和对象的关系是一般与个别的关系，可以比作一张图纸和多幢楼房之间的关系。

3.3.1 对象的创建

对象的创建过程实际上就是类的实例化过程。创建对象须使用操作符 new，其格式可以有两种：

类名　对象名=new 类名([参数 1,参数 2,…]);

如：Rectangle r1=new Rectangle(5.5f,3.5f);

或者

类名　对象名;

对象名=new 类名([参数 1，参数 2，…]);

如：Rectangle r1;

　　r1=new Rectangle(5.5f,3.5f);

第一种方式，将对象的声明和创建合并在一起，其功能是为对象分配内存空间，然后执行构造方法中的语句为成员变量赋值，最后将所分配存储空间的首地址赋给对象变量。存储空间相当于一个抽屉，数据放在抽屉中，对象变量中所放的是打开这个抽屉的钥匙。其内存模型如图 3-1（b）所示。

第二种方式，先声明对象变量，对象变量声明后，该对象变量还没有引用任何实体，我们称这时的对象为空对象，其内存模型如图 3-1（a）所示。空对象必须再用 new 运算符分配实体后才能使用，其内存模型如图 3-1（b）所示。

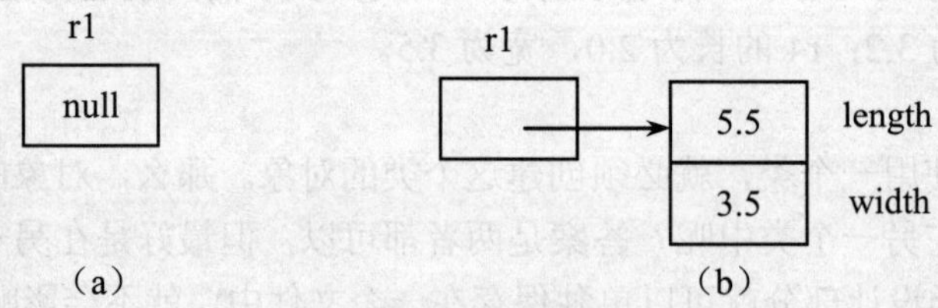

图 3-1　对象的内存模型

使用 new 运算符结果是返回新创建的对象的一个引用。new 为指定的类创建一个对象时，首先为该对象在内存中分配内存空间，然后以类为模板构造该对象，最后把该对象在内存中的首地址返回给对象名。这样我们就可以像使用一个普通变量一样通过对象名来使用对象。同时，使用 new 运算符创建对象时，也调用了该类的构造方法实现对象的初始化。

一个类使用 new 运算符可以创建多个不同的对象，这些对象被分配不同的内存空间，因此改变一个对象的内存状态不会影响其他对象的内存状态。例如，我们使用 Rectangle 类创建两个对象 r1 和 r2，其内存模型如图 3-2 所示。

Rectangle r1=new Rectangle(5.5f,3.5f);

Rectangle r2=new Rectangle(2.4f,3.2f);

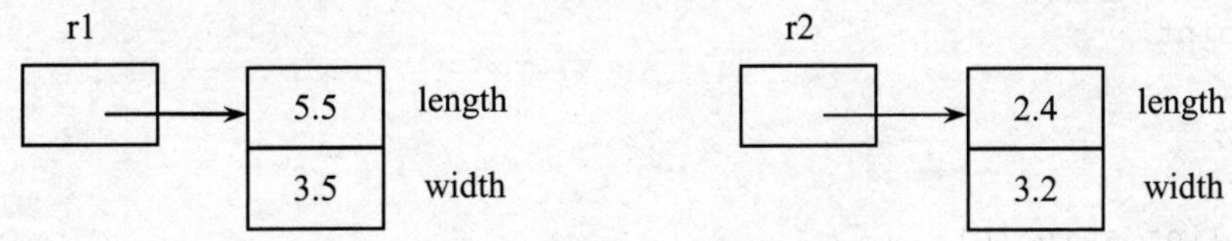

图 3-2　多个对象的内存模型

3.3.2　对象的使用

一旦创建了对象，就可以使用对象编写程序，完成相应的功能了。对象的使用主要有以下三种情况：

1. 使用对象的成员变量和成员方法

对象不仅可以操作自己的成员变量来改变状态，而且还可以使用类中的方法，对象通过这些方法产生一定的行为。对象通过运算符“.”来引用自己的成员。如例 3.1 中，main()方法中的语句：

```
r1.length=5.5f;
r1.width=3.5f;
double zc= r1.perimeter();
System.out.println("矩形的周长是:"+zc);
System.out.println("矩形的面积是:"+r1.area());
```

在上面的程序中，当方法有返回值时，可以将返回值赋给相同类型的变量，也可以直接输出返回值。

2. 对象间的赋值

相同类型的变量可以互相赋值。如果两个对象有相同的值，那么它们就具有相同的实体，即指向同一个内存空间。如以下语句：

```
Rectangle r1=new Rectangle(5.5f,3.5f);
Rectangle r2=new Rectangle(2.4f,3.2f);
r1=r2;
```

执行赋值语句 r1=r2 后，r1 和 r2 引用的实体就一样了，即 r1 和 r2 指向同一个存储空间，r1 原先引用的存储空间失去了引用对象，变成了一块垃圾内存，其内存模型如图 3-3 所示。此时 r1 和 r2 的成员完全相同，其值也相同。

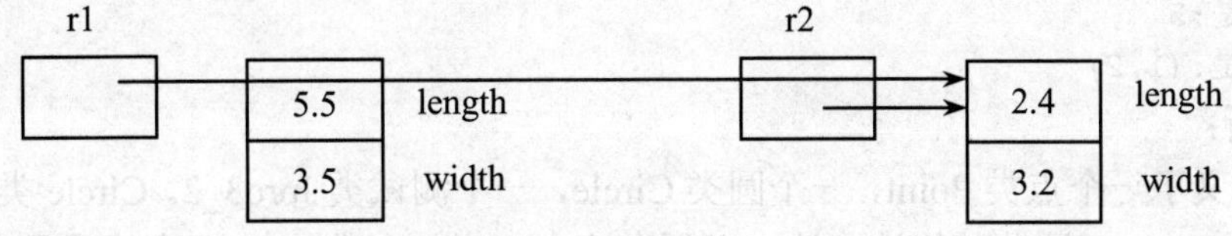

图 3-3　对象赋值后的内存模型

3. 把对象作为方法的参数

对象也可以像变量一样，作为方法的参数使用。

例 3.2 分别定义两个类：点类和圆类，将点类对象作为圆类的成员变量，并编写测试类进行功能测试。

```
//文件名 Jpro3_2.java
class Point
{
   int x;
   int y;
   Point(int a,int b)
   {
    x=a;
    y=b;
   }
}
class Circle
{
   int radius;
   Point point;             //定义引用型成员变量
   Circle(int r,Point p)    //形参为引用型的变量
   {
     radius=r;
     point=p;               //引用型变量赋值
   }
   void output()
   {
    System.out.println("圆的半径是:"+radius);
    System.out.println("圆的圆心是:"+"("+point.x+","+point.y+")");
   }
}
public class Jpro3_2
{
   public static void main(String args[])
   {
        Point p1=new Point(1,2);
        Circle c=new Circle(5,p1);  //实参为对象变量
        c.output();
   }
}
```

程序运行结果为：

```
圆的半径是:5
圆的圆心是:(1,2)
```

程序分析：

例 3.2 定义了一个点类 Point，一个圆类 Circle，一个测试类 Jpro3_2。Circle 类的成员变量 point 的类型为 Point，因此其构造方法中必须有这个相应的参数 Point p 来给成员变量 point 赋初值。测试类 Jpro3_2 首先要创建一个 Point 对象 p1，然后将 p1 作为构造方法 Circle(5,p1)的实参去创建 Circle 对象 c。那么实参 p1 传递给形参 p 是什么呢？是对象变量本身所存储的内容，即所引用对象的内存空间的首地址，而不是所引用的实体的内容。

3.3.3 垃圾对象的回收

当对象被创建时，就会在Java虚拟机的堆区中拥有一块内存，在Java虚拟机的生命周期中，Java 程序会陆续地创建多个对象，如果所有的对象都永久占有内存，那么内存有可能很快被消耗，引发内存空间不足。因此，必须采取一种措施及时回收那些无用对象占用的内存，以保证内存可以被重复利用。

Java 虚拟机提供了一个系统级的垃圾回收器线程，它负责自动回收那些无用对象所占用的内存，这种内存回收的过程被称为垃圾回收。

图3-3中，r1和r2是Rectangle类的两个对象，分别指向两个实体，占用不同的内存空间，如果执行语句：

```
r1=r2;
```

则r1与r2均指向r2所引用的内存空间，而r1以前指向的内存空间将成为垃圾内存。Java虚拟机会自动回收这个没用的对象空间。

3.4 成员变量

3.4.1 实例变量和类变量

类有两种不同类型的成员变量：实例变量和类变量。类变量又称为静态变量。用关键字static修饰的成员变量称为类变量，而没有用关键字static修饰的成员变量称为实例变量。例如下面A类中，x是实例变量，而y是类变量。

```
class A
{
    float x;          //实例变量定义
    static int y;     //类变量定义
}
```

具体来说，实例变量和类变量的主要区别为：

① 在内存分配的空间上。不同对象的同名实例变量分配不同的内存空间，变量之间的取值互不影响；不同对象的同名类变量分配相同的内存空间，也就是说多个对象共享类变量，改变其中一个对象的类变量的值会影响其他对象中相应的类变量的值。

② 在内存分配的时间上。当类的字节码文件被加载到内存时，类变量就分配了相应的内存空间；实例变量是当类的对象创建时才会被分配内存。

③ 访问方式不同。实例变量必须用对象名访问；类变量可以用类名访问，也可以用对象名访问。

例3.3 编写一个矩形类，用类变量统计所创建的矩形对象的个数。

```
//文件名Jpro3_3.java
class Rectangle
{
    private float length;
    private float width;
    static int number=0;      //定义类变量
    Rectangle(float l, float w)
```

```
    {
        length=l;
        width=w;
        number++;      //改变类变量的值
    }
}

public class Jpro3_3
{
    public static void main(String args[])
    {   //用两种方式访问类变量
        System.out.println("当前矩形对象的个数为:"+Rectangle.number);
        Rectangle r1=new Rectangle(1.0f,2.0f);
        System.out.println("当前矩形对象的个数为:"+r1.number);
        Rectangle r2=new Rectangle(2.0f,2.5f);
        System.out.println("当前矩形对象的个数为:"+r1.number);
        System.out.println("当前矩形对象的个数为:"+r2.number);
        System.out.println("当前矩形对象的个数为:"+Rectangle.number);

    }
}
```

程序运行结果：

```
当前矩形对象的个数为:0
当前矩形对象的个数为:1
当前矩形对象的个数为:2
当前矩形对象的个数为:2
当前矩形对象的个数为:2
```

程序分析：

main()方法的第一条语句被执行时，系统首先将 Rectangle 类加载到内存，并为类变量 number 分配了内存空间，此时，就可以用类名 Rectangle 直接引用类变量 number；当执行了下面两句：

```
Rectangle r1=new Rectangle(1.0f,2.0f);
Rectangle r2=new Rectangle(2.0f,2.5f);
```

系统创建了矩形对象 r1 和 r2 后，才用对象 r1 和 r2 来引用类变量 number，但这种方式并不提倡使用，因为其可读性较差。从最后三条语句的输出结果也可看出，r1、r2 和 Rectangle 共享类变量 number。

3.4.2 常量

如果一个类的成员变量前加 final 修饰符，该成员变量就为常量，常量的名字习惯用大写字母表示，如

final double PI=3.14159;

常量不占用内存，这意味着在声明常量时，必须初始化。对象可以使用常量，但不能更改它的值。

例 3.4 已知圆的半径，求圆的面积。

```
//文件名 Jpro3_4.java
class Circle
```

```
{
    float radius;
    final float  PI=3.14f;  //定义常量
    Circle (float r)
    {
        radius=r;
    }
    float area()
    {
        return PI*radius*radius;
    }
}
public class Jpro3_4
{
    public static void main(String args[])
    {
        Circle t=new Circle (0.5f);
        System.out.println("圆面积是:"+t.area());
    }
}
```

程序运行结果为：

```
圆面积是:0.785
```

3.5 成员方法

3.5.1 实例方法和类方法

类有两种不同类型的成员方法：实例方法和类方法。类方法又称为静态方法。用关键字 static 修饰的成员方法称为类方法，而没有用关键字 static 修饰的成员方法称为实例方法。在例 3.3 中，如将静态变量 number 定义为私有成员，则在其测试类 Jpro3_3 中不能直接访问 number，若要在 Rectangle 类定义一个方法来访问 number，该方法必须定义为静态方法。

例 3.5 定义静态方法访问静态变量。

```
//文件名 Jpro3_5.java
class Rectangle
{
    private float length;
    private float width;
    private static int number;
    Rectangle(float l, float w)
     {
        length=l;
        width=w;
        number++;
     }
     public static void print()  //定义静态方法访问静态变量
     {
        System.out.println("当前矩形对象的个数为:"+number);
     }
 }
```

```
public class Jpro3_5
{
    public static void main(String args[])
    {
        Rectangle.print();
        Rectangle r1=new Rectangle(1.0f,2.0f);
        Rectangle r2=new Rectangle(2.0f,2.5f);
        Rectangle.print();
    }
}
```

程序运行结果为：

```
当前矩形对象的个数为:0
当前矩形对象的个数为:2
```

具体来说，实例方法和类方法的主要区别为：

① 在内存分配的时间上。当类的字节码文件被加载到内存时，类方法就分配了相应的入口地址；实例方法是当类的对象创建时才会被分配入口地址。

② 访问方式不同。实例方法必须用对象名访问；类方法一般用类名访问，也可用对象名访问。

③ 操作的对象不同。类方法只能操作类变量，不能操作实例变量；而实例方法既可以操作类变量也可以操作实例变量。

④ 另外，实例方法中可以调用实例方法和类方法，而类方法中只能调用类方法，不能调用实例方法。

3.5.2 方法中的参数传递

当方法被调用时，如果方法有参数，参数变量必须有具体的值。如例 3.2 中的两个构造方法：

```
Point(int a,int b)
  {
    x=a;
    y=b;
  }
Circle(int r,Point p)
  {
    radius=r;
    point=p;
  }
```

其调用语句为：

```
Point p1=new Point(1,2);
Circle c=new Circle(5,p1);
```

方法声明中设计的参数称为形式参数或形参，如 int a、int b 和 int r、Point p。调用方法时所传递的参数称为实际参数或实参。实参可以是一个常量，如 Point(1,2)中的 1、2，也可以是一个已赋值的基本数据类型的变量，如：

```
int a=1;
int b=2;
Point p1=new Point(a,b);
```

实数还可以是一个引用类型的对象，如 Circle(5,p1)中的 p1。调用方法时，实参的值传递给形参。不管参数是何类型，传递时都是按值传递，下面分两种情况进行说明。

1. 基本数据类型参数的传值

对于基本数据类型的参数，实参数据类型的级别不能高于形参的级别。比如，不能向 int 类型的形参传递一个 float 类型的值，但可以向 double 类型形参传递一个 float 类型的值。如将例 3.2 中的语句：

```
Point p1=new Point(1,2);
```

改为

```
Point p1=new Point(1.5f,2);
```

则程序不能通过编译。

另外，改变形参变量的内容，实参的内容不会跟着变化。

例 3.6 当方法的类型为基本数据类型时，改变形参变量的内容，实参的内容不会跟着变化。

```
//文件名 Jpro3_6.java
class A
{
    void a(int a)
    {
        a=10;
        System.out.println("a="+a);
    }
}
public class Jpro3_6
{
    public static void main(String args[])
    {
        A a1=new A();
        int x=5;
        a1.a(x);
        System.out.println("x="+x);
    }
}
```

程序运行结果为：

```
a=10
x=5
```

程序分析：

实参 x 的值为 5，当对象 a1 调用方法 a()时，x 将 5 传递给形参 a，a 的值就为 5。在方法 a()中，将 a 赋值为 10，此时，x 的值并没有改变，仍为 5。

2. 引用类型参数的传值

引用类型数据包括对象、数组以及接口等。当方法的参数是引用类型时，实参传递的是对象的引用，而不是对象的内容。

当实参的值传递给形参时，实参和形参对象都指向同一个存储空间。如果改变形参所引用实体的内容，实参所引用实体的内容也会跟着变化。

例 3.7 引用类型参数的传值。

```
//文件名 Jpro3_7.java
```

```
class Point
{
   int x;
   int y;
   Point(int a,int b)
   {
    x=a;
    y=b;
   }
 }
 class Circle
 {
    int r;
    Point point;
    Circle(int r1,Point p1)
    {
     r=r1;
     //p1.x=10;       //改变p1的坐标
     //p1.y=10;
     point=p1;
    }
    void output()
    {
    point.x=10;       //改变point的坐标
    point.y=10;
    System.out.println("圆心的坐标是:"+"("+point.x+","+point.y+")");
    }
 }
public class Jpro3_7
 {
    public static void main(String args[])
    {
        Point p=new Point(1,2);
        System.out.println("点的坐标是:"+"("+p.x+","+p.y+")");
        Circle c=new Circle(5,p);
        c.output();
        System.out.println("点的坐标是:"+"("+p.x+","+p.y+")");
    }
 }
```

程序的运行结果为：

```
点的坐标是:(1,2)
圆心的坐标是:(10,10)
点的坐标是:(10,10)
```

程序分析：

首先定义了一个坐标为(1,2)的点对象 p，把 p 作为实参创建一个圆对象 c，将实参 p 的值传递给了形参 p1，不管是在构造方法中改变 p1 的坐标，还是在 output()方法中改变 point 的坐标，p 的坐标都会随之改变。

3.6 关键字 this

this 是 Java 中的关键字，代表本类对象，下面从两个方面介绍它的应用。

1. 使用 this 区分成员变量和局部变量

在方法体中声明的变量以及方法的参数称为局部变量，方法的参数在整个方法内有效，方法内定义的局部变量从它定义的位置之后开始有效。成员变量在整个类内有效。

在一个类中，如果出现局部变量的名字与成员变量的名字相同，则成员变量被隐藏，即这个成员变量在这个方法内暂时失效。例如：

```
class Rectangle
{
    private double length;
    private double width;
    Rectangle(double length,double width)
     {
        length= length; //成员变量被隐藏
        width=width;
     }
}
```

如果希望成员变量 length 被成功赋值，必须在成员变量前加 this，this.length 表示当前对象的成员变量 length，而不是局部变量 length。例如：

```
class Rectangle
{
    private double length;
    private double width;
    Rectangle(double length,double width)
     {
        this.length= length;    //给成员变量 length 赋值
        this.width=width;       //给成员变量 width 赋值
     }
}
```

2. 用 this 调用本类中的其他构造方法

在构造方法中用 this 调用本类中的其他构造方法，调用时要放在构造方法的首行。如：

```
class Rectangle
{
     private float length;
     private float width;
    public Rectangle()
    {
      this(5.5f,3.5f);  //调用了带参构造方法
     }
    public Rectangle(float x, float y)
    {
      length=x;
      width=y;
     }
 }
```

3. 实例方法中可以使用 this，类方法中不可使用 this

实例方法中使用 this 来引用的成员表示为当前对象的成员，通常情况省略不写，其含义相同。类方法中不可使用 this，因为类方法可以通过类名直接调用，这时可能还没有创建任何对象。例如：

```
class R
{
    int x;
    void f()
    {
        this.x=100;     //this 可以省略
        this.g();       //this 可以省略
    }
    void g()
    {
        x=200;
    }
}
```

3.7 内部类

类可以嵌套定义，即在一个类的类体中可以嵌套定义另外一个类。被嵌套的类称为内部类，它的上级称为外部类。内部类中还可以再嵌套另一个类，在最外层的类被称为顶层类。内部类的创建方法与外部类相似。

除外部类外，其他类无法访问内部类。当一个类只在某个类中使用，并且不允许除外部类外的其他类访问时，可考虑把该类设计成内部类。

例 3.8 内部类的使用。

```
//文件名 Outer.java
class Outer
{
    private int index=100;                          //外部类成员
    class Inner
    {
        private int index=50;                       //内部类成员
        void print()
        {
            int index=30;                           //内部类局部变量
            System.out.println(index);              //输出内部类局部变量
            System.out.println(this.index);         //输出内部类成员变量
            System.out.println(Outer.this.index);   //输出外部类成员变量
        }
    }
    void print()
    {
        Inner inner=new Inner();                    //创建内部类对象
        inner.print();                              //调用内部类方法
    }
    Inner getInner()
    {
        return new Inner();                         //创建匿名内部类对象
```

```
    }
    public static void main(String args[])
    {
        Outer outer=new Outer();                        //创建外部类对象
        outer.print();
        Inner inner=outer.getInner();                   //创建内部类对象
        inner.print();
    }
}
```

程序运行结果为：

```
30
50
100
30
50
100
```

程序分析：

在外部类 Outer 中定义了一个内部类 Inner，外部类对象 outer 调用的 print()方法是自己的方法。要调用内部类的 print()方法，必须先构造内部类对象。内部类调用 getInner()方法，该方法用匿名的方式创建了一个内部类对象。

若将 main()方法放在另一个类 Jpro3_8 中，那么，创建内部类对象的方式将会改变，基本格式为：

外部类.内部类 内部类对象=外部类对象.new 内部类();

程序如下：

```
//文件名 Jpro3_8.java
……
public class Jpro3_8
{
    public static void main(String args[])
    {
        Outer outer=new Outer();
        outer.print();
        Outer.Inner inner=outer.new Inner(); //创建内部类对象
        inner.print();
    }
}
```

还有一种类称为匿名内部类，是指可以利用内部类创建无名对象，并利用它访问类里的成员。匿名内部类的创建不同于普通的内部类的创建，不需要定义类名，直接用 new 创建对象。如上例中的 getInner()方法中的语句：

```
Inner getInner()
{
    return new Inner();             //创建匿名内部类对象
}
```

匿名内部类的应用主要是简化程序代码。在 Java 的窗口程序设计中，常会利用匿名内部类的技术编写“事件”的程序代码，具体应用请参见第 11 章。

3.8 自定义包

包（package）是 Java 提供的类的组织方式。一个包对应一个文件夹，一个包中可以放置许多类文件和子包。

Java 语言可以把类文件存放在不同层次的包中，其目的是在设计软件系统时，当系统中的类较多，就可以分类存放不同的类文件，从而大大方便软件的维护和资源的重用。Java 语言规定：同一个包中的文件名必须唯一，不同包中的文件名可以相同。包的组织方式和表现方式与 Windows 中的文件和文件夹完全相同。

JDK 中提供许多系统包，只要正确安装了 JDK 文件，在 Java 环境下就可以使用系统包中的文件，关于系统包中的相关内容将在第 7 章中介绍。

3.8.1 创建包

定义包语句的格式为：

package <包名>;

其中，package 是包的关键字，<包名>是包的标识符。package 语句指出该语句所在的 Java 源文件中的所有类编译后所存放的位置。

Java 文件规定，如果一个 Java 源程序中有 package 语句，那么 package 语句必须写在 Java 源程序的第一行。如：

```
package mypackage;
public class a
{
    ......
}
```

如果源程序中省略了 package 语句，那么源文件中的类经编译后放在与源程序相同的一个无名包中。

一个包中还可以定义子包，可由标识符加“.”分割而成，如：

```
package china.anhui.hefei;
package sun.com.cn;
```

如果在 china.anhui.hefei 包中存放一个名叫 Student 的类，则该类的全名应为：china.anhui.hefei.Student。

3.8.2 使用包

包中存放的是编译后的字节码文件。用户可以在编程时，通过 import 语句导入包中的类，从而直接使用导入的类。

import 语句的使用分两种情况：

① 导入某个包中的所有类，如：

import mypackage.*;

② 导入某个包中的一个类，如：

import mypackage.Student;

注意：导入的类是要占用内存空间的，当某包中的类很多，而用到的类也很多时，就用方式①导入；当某包中的类很多，而要用的类却很少时，就用方式②导入。当用方式①导入类时，如包中还有子包，则子包中的类不会被导入。

例 **3.9** 修改例 3.2，将 Point 类放到 point 包中，并用文件名 Point.java 保存；将 Circle 类放到 circle 包中，并用文件名 Circle.java 保存；将 Jpro3_9 类用文件名 Jpro3_9.java 保存。修改后的程序如下：

```
//Point.java
package point;          //定义包
public class Point
{
   public int x;
   public int y;
   public Point(int a,int b)
   {
     x=a;
     y=b;
   }
 }
```

Point.java 编译后，产生文件夹 point，在 point 文件夹中生成类文件 Point.class。

```
//Circle.java
package circle;              //定义包
import point.Point;          //导入 Point 类
public class Circle
 {
    int r;
    Point p;
    public Circle(int r1,Point p1)
    {
     r=r1;
     p=p1;
    }
    public void output()
    {
    System.out.println("圆的半径是:"+r);
    System.out.println("圆的圆心是:"+"("+p.x+","+p.y+")");
    }
 }
```

Circle.java 编译后，产生文件夹 circle，在 circle 文件夹中生成类文件 Circle.class。

```
// Jpro3_9.java
import point.Point;          //导入 Point 类
import circle.Circle;        //导入 Circle 类
public class Jpro3_9
 {
    public static void main(String args[])
    {
        Point p=new Point(1,2);
        Circle c=new Circle(5,p);
        c.output();
    }
}
```

程序分析：

程序的输出同例 3.2，但由于三个类不在同一个包中，被导入的类的访问权限必须是

public，被导入的类的成员要想被访问到，其访问权限也要随之改变。

注意：在实际操作时，要将 Point.java、Circle.java、Jpro3_9.java 放在同一个文件夹下。

3.9 访问权限

当类存放到不同的包中时，对类及其成员的访问将受到其访问权限的限制。Java 中的访问权限修饰符有：private（私有的）、protected（受保护的）、public（公有的）和缺省的（不加任何访问修饰符）。

3.9.1 类与构造方法的访问权限

1. public 类和友好类

对类的访问权限的控制只有两种：一种是加 public 修饰符。例如：

```
public class A
{
  ......
}
```

用 public 修饰符修饰的类称为公共类，公共类可以被任何包中的类访问。

另一种是不加任何访问权限修饰符，例如：

```
class A
{
  ......
}
```

这样的类被称为友好类。如果在另一个类中使用友好类，一定要保证它们在同一个包中。

2. 构造方法的访问权限

类中默认构造方法的访问权限和类的访问权限保持一致。当用户自定义构造方法时，也要保证其访问权限与类相同。因此，构造方法一般只用 public 和缺省两种权限修饰符。当 public 类的构造方法的访问权限缺省时，在不同包的类中，是不能用此构造方法来创建对象的。

3.9.2 成员变量和成员方法的访问权限

1. 私有的变量和方法

用关键字 private 修饰的成员变量和成员方法被称为私有变量和私有方法。如：

```
class A
{
  private int x;
  private void printX()
  {
      ......
  }
  ......
}
```

私有的成员只在本类中有效，只有在本类中创建该类的对象时，这个对象才能访问自己的私有成员。从类的封装性来说，成员变量大多定义为私有，而成员方法往往是类的对外访问接口，定义为私有就失去了意义。

2. 公有的变量和方法

用关键字 public 修饰的成员变量和成员方法被称为公有变量和公有方法。如：

```
public class A
{
   public int x;
   public void printX()
   {
       ......
   }
   ......
}
```

公有的变量和方法通常定义在公共类中，不管是否处于同一个包，公共类对象能访问自己的公有的变量和方法。

3. 友好的变量和方法

不使用任何访问权限修饰符修饰的成员变量和成员方法被称为友好变量和友好方法。如：

```
class A
{
   int x;
   void printX()
    {
       ......
     }
   ......
}
class B
{
    void g()
    {
        A a=new A();
        a.x=10;
        a.printX();
     }
}
```

友好成员通常定义在友好类中，友好成员的有效范围是同包中的类。若类 A 与类 B 定义在同一个源文件中，那么编译后，类 A 与类 B 为同一个包中的类。此时，在 B 类中用 A 类创建的对象可直接引用其友好的成员。

4. 受保护的变量和方法

用关键字 protected 修饰的成员变量和成员方法被称为受保护的变量和受保护的方法。如：

```
public class A
{
   protected int x;
   protected void printX()
    {
       ......
     }
   ......
}
```

受保护的成员通常用在父类与子类之间，体现了继承的概念。对于同一个包中的类，受保护的成员的用法与友好成员相同，对于不同包中的类，只有子类对象才能访问受保护的成员。

其具体用法将在第 4 章中介绍。

3.10 泛型类

泛型（Generics）是 JDK 1.5 的新特性，泛型的本质是参数化类型，也就是说所操作的数据类型被指定为一个参数。这种参数类型可以用在类、接口和方法的创建中，分别称为泛型类、泛型接口、泛型方法。Java 语言引入泛型的好处是安全简单。

在 JDK1.5 之前，在没有泛型的情况下，是通过对类型 Object 的引用来实现参数的“任意化”。“任意化”带来的缺点是要做显式的强制类型转换，而这种转换是要求开发者对实际参数类型可以预知的情况下进行的。对于强制类型转换错误的情况，编译器可能不提示错误，在运行的时候才出现异常，这是一个安全隐患。

1. 泛型类声明

声明泛型类的一般格式为：

class 类名<泛型列表>

如：

class A<E,F>

其中，A 是泛型类的名称，E、F 是泛型类的参数，也就是说，泛型类的参数类型没有指定。它可以是任何引用类型，但不能是基本数据类型。泛型类声明时，其参数类型可能作为类成员变量和成员方法的类型。

2. 泛型类的使用

例 3.10 计算锥体的体积。

分析：要计算锥体的体积，必须知道锥体底的形状。假设锥体的底是圆、正方形和矩形等形状，其底面的面积可以计算出来。于是设计一个计算锥体体积的泛型类，其参数为底的形状。

```
//文件名 Jpro3_10.java
class Cone<E>          //定义泛型类
{
  double height;
  E  bottom;           //定义泛型变量
  public Cone(E e)
  {
    bottom=e;
  }
  public void volume()
  {
    String s=bottom.toString();
    double area=Double.parseDouble(s);
    System.out.println("体积是:"+1.0/3.0*area*height);
  }
}
class Circle
{
  double radius;
  Circle(double r)
  {
```

```
        radius=r;
    }
    public String toString()  //覆盖toString方法
    {
        return ""+radius*radius*Math.PI;
    }
}
class Square
{
    double side;
    Square(double s)
    {
        side=s;
    }
    public String toString()  //覆盖toString方法
    {
        return ""+side*side;
    }
}
public class Jpro3_10
{
    public static void main(String args[])
    {
        Circle circle=new Circle(10);
        Cone<Circle> coneOne=new Cone<Circle>(circle);  //创建一个(圆)锥对象
        coneOne.height=30;
        coneOne.volume();
        Square square=new Square(10);
        Cone<Square> coneTwo=new Cone<Square>(square); //创建一个(方)锥对象
        coneTwo.height=10;
        coneTwo.volume();
    }
}
```

程序运行结果为：

```
体积是：3141.59
体积是：333.33
```

程序分析：

每个类都是 Object 类的子类，Object 类中有一个 toString()方法，因此，所有的类都有一个从 Object 类继承的 toString()方法，本例正是运用了 toString()方法返回锥底的面积。

3.11 实例

例 3.11 打印某个日期，并判断该年是否是闰年。

分析：

日期有年、月、日三个基本属性，因此所设计的日期类应有三个私有的成员变量，要构造日期对象，带参的构造方法是必不可少的。针对私有的成员变量，应设计一组 get 和 set 方法来存取私有的成员变量的值。另外，输出一个日期的方法和判断某年是否是闰年的成员方法也是必需的。

```
//文件名 Jpro3_11.java
class Date
{
    private int year;                              //成员变量，表示年
    private int month;                             //成员变量，表示月
    private int day;                               //成员变量，表示日
    public Date(int y, int m, int d)               //构造方法
    {
       year = y;
       month = m;
       day = d;
    }
    public void setDate(int y, int m, int d)      //设置日期值
    {
        year = y;
        month = m;
        day = d;
    }
    public int getYear()
    {
    return year;
    }
    public int getMonth()
    {
    return month;
    }
    public int getDay()
    {
    return day;
    }
    public void Print()                            //输出日期值
    {
       System.out.println("date is "+year+'-'+month+'-'+day);
    }

    public boolean isLeapYear()                    //判断是否闰年
    {
       return (year%400==0) | (year%100!=0) & (year%4==0);
    }
}
public class Jpro3_11
{
    public static void main(String args[])
    {
       Date a = new Date(2010,10,1);              //创建对象
       a.Print();
       if(a.isLeapYear())
          System.out.println(a.getYear()+"是闰年");
       else
          System.out.println(a.getYear()+"不是闰年");
    }
}
```

程序运行结果为：

```
date is 2010-10-1
2010 不是闰年
```

程序分析：

程序中所创建的日期对象，其成员变量都有一个初值。当对象创建后，再要改变其成员变量的值，可用 setDate(int y, int m, int d)方法进行修改。getYear()、getMonth()、getDay()三个方法可以获取三个成员的值。

例 3.12 设计一个名为 Fan 的类来模拟风扇，属性为 speed、on、radius 和 color。假设风扇有 3 种固定的速度，用常数 1、2、3 表示慢、中、快速。写一个用户程序，程序中创建一个 Fan 对象，具有最大速度、半径为 10、黄色、打开状态这 4 个属性值。要求返回包含类中所有属性值的字符串。

分析：这个问题已经给了类名和属性名，我们需要设计的是如何获得和修改 4 个属性值，以及如何将 4 个属性转换为字符串。

```
//文件名 Jpro3_12.java
class Fan
{
 public static int SLOW=1;
 public static int MEDIUM=2;
 public static int FAST=3;
 private int speed;
 private boolean on;
 private double radius;
 private String color;
 public Fan()
  {
  speed=SLOW;
  on=false;
  radius=5;
  color="white";
  }
  public int getSpeed()
  {
  return speed;
  }
  public void setSpeed(int newSpeed)
  {
   speed=newSpeed;
  }
  public boolean isOn()
  {
  return on;
  }
  public void setOn(boolean trueOrFalse)
   {
  on=trueOrFalse;
   }
  public double getRadius()
  {
   return radius;
```

```
    }
    public void setRadius(double newRadius)
   {
    radius=newRadius;
    }
  public String getColor()
  {
  return color;
   }
  public void setColor(String newColor)
  {
    color=newColor;
    }
  public String toString(int sp)
  {
    String s="";
    switch (sp)
    {
       case 1:s="SLOW";
       case 2:s="MEDIUM";
       case 3:s="FAST";
       }
     return s;
    }
}
public class Jpro3_12
{
    public static void main(String[] args)
    {
       Fan ff=new Fan();
       String s1,s2,s3,s4,s5,s6;
       ff.setSpeed(3);
       s1=ff.toString(ff.getSpeed());
       ff.setRadius(10.0);
       s2=String.valueOf(ff.getRadius());
       ff.setColor("yellow");
       s3=String.valueOf(ff.getColor());
       ff.setOn(true);
       s4=String.valueOf(ff.isOn());
       System.out.println("The fan speed is:"+s1+"  The fan radius is:"+s2);
       System.out.println("The fan color is:"+s3+"  The fan status is:"+s4);
    }
}
```

程序运行结果为：

```
The fan speed is:FAST  The fan radius is:10.0
The fan color is:yellow  The fan status is:true
```

程序分析：

类 Fan 中有一个构造方法，用来初始化 4 个成员变量。类中的其他方法：setSpeed()、setRaidus()、setOn()和 setColor()分别是修改风扇的速度、半径、当前状态和颜色；getSpeed()、getRaidus()、isOn()和 getColor()分别是获得风扇的当前速度、半径、状态和颜色。String 类中的方法 valueOf()可以将不同的数据类型转换为字符串，因此这 4 个成员变量的值可以通过方法 valueOf()转换成字符串。我们希望速度也能以定义的常量标识符表示，因此专门设计了方法 toString()用于实现速度的转换。

习题三

1. 一个可以独立运行的 Java 应用程序，________。
   A．可以有一个或多个 main()方法　　B．最多只能有两个 main()方法
   C．可以没有 main()方法　　D．只能有一个 main()方法
2. 以下不属于构造方法特征的是________。
   A．构造方法名与其类名相同　　B．构造方法有返回值类型
   C．构造方法在创建对象时自动执行　　D．每一个类可以有多个构造方法
3. 下列哪个关键字可用来定义 Java 常量________。
   A．public　　B．static　　C．final　　D．void
4. this 关键字的含义是________。
   A．本类　　B．本类对象　　C．这个类　　D．父类对象
5. 下列关于 Java 变量的描述，错误的是________。
   A．在 Java 程序中要使用变量，必须先对其进行声明
   B．类变量可以使用对象名进行调用
   C．变量不可以在其作用域之外使用
   D．成员变量必须写在成员方法之前
6. 类 A 有 3 个 int 型成员变量 a、b、c，则________是类 A 的正确构造方法。
   A．void A(){a=0; b=0; c=0; }
   B．public void A(){ a=0; b=0; c=0;}
   C．public int A (int x, int y, int z){ a=x; b=y; c=z; }
   D．public A(int x,int y, int z) { a=x; b=y; c=z; }
7. 指出下列程序中的非法语句。

```
class A
{
    int a;
    float b;
    a=12;
    b=12.56f;
    void f()
    {
    }
}
```

8. 假设 A 类定义如下，则 main()方法中哪些语句是非法的？

```
class A
 {
   int x;
   private int y;
```

```
    static String s;
    void methodA1()
    {
    }
    static void methodA2()
    {
    }
}
public class Test
{
  public static void main(String args[])
  {
    A a=new A();
    System.out.println(a.x);
    System.out.println(a.y);
    System.out.println(a.s);
    a.methodA1();
    a.methodA2();
    System.out.println(A.x);
    System.out.println(A.y);
    System.out.println(A.s);
    A.methodA1();
    A.methodA2();
  }
}
```

9. 下列程序的输出结果是什么？

```
class A
{
  void f(int x,double y)
  {
      x=x+1;
      y=y+1;
      System.out.printf("参数 x 和 y 的值分别是:%d,%f\n",x,y);
  }
}
public class Test
{
  public static void main(String args[])
  {
    int x=10;
    double y=12.58;
    A a=new A();
    a.f(x,y);
    System.out.printf("main 方法中 x 和 y 的值仍然分别是:%d,%f\n",x,y);
  }
}
```

10. 写一个名为 Rectangle 的类表示矩形。其成员变量有宽 width、高 height、颜色 color，width 和 height 是 double 类型，color 是 String 类型。假定所有矩形颜色相同，用一个类变量表示颜色。要求提供构造方法和计算矩形面积的 computeArea()方法。

类的框架如下，只给出方法名，方法体自行设计。

```
class Rectangle
{
  private double  width=1;
  private double  height=1;
```

```
    private static String color="white";
    public Rectangle(){ }
    public Rectangle(double width,double height,String color){ }
    public double getWidth(){ }
    public void setWidth(double width){ }
    public double getHeight(){ }
    public void setHeight(double height){ }
    public static String getColor(){ }
    public static void setColor(String color){ }
    public double computeArea(){ }
}
```

写一个用户程序测试 Rectangle 类。在用户程序中，创建两个 Rectangle 对象。对两个对象设置任意的宽和高。设第一个对象为红色，第二个为黄色。显示两个对象的属性并求面积。

11．设计一个日期类及其测试类（要求：把日期类放在 MyPackage 包中，测试类和日期类不在同一包中）。

12．定义一个图书类，其成员变量包括：书号、书名、作者，单价，出版社；定义带参构造方法初始化成员变量，定义成员方法实现借书和还书功能；另外，定义一个成员变量用以记录一本书被借的次数。

第 4 章　类的继承和多态

- Java 语言中继承的概念。
- 父类与子类的概念。
- 关键字 super 的用法。
- final 修饰符的用法。
- 多态的概念及其用法。

- 理解继承的概念及其重要意义。
- 掌握子类的继承方式。
- 掌握创建子类对象的方法。
- 理解子类和父类构造方法的执行过程。
- 理解和掌握成员变量的隐藏和成员方法的覆盖。
- 掌握 super、final 关键字的意义及使用方法。
- 理解多态性的意义及用法。

4.1　引例

例 4.1　应用面向对象程序设计方法，分别设计一个动物类、一个鱼类和一个狗类。鱼和狗都有身高、体重等属性，另外还有吃饭、睡觉等行为。

分析：鱼和狗应具有动物身上的所有属性和行为，但不同的动物其属性和行为又各不相同。我们可以提取所有动物身上的共性，将其设计为一个父类（如动物类），对于不同的动物（如鱼）可以看成是父类的子类。用子类去继承父类属性和行为，实现代码重用。

```
// 文件名 Jpro4_1.java
class Animal                    //定义父类
{
    int weight=10;
    int height;
    Animal()
    {
        System.out.println("Animal construct");
    }
    void eat()
```

```
    {
        System.out.println("Animal eat");
    }
    void sleep()
    {
        System.out.println("Animal sleep");
    }
}
class Fish extends Animal  //定义子类
{
    Fish()
    {
        System.out.println("Fish construct");
    }
}
class Dog extends Animal   //定义子类
{
    int leg;
    Dog(int leg)
    {
        this.leg=leg;
        System.out.println("Dog construct");
    }
}
public class Jpro4_1
{
    public static void main(String args[])
    {
        Animal am=new Animal();
        Fish fs=new Fish();
        Dog dg=new Dog(4);
        am.eat();                               //父类调用自己的方法
        fs.eat();                               //子类调用继承的方法
        am.weight=100;                          //修改父类成员变量的值
        System.out.println(am.weight);          //输出父类成员变量的值
        System.out.println(fs.weight);          //输出子类成员变量的值
    }
}
```

程序运行结果为：

```
Animal construct
Animal construct
Fish construct
Animal construct
Dog construct
Animal eat
Animal eat
100
10
```

程序分析：

源文件中共有 4 个类，一个父类 Animal，两个子类 Fish 和 Dog，一个测试类 Jpro4_1。在

Fish 类和 Dog 类中，除了构造方法外，没有设计任何成员方法。但在测试类中，Fish 类对象 fs 可以直接访问 Animal 类中的成员方法 eat()，这就是子类继承父类的结果。另外，修改父类成员变量 weight 的值不会影响子类成员变量 weight 的值，这说明子类继承父类的成员后，在内部有单独一份拷贝，不受父类成员的影响。

4.2 继承

4.2.1 继承的概念

继承是面向对象程序设计的又一个重要特性。类的继承就是以原有类为基础创建新类，达到代码复用的目的。继承的概念源于分类，图 4-1 是一个学校的人员分类，它表达了一个层次关系。

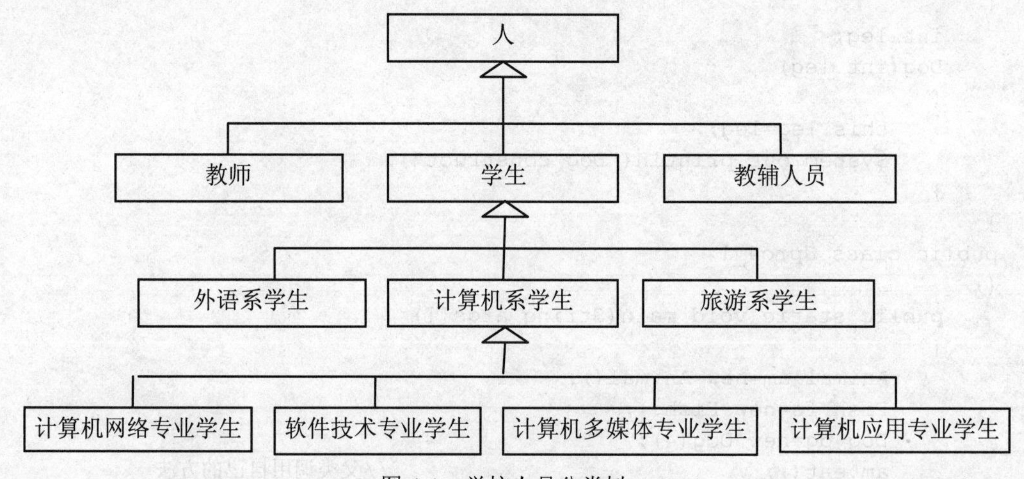

图 4-1 学校人员分类树

在图 4-1 中，最高层为抽象化概念，其下每一层都比其上一层更具体。一旦在分类中定义了一个属性，则由该分类细分而成的下层类均自动含有该属性。例如，某学生是计算机系的学生，那他就具有学生的所有属性，也就是说计算机系学生类继承了学生类的所有属性。可以说，学生类为计算机系学生类的父类，计算机系学生类是学生类的子类。因此，可以认为父类（也可以称为基类）是已经存在的类，在父类的基础上创建的新类称作子类或派生类。

在图 4-1 中，由上到下，是一个具体化、特殊化的过程；由下到上，是一个抽象化的过程。上下层之间的关系可以看作是父类和子类的关系，也就是子类继承父类的关系。

面向对象程序设计的继承特性使得大型应用程序的维护和设计变得更加简单。继承机制提供了一种重复利用原有程序模块资源的途径。通过新类对原有类的继承，可以扩充旧的程序模块功能以适应新的用户需求，从而既可以大大方便原有系统的扩充，也可以大大加快新系统的开发速度。

4.2.2 子类与父类

继承是一种由已有的类创建新类的机制。利用继承，我们可以先创建一个具有公共属性和方法的一般类，根据一般类再创建具有自己属性和方法的新类。新类继承一般类的属性和方法，并根据需要增加自己的属性和方法。由继承而得到的类称为子类或派生类，被继承的类称为父类或超类。子类直接的上层父类称作直接父类，否则叫间接父类。父类直接派生的类称为直接子类，否则叫间接子类。Java 不支持多继承，即一个子类只能有一个直接父类。例如：

```
class A
{
        ......
}
class B extends A
{
        ......
}
class C extends B
{
        ......
}
```

在类的声明中，class B extends A 中的关键字 extends 表示 B 类继承 A 类，即 B 类是 A 类的子类，C 类是 B 类的子类。因此，A 类是 B 类的直接父类，A 类是 C 类的间接父类；B 类称作 A 类的直接子类，C 类为 A 类的间接子类。

如果一个类的声明中没有使用关键字 extends，则这个类被系统默认为继承了 Object 类的子类，Object 类是所有类的根。Object 类是包 java.lang 中的类，将在第 7 章中做详细介绍。

4.2.3 子类的继承性

一个父类可以有多个子类，这些子类都是父类的特例，父类描述了这些子类的公共属性和方法。一个子类可以继承它的父类中的属性和方法，这些属性和方法在子类中不必重新定义。但并不是说父类中的所有属性和方法子类都能继承，父类中的哪些成员子类能继承，这和父类成员的访问权限直接相关。

1. 同包中的子类和父类的继承性

如果子类和父类在同一包中，子类能继承父类中除 private 修饰符修饰的成员变量和成员方法。继承后的成员变量和成员方法的访问权限保持不变。例如：

```
class A
{
    private void priMethod()
    {
        System.out.println("priMethod()");
    }
    void defMethod()
    {
        System.out.println("defMethod()");
    }
    protected void proMethod()
    {
        System.out.println("proMethod()");
    }
    public void pubMethod()
    {
```

```
        System.out.println("pubMethod()");
    }
}
class B extends A
{
public static void main(String args[])
    {
        B b=new B();
        b.priMethod();   //非法访问
        b.defMethod();
        b.proMethod();
        b.pubMethod();
    }
}
```

2. 不同包中的子类和父类的继承性

如果子类和父类不在同一包中，那么子类只能继承父类中用 protected 和 public 修饰符修饰的成员变量和成员方法。继承后的成员变量和成员方法的访问权限保持不变。例如：

```
//文件名A.java
package superclass;
public class A
{
    private void priMethod()
    {
        System.out.println("priMethod()");
    }
    void defMethod()
    {
        System.out.println("defMethod()");
    }
    protected void proMethod()
    {
        System.out.println("proMethod()");
    }
    public void pubMethod()
    {
        System.out.println("pubMethod()");
    }
}

//文件名B.java
import superclass.A;
class B extends A
{
    public static void main(String args[])
    {
        B b=new B();
        b.priMethod();   //非法访问
        b.defMethod();   //非法访问
        b.proMethod();
        b.pubMethod();
    }
}
```

另外还有一种情况，当子类对象在与 B 类同包的其他类中，但该类不是 A 类的子类，则子类对象不能访问 protected 修饰符修饰的成员。例如：

```
//文件名B.java
import superclass.A;
class B extends A
{
    }
class C
{
    public static void main(String args[])
    {
        B b=new B();
        b.priMethod();   //非法访问
        b.defMethod();   //非法访问
        b.proMethod();   //非法访问
        b.pubMethod();
    }
}
```

3. 构造方法的继承

构造方法不能被继承，也就是说子类不能继承父类的构造方法。当用子类的构造方法创建一个子类对象时，子类的构造方法总是先调用父类的某个构造方法。如果子类的构造方法没有指明使用父类的哪个构造方法，则子类调用父类不带参数的构造方法。如例 4.1 中，为了测试子类在创建对象时是如何调用父类的构造方法，在子类和父类的构造方法中分别设置了一条输出语句。

```
class Animal
{
    int weight=10;
    int height;
    Animal()
    {
        System.out.println("Animal construct");
    }
    void eat()
    {
        System.out.println("Animal eat");
    }
    void sleep()
    {
        System.out.println("Animal sleep");
    }
}
class Fish extends Animal
{
        Fish()
        {
            System.out.println("Fish construct");
        }
}
class Jpro4_1
{
    public static void main(String args[])
    {
        Fish fs=new Fish();
```

```
    }
}
```

程序运行结果为：

```
Animal construct
Fish construct
```

程序分析：

从输出结果可以看出，在构造 Fish 类对象 fs 时，系统首先调用了父类的无参构造方法 Animal()输出“Animal construct”，然后再调用子类的构造方法 Fish ()，输出“Fish construct”。

注意：当父类中仅有带参构造方法时，子类必须调用父类的带参构造方法。

4.3 创建子类对象

子类对象在构造之前，一定要先构造父类对象，并继承父类可以被继承的成员。子类对象与父类对象的内存空间是独立的，子类将父类中能够被继承的成员拷贝了一份，放在自己的空间中，彼此互不干扰，见例 4.2。

例 4.2 改造例 4.1 中的三个类，观察子类和父类的继承关系。

```
//文件名 Jpro4_2.java
class Animal
{
    private int weight;
    int height;
    int leg;
    Animal()
    {
        System.out.println("Animal construct");
    }
    Animal(int weight,int height,int leg)
    {
        this.weight=weight;
        this.height=height;
        this.leg=leg;
    }
    void eat()
    {
        System.out.println("Animal eat");
    }
    void sleep()
    {
        System.out.println("Animal sleep");
    }
}
class Fish extends Animal
{
        int leg=0;
        int eye=2;
        Fish()
        {
            System.out.println("Fish construct");
```

```
        }
        void eat()
        {
            System.out.println("Fish eat");
        }
        void breathe()
        {
            System.out.println("Fish breathe");
        }
}
public class Jpro4_2
{
    public static void main(String args[])
    {
        Animal am=new Animal();
        Fish fs=new Fish();
        am.eat();
        fs.eat();
        fs.sleep();
        am.height=4;
        System.out.println(fs. height);
    }
}
```

程序的运行结果为：

```
Animal construct
Animal construct
Fish construct
Animal eat
Fish eat
Animal sleep
0
```

程序分析：

创建 Fish 类对象 fs 后，内存中存在两个对象，一个是 Animal 类对象 am，一个是 Fish 类对象 fs。它们的继承关系的内存模型如图 4-2 所示。

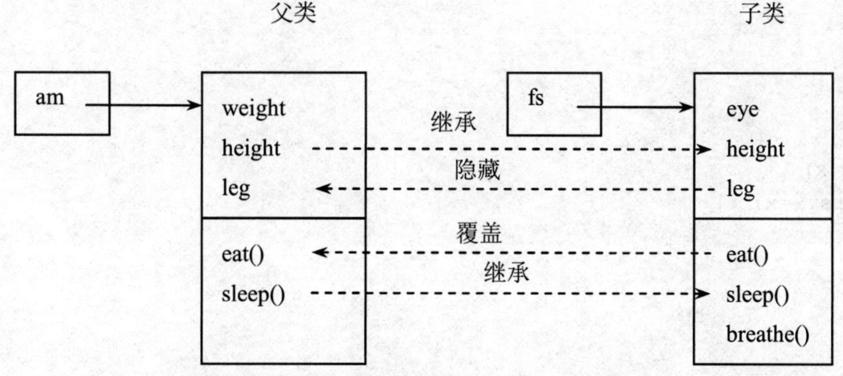

图 4-2　子类对象和父类对象的内存模型

从子类和父类的内存模型可以看出，子类对象和父类对象分别占用两个不同的内存空间，子类从父类中继承的成员变量和成员方法在内存中都是独立存储的。如例 4.2 中的语句：

```
am. height=4;
System.out.println(fs. height);
```

当把父类对象 am 的成员变量 height 的值赋值为 4 时，子类对象 fs 中从父类继承的成员变量 height 的值并没有跟着变化，仍然是 0。

在例 4.2 中，由于子类与父类是同包中的类，因此，它们遵循同包中的子类与父类的继承原则。除此之外，无论子类与父类是否位于同一个包中，它们还要遵循以下两条原则：

（1）成员变量的隐藏。如果子类中声明一个与父类成员变量同名的成员变量，则子类不能继承父类中同名的成员变量。此时，称子类成员变量隐藏了父类中的同名成员变量，如例 4.2 中的成员变量 leg。

（2）成员方法的覆盖。如果子类中声明一个与父类成员方法同名的成员方法（两个方法的声明部分完全相同），则子类不能继承父类中同名的成员方法。此时，称子类成员方法覆盖（或重写）了父类中的同名成员方法，如例 4.2 中的成员方法 eat()。

4.4 关键字 super

在例 4.2 中，细心的读者会发现以下两个问题：

（1）父类提供了带参构造方法，子类并没有用到，如果子类要调用父类的带参构造方法来构造对象，该如何调用呢？

（2）子类如何访问父类中被隐藏的成员变量和被覆盖的成员方法呢？

上述两个问题都有解决的方法，只不过要依赖于关键字 super。

super 是 Java 语言的关键字，用来表示父类对象。关键字 super 有两种用法：一种是子类使用 super 调用父类的构造方法，另一种是子类使用 super 调用父类中被隐藏的成员变量和被覆盖的方法。

1. 使用 super 调用父类的构造方法

子类不能继承父类的构造方法，因此子类如果想使用父类的构造方法，可以使用关键字 super，而且 super 必须是构造方法中的第一条语句。例如：

```
class A
{
    int x;
    A()
    {    }
    A(int x)
    {  this.x=x;  }
    ......
}
class B
{
     B()
     {
        //super();     //调用父类无参构造方法
        super(5);     //调用父类带参构造方法
```

```
            ......
    }
    ......
}
```

2. 使用 super 调用父类中被隐藏的成员变量和被覆盖的方法

如果子类中定义了与父类同名的成员变量，不管其类型是否相同，父类中的同名成员变量都要被隐藏，子类就无法继承该变量了。当子类中定义了一个方法，并且这个方法的声明部分与父类的某个方法完全相同，即方法名、返回类型、参数个数、参数类型完全相同，那么父类中的这个方法将被子类的方法覆盖。子类如果想使用父类中被隐藏的成员变量和被覆盖的方法，必须使用关键字 super。如：

super.父类成员变量;

super.父类成员方法;

例 4.3 改造例 4.2，使用关键字 super。

```
//文件名 Jpro4_3.java
Class Animal
{
    Int leg;
    Animal()
    {
        System.out.println("Animal construct one");
    }
    Animal(int leg)
    {
        This.leg=leg;
        System.out.println("Animal construct two");
    }
    Void eat()
    {
        System.out.println("Animal eat");
    }
    Void sleep()
    {
        System.out.println("Animal sleept");
    }
}
Class Fish extends Animal
{
    String leg="Fish hasn't leg";
    Fish()
    {
        Super(4);       //调用父类中带参构造方法
        System.out.println("Fish construct");
    }
    Void eat()
    {
        Super.eat();            //调用父类中被覆盖的方法
        System.out.println("Fish eat");
    }
    Void getleg()
    {
        System.out.println(super.leg); //调用父类中被隐藏的变量
```

```
            System.out.println(leg);
        }
    }
    Public class Jpro4_3
    {
        Public static void main(String args[])
        {
            Fish fs=new Fish();
            Fs.eat();
            Fs.getleg();
        }
    }
```

程序运行结果为：

```
Animal construct two
Fis onstruct
Animal eat
Fish eat
4
Fish hasn't leg
```

4.5 final 修饰符

final 修饰符可以修饰类、成员变量和成员方法。

1. 用 final 修饰符定义最终类

通过 extends 关键字可以实现类的继承。但在实际应用中，出于某种考虑，当创建一个类时，希望该类永不需要做任何变动，或者出于安全因素，不希望它有任何子类，这时可以使用 final 关键字。在类的定义时，使用 final 修饰符，意味着这个类不能再作为父类派生出其他的子类，这样的类通常称为最终类。如：

```
final class A
{
        ......
}
```

A 就是一个最终类，不能派生子类。有时候出于安全性的考虑，将一些类定义为最终类。如 Java 提供的 String 类，它对于编译器和解释器的正常运行有很重要的作用，对它不能轻易改变，因此将它定义为 final 类。

2. 用 final 修饰符定义的常量

前面我们已学习使用 final 修饰符修饰一个变量，即定义一个常量。常量是不占内存的，因此其值也不允许改变。如：static final double PI=3.14159。

3. 用 final 修饰符定义最终方法

final 修饰符也可以修饰一个方法，这样的方法不能被覆盖，即子类可以继承，但不允许子类重写的方法，这样的方法称为最终方法。如：

```
class A
{
        final void a()
        {
```

```
        ......
    }
......
}
```

a()方法就是一个最终方法，任何 A 类的子类都不能对 a()方法进行覆盖。

在程序设计中，最终类可以保护一些关键类的所有方法，保证它们在以后的程序维护中，不会由于不经意地定义子类而被修改；最终方法可以保护一些类的关键方法，保证它们在以后的程序维护中，不会由于不经意地定义子类而被修改。

4.6 多态性

封装、继承和多态是面向对象程序设计的三大核心技术。而 Java 语言的多态性体现在方法的重载与覆盖上。

4.6.1 多态的定义与作用

多态性是指同一个名字的若干方法，有着不同的实现（方法体中的代码不同）。多态提供了另外一种分离接口和实现（即把“做什么”与“怎么做”分开）的尺度。换句话说多态是在类体系中把设想（想要“做什么”）和实现（该“怎么做”）分开的手段，它是从设计的角度考虑的。如果说继承性是系统的布局手段，多态性就是其功能实现的方法。多态性意味着某种概括的动作可以由特定的方式来实现，这种特定的方式取决于执行该动作的对象。

如果从面向对象的语义角度来看，可以简单理解为多态就是“相同的表达式，不同的操作”，也可以说成“相同的命令，不同的操作”。相同的表达式即方法的调用；不同的操作即不同的对象有不同的操作。例如，在软件公司中有各种职责不同的员工（程序员、业务员、网络管理员等），他们“上班”时，做不同的事情，完成不同的工作，关系如图 4-3 所示。

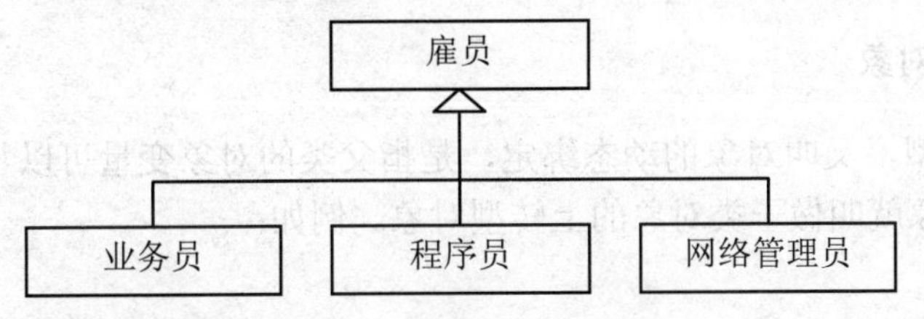

图 4-3　雇员继承关系

每天上班时间一到，相当于发了一条这样的命令：“员工们.开始上班”（同一条表达式），每个员工接到这条命令（同样的命令）后，就“开始上班”，但是他们做的是各自的工作，程序员就开始“编程”，业务员就开始“联系业务”，网络管理员就开始“监控管理网络”。即“相同的表达式（方法调用），不同的操作（在运行时根据不同的对象来执行）”。

4.6.2 方法的重载

方法的重载就是在同一个类中定义了多个同名的方法，但有着不同的形参（即形参的个数不同或形参的类型不同）。在 Java 中，不仅成员方法可以重载，构造方法也可以重载。

例 4.4 构造方法和成员方法的重载。

```
//文件名 Jpro4_4.java
class Animal
{
    int leg;
    Animal()
    {
        leg=0;
    }
    Animal(int leg)                //重载构造方法
    {
        this.leg=leg;
    }
    void setLeg()
    {
        leg=0;
    }
    void setLeg(int leg)           //重载成员方法
    {
        this.leg=leg;
    }
}
public class Jpro4_4
{
    public static void main(String args[])
    {
        Animal fish=new Animal();
        Animal dog=new Animal(4);
        fish.setLeg();
        dog.setLeg(4);
    }
}
```

请读者自行分析程序。

4.6.3 上转型对象

对象的向上转型，又叫对象的动态绑定，是指父类的对象变量可以与其子类对象进行绑定，绑定后父类对象就叫做子类对象的上转型对象。例如：

```
class Father
{
    void g()
    {
        ……
    }
}
class Son extends Father
{
    void g()
    {
        ……
    }
}
class Grandson extends Son
{
```

```
    void g()
    {
        ……
    }
}
class Test
{
    public static void main(String args[])
    {
        Father a;
        Son b=new Son();
        a=b;              //a 是 b 的上转型对象
        a.g();            //a 调用的是 b 中的 g()方法
        Grandson c=new Grandson();
        a=c;              //a 是 c 的上转型对象
        a.g();            //a 调用的是 c 中的 g()方法
    }
}
```

当语句 a=b;被执行后，我们说父类对象 a 与子类对象 b 进行绑定，也就是说子类对象 b 向上转型为父类对象 a。同样，当语句 a=c;被执行后，我们说父类对象 a 与间接子类对象 c 进行绑定，也就是说子类对象 c 向上转型为间接父类对象 a。上转型对象已经将子类的类型转变为父类的类型，因此，上转型对象应该只能引用父类中的成员，但当父类中的方法被子类方法覆盖时，上转型对象调用的是子类中的覆盖方法。如上例中：

```
a=b;
a.g();
```

当执行上面两条语句后，a 对象引用的是 Son 类中的 g()方法，而不是 Father 类中的 g()方法。

需要注意的是，对象不能向下转型，即父类对象不能绑定到子类对象上。

4.6.4　方法的覆盖

方法的覆盖是当子类和父类中存在同名方法，并且两个方法的声明部分完全相同时才能实现。通过方法的覆盖和对象的动态绑定，就可以使得上转型对象具有多态性。例如：

例 4.5　方法覆盖的多态性。

```
//文件名 Jpro4_5.java
class Animal
{
    int leg;
    Animal()
    {
        leg=0;
    }
   void getLeg()
    {
     System.out.println("Animal's legs");
    }
}
class Fish extends Animal
{
    Fish(int leg)
    {
```

```
        this.leg=leg;
    }
    void getLeg()
    {
        System.out.println("Fish has "+leg+" legs");
    }
}
class Dog extends Animal
{
    Dog(int leg)
    {
        this.leg=leg;
    }
    void getLeg()
    {
        System.out.println("Dog has "+leg+" legs");
    }
}
public class Jpro4_5
{
    public static void main(String args[])
    {
        Animal am=new Animal();
        Fish fs=new Fish(0);
        Dog dg=new Dog(4);
        am=fs;
        am.getLeg();
        am=dg;
        am.getLeg();
    }
}
```

程序运行结果为：

```
Fish has 0 legs
Dog has 4 legs
```

程序分析：

在上述程序中，为什么两个相同的语句：am.getLeg();，其输出结果却不同呢？

由于 Animal 类的两个子类 Fish 和 Dog 中都定义了覆盖方法 getLeg()，当子类对象 fs 和 dg 与父类的对象变量进行绑定时，子类对象都转型为父类对象，此时，同一个父类对象根据所绑定的子类对象的不同就会表现出不同的行为，即具有了多态性。

4.7 实例

例 4.6 设计一个 Shape（形状）类，再设计 Shape 类的两个子类，一个是 Circle（圆）类，另一个是 Rectangle（矩形）类。每个类都包括若干成员变量和成员方法，但每个类都有一个 draw()方法（画图方法），一个 perimeter()方法（计算周长方法），一个 area()方法（计算面积方法）。要求用方法的多态性来计算每种图形的周长和面积。

```
//文件名 Jpro4_6.java
class Shape
{
```

```
    protected int lineSize;                  //线宽
    public Shape()                           //构造方法1
    {
        lineSize = 1;
    }
    public Shape(int ls)                     //构造方法2
    {
        lineSize = ls;
    }
    public void setLineSize(int ls)          //设置线宽
    {
        lineSize = ls;
    }
    public int getLineSize()                 //获得线宽
    {
        return lineSize;
    }
    public void draw()                       //画图
    {
        System.out.println("Draw a Shape");
    }
    public double perimeter()                //定义方法perimeter()
    {
        System.out.println("computer perimeter");
        return 0;
    }
    public double area()                     //定义方法area()
    {
        System.out.println("computer area");
        return 0;
    }
}

class Circle extends Shape
{
    private int x;                           //圆心X坐标
    private int y;                           //圆心Y坐标
    private int radius;                      //圆的半径
    public Circle(int x, int y, int r)
    {
        super();                             //调用父类的构造方法1
        this.x = x;
        this.y= y;
        radius = r;
    }
    public void draw()                       //覆盖父类的draw()方法
    {
        System.out.println("draw a Circle");
    }
    public double perimeter()                //覆盖父类的perimeter()方法
    {
        return 2*3.14*radius;
    }
    public double area()                     //覆盖父类的area()方法
```

```
    {
        return 3.14*radius*radius;
    }
}

class Rectangle extends Shape                  //定义子类 Rectangle
{
    private int width;                         //矩形长度
    private int height;                        //矩形宽度
    public Rectangle(int w, int h)             //定义类 Rectangle 构造方法
    {
        super(2);                              //调用父类的构造方法 2
        width = w;
        height = h;
    }
    public void draw()                         //覆盖父类的 draw()方法
    {
        System.out.println("draw a Rectangle");
    }
    public double perimeter()                  //覆盖父类的 perimeter()方法
    {
        return 2*(width+height);
    }
    public double area()                       //覆盖父类的 area()方法
    {
        return width*height;
    }
}

public class Jpro4_6                           //定义测试类
{
    public static void main(String args[])
    {
        Circle circle = new Circle(30,30,50);
        circle.setLineSize(2);                 //调用父类方法重新设置 lineSize 值为 2
        System.out.println("LineSize of circle : "+circle.getLineSize());
        Rectangle rectangle = new Rectangle(20,30);
        rectangle.setLineSize(3);              //调用父类方法重新设置 lineSize 值为 3
        System.out.println("LineSize of rectangle : "+rectangle.getLineSize());
        circle.draw();
        Shape shape;                           //定义父类对象变量
        shape=circle;                          //父类对象变量与子类对象绑定
        double p=shape.perimeter();
        double s=shape.area();
        System.out.println("图形的周长是:"+p);
        System.out.println("图形的面积是:"+s);
        rectangle.draw();
        shape=rectangle;                       //父类对象变量与子类对象绑定
        p=shape.perimeter();
        s=shape.area();
        System.out.println("图形的周长是:"+p);
        System.out.println("图形的面积是:"+s);
    }
}
```

程序运行结果为：

```
LineSize of circle:2
LineSize of rectangle:3
draw a Circle
图形的周长是:314.0
图形的面积是:7850.0
draw a Rectangle
图形的周长是:100.0
图形的面积是:600.0
```

程序分析：

类Shape中定义了所有子类共同的成员变量lineSize（线宽），圆类Circle和矩形类Rectangle在继承父类成员变量的基础上，又各自定义了自己的成员变量。父类Shape中定义了画图方法draw()，计算周长的方法perimeter()，计算面积的方法area()，子类Circle和子类Rectangle中由于各自形状不同，画图方法也不同，计算周长和面积的方法也不相同。所以子类Circle和Rectangle中重新定义了各自的draw()方法、perimeter()方法和area()方法，即覆盖了父类的上述三个方法。当计算周长和面积时，由于使用子类对象的动态绑定技术，实现了父类方法的多态性。

习题四

1．Java语言中所有类的父类是________。

A．Java　　B．Component　　C．Class　　D．Object

2．下面关于覆盖的描述，错误的是________。

A．覆盖包括成员方法的覆盖和成员变量的覆盖

B．成员方法的覆盖是多态的一种表现形式

C．子类可以调用父类中被覆盖的方法

D．任何方法都可以被覆盖

3．下列________方法不能重载方法int getValue(int x){}。

A．void getValue(int x){ }　　B．int getValue(float x){ }

C．int getValue(){ }　　D．void getValue(int x, int y){ }

4．下列程序的输出结果是________。

```
class F
{
   public F()
   {System.out.print("F() is called!"); }
}
class S extends F
{
   public S()
   {System.out.print("S() is called!"); }
}
class Ex_24
{
```

```
    public static void main(String args[])
    {S sa=new S();}
}
```

A．F() is called!　　B．S() is called!

C．F() is called! S() is called!　　D．S() is called! F() is called!

5．现有两个类 A、B，以下描述中表示 B 继承自 A 的是________。

A．class A extends B　　B．class B implements A

C．class A implements B　　D．class B extends A

6．下面是有关子类继承父类构造方法的描述，其中正确的是________。

A．如果子类没有定义构造方法，则子类无构造方法

B．子类构造方法必须通过 super 关键字调用父类的构造方法

C．子类必须通过 this 关键字调用父类的构造方法

D．子类无法继承父类的构造方法

7．现有类说明如下，请回答问题。

```
class A
{
   String str1=" Hello!";
   String str2=" How are you ";
   public String toString()
   { return str1+str2; }
}
class B extends A
{
   String str1=" Bill.";
   public String toString()
   { return super.str1+str1; }
}
```

（1）类 A 和类 B 是什么关系？

（2）类 A 和类 B 都定义了 str1 属性和方法 toString( )，这种现象分别称为什么？

（3）若 a 是类 A 的对象，则 a.toString( )的返回值是什么？

（4）若 b 是类 B 的对象，则 b.toString( )的返回值是什么？

8．阅读程序，回答问题。

```
class Shape
{
    public void draw()
    {System.out.println("Draw a Shape");}
}
class Circle extends Shape
{
    public void draw()
    {System.out.println("draw a Circle");}
}
public class FInherit
{
    public static void main(String args[])
    {
     Shape s= new Shape();
```

```
        Shape c = new Circle();
        s.draw();
        c.draw();
    }
}
```

（1）该程序体现了面向对象程序设计的哪些特点？具体表现为哪些语句？

（2）写出程序运行后的结果。

9. 定义一个点类，它仅包含两个属性：横坐标和纵坐标。通过继承一个点类再设计一个圆类，新增属性有半径；方法有设置圆的半径，获取圆的半径，计算圆的周长，计算圆的面积。并设计一个测试类，计算圆的周长和面积。

10. 设计一个动物类，它包含一些动物的属性，如名称、重量等，动物可以叫。然后设计一个鸟类和一个狗类，它们除了继承动物的特性外，鸟有翅膀，可以飞翔；狗有腿，可以跑。编写一个测试类来测试鸟类和狗类的功能。

第 5 章　基本控制结构与实现

- 选择结构程序设计。
- 循环结构程序设计。
- 控制转移语句。
- 递归算法及其应用。

- 理解程序控制结构。
- 根据程序需要设计合理的布尔表达式。
- 掌握选择语句和循环语句的语法结构。
- 应用选择语句、循环语句实现选择结构、循环结构的程序设计。
- 掌握 break 语句、continue 语句和 return 语句实现程序执行流程的转移。
- 具备初步描述算法的能力。

5.1　引例

例 5.1　计算任意两个整数的乘积。

分析：要计算任意两个整数的乘积，需要从键盘输入两个整数。从键盘输入数据的方法很多，此程序中应用 Java 输入输出流中的 BufferedReader 及 InputStreamReader 类声明并创建字符输入流对象，应用 readLine()方法获得一个字符串，要使用 Integer 类中的 parseInt()方法将字符串转换为整型。关于 Java 输入输出流的详细应用请参考第 10 章。

```
//文件名 Jpro5_1.java
import java.io.*;
public class Jpro5_1
{
    public static void main(String args[])throws IOException
    {
       int x,y,z;
       BufferedReader buf;             //声明缓冲字符输入流类对象 buf
       buf=new BufferedReader(new InputStreamReader(System.in));
                                       //创建缓冲字符输入流类对象 buf
       String str1,str2;
       str1=buf.readLine();            //读一行字符串并赋给 str1
       str2=buf.readLine();            //读一行字符串并赋给 str2
       x=Integer.parseInt(str1);       //将字符串转换成整型数据
```

```
      y=Integer.parseInt(str2);
      z=x*y;
      System.out.println("The z is:"+z);
   }
 }
```

以上 Java 程序是按照书写的顺序，从第一条语句顺序执行到最后一条语句。这种程序结构称之为“顺序结构”。

不是所有的问题都能通过顺序执行解决的，例如有这样的问题：判断某个学生的成绩是否及格？首先要设定一个及格分数线（假定 60 分是及格分数线），如果某个学生的成绩大于或等于 60 分，则该学生成绩及格，否则不及格，这类问题采用选择结构可以解决。在许多实际问题中，经常遇到具有规律性的重复运算，因此在程序设计中就需要将某些语句重复执行，这种重复处理的过程采用另一种重要的基本结构——循环结构可以实现。

例 5.2 编写程序，判断某个学生的成绩是否及格。

分析：上述问题实际分两种情况：及格或不及格，应用选择结构中的 if…else 语句可以解决此类问题。设计 if 布尔表达式 score>=60，若其值为 true，则成绩及格，否则成绩不及格。程序源代码如下：

```
//文件名 Jpro5_2.java
public class Jpro5_2
{
   public static void main(String args[])
   {
     double score=67d;            //score 存放学生成绩
     if(score>=60)
        System.out.println(score+" 及格!");
     else
        System.out.println(score+" 不及格!");
   }
}
```

程序运行结果如下：

```
67.0 及格!
```

例 5.3 计算 s=1+2+3+…+10。

分析：上述问题可以用迭代方法实现，迭代法也称辗转法，是一种不断用变量的旧值递推新值的过程。如 s=0+1，s=1+2，s=3+3，s=6+4…，这里，我们总是用前一次计算的和 s 作为下一次的一个加数进行累加，那么，在程序中是否要使用 10 个表达式来求和呢？显然是不可取的，可以在程序设计中用一种循环结构来实现这种重复操作。以下程序中，应用循环语句中的 for(int i=1;i<=10;i++)控制 i 的值分别取 1、2、3、…、10，i 的值每变化一次，都执行语句 s=s+i;，执行 10 次，每次总是用前一次的值 s 与 i 累加。

```
//文件名 Jpro5_3.java
public class Jpro5_3
{
  public static void main (String args[])
  {
    int s=0;                        //定义变量 s 并初始化为 0
    for(int i=1;i<=10;i++)          //for 循环实现累加
      s=s+i;
    System.out.println("1+2+3+...+10="+s);
  }
}
```

程序运行结果如下：

```
1+2+3+...+10=55
```

以上案例中分别应用了程序设计中的三种基本结构：顺序结构、选择结构和循环结构。在解决具体问题时，通常采用选择语句、循环语句实现上述三种结构的程序设计，实现相应的算法。顺序结构程序的执行完全按照程序书写顺序执行，是最简单的一种基本结构。在前面的章节中，程序的结构采用的基本上是顺序结构，下面将详细介绍选择结构和循环结构的编程方法。

5.2 选择语句

选择语句用于判断给定的条件是否满足（条件值为 true 或 false），以决定执行某个分支程序段。Java 有几种类型的选择语句：单分支 if 语句、双分支 if…else 语句、嵌套 if 语句、if…else if 语句、多分支 switch 语句等。

5.2.1 单分支 if 语句

单分支 if 语句格式如下：

if(布尔表达式)

{语句块；}

程序执行流程图如图 5-1 所示。

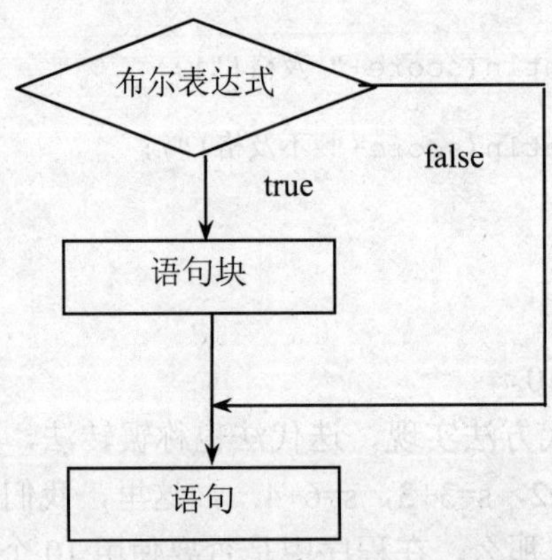

图 5-1 单分支 if 语句流程图

执行过程是，如果布尔表达式值为 true，则执行语句块，否则，不执行语句块，程序执行流程转移到 if 后面的语句。如：

```
if(x>0)
y=1;
```

表示当 x>0 的值为 true 时，执行语句“y=1;”。

说明：

（1）布尔表达式可以是布尔类型的常量、变量、关系表达式或逻辑表达式等，如果是其他类型，则编译出错。布尔表达式必须写在( )中。

（2）语句块的语句可以是 Java 中的任何语句，若只有一条语句，可以省略{}，若为复合语句，则必须使用{}。

例如，定义 int x=-5;，在以下两个程序段中，x>0 的值为 false，if 语句块均不执行。

程序段一

```
int y=0;
if(x>0)
y=1;
System.out.println("y="+y);
```

程序段二

```
int y=0;
if(x>0)
   {y=1;
   System.out.println("y="+y);}
```

在程序段一中，单语句 y=1;为 if 语句块，该语句不执行。y 的值仍然为 0，跳出 if 语句后执行输出语句，输出结果为：

```
y=0
```

在程序段二中没有输出结果，{y=1;System.out.println("y="+y);}为 if 语句块，输出语句不执行。

例 5.4 从键盘输入一个整数，判断该整数是否是偶数。

分析：判断输入的整数是否能被 2 整除，设置判断的布尔表达式为 num%2==0。若条件成立，则输出提示信息。程序源代码如下：

```
//文件名 Jpro5_4.java
import javax.swing.JOptionPane;  //引入类 JOptionPane
public class  Jpro5_4
{
   public static void main(String[] args)
   {
     String intString=JOptionPane.showInputDialog(null,"请输入一个整数：",
     "例 5.4", JOptionPane.QUESTION_MESSAGE);    //从键盘输入数据
     int num=Integer.parseInt(intString);       //将 intString 转换成 int 型
     if(num%2==0)                               //判断 num 是否为偶数
     System.out.println(num+"是偶数。");
   }
}
```

程序运行后首先出现如图 5-2 所示的对话框，如果输入 240，则输出“240 是偶数。”。

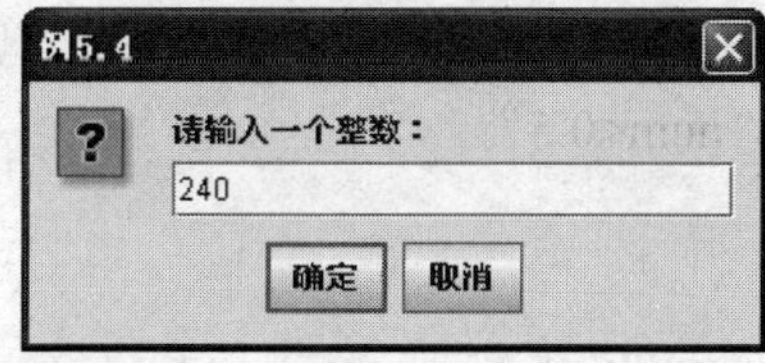

图 5-2 例 5.4 输入对话框

5.2.2 双分支 if...else 语句

单分支 if 语句在指定条件为 true 时执行语句，否则不执行任何操作。如果要执行双选择操作，可以应用双分支 if...else 语句来实现。if...else 语句的格式如下：

```
if(布尔表达式)
   {语句块 1；}
```

else

{语句块 2；}

程序执行流程图如图 5-3 所示。

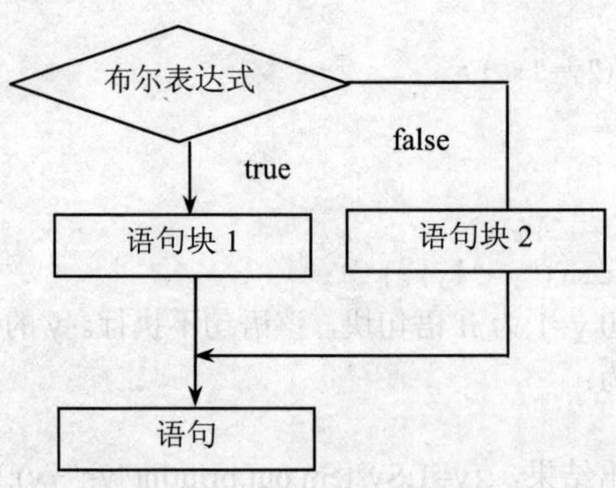

图 5-3 if...else 语句流程图

执行过程是，如果布尔表达式值为 true，执行语句块 1；否则执行语句块 2。

例如，下面求绝对值的函数

$$y=\begin{cases} x & (x>=0) \\ -x & (x<0) \end{cases}$$

可以用以下的程序段实现：

```
if(x>=0)
  y=x;
else
  y=-x;
```

注意：以上函数也可以用第 2 章的条件表达式实现：

y=(x>=0)?x:−x

例 5.5 用 Math 类的 random()方法产生一个 0～1 之间的实数，若该数大于或等于 0.5，则输出“num>=0.5”，否则输出“num<0.5”。

分析：random()方法产生的随机数在 0.0 和 1.0 之间。判断该数是否大于或等于 0.5，此处设置判断的布尔表达式为 num>=0.5。若布尔表达式值为 true，则输出“num>=0.5”，否则，即布尔表达式值为 false，则输出“num<0.5”。

```
//文件名 Jpro5_5.java
public class Jpro5_5
{
  public static void main(String args[])
  {
    double num;
    num=Math.random();  //产生一个随机数，关于该方法的具体应用请参考第 7 章
    if(num>=0.5)
      System.out.println("num>=0.5");
    else
      System.out.println("num<0.5");
  }
}
```

请读者自行分析程序结果。

5.2.3 嵌套 if 语句

if 语句或 if…else 语句中的语句块可以是任何合法的 Java 语句，包括 if 或 if…else 语句。我们称之为嵌套 if 语句。嵌套可以一层一层展开，原则上没有深度的限制。但是，嵌套的层数不宜过多。例如，下面就是一个嵌套的 if 语句。

```
if(score1>80)
{
   if(score2>80)
      System.ou.println("score1 和 score2 都大于 80。");
   else
      System.ou.println("score1 大于 80，score2 小于或等于 80。");
}
```

嵌套的 if 语句可以实现多重选择。例如下面的程序段，要求根据加、减、乘、除运算符计算表达式的值。

```
int x=5,y=4,z;
char ch='+';
if(ch=='+')
   z=x+y;
else if(ch=='-')
   z=x-y;
else if(ch=='*')
   z=x*y;
else(ch=='/')
   z=x/y;
System.out.println(z);
```

这个程序段的执行过程是，从第一个 if 语句开始依次判断布尔表达式的值，当出现某个值为 true 时，则执行其对应的语句；如果所有的布尔表达式的值均为 false，则执行 else 后的语句。只要一个条件满足，执行相应语句后 if 语句就结束，而不再对后面的布尔表达式进行判断。如当前运算符是“+”，则进行加法运算。以上 if…else if 语句可以实现多重条件选择。

5.2.4 switch 语句

过多使用嵌套的 if 语句，会增加程序阅读的困难，Java 提供了 switch 语句来实现多重条件选择。switch 语句根据表达式（整型或字符型）的值来选择执行多分支语句，一般格式如下：

```
switch (整型或字符型表达式) {
    case 常量表达式 1: 语句序列；[break;]
    case 常量表达式 2: 语句序列；[break;]
  ….
    case 常量表达式 N: 语句序列；[break;]
     [default: 语句序列;]
}
```

执行过程是，计算整型或字符型表达式的值，并依次与 case 后的常量表达式值相比较，当两者值相等时，即执行其后的语句。

说明：

（1）整型或字符型表达式必须为 byte、short、int 或 char 类型。

（2）每个 case 语句后的常量表达式值必须是与表达式类型兼容的一个常量（它必须为一个常量，而不是变量），重复的 case 值是不允许的。

（3）关键字 break 为可选项，放在 case 语句的末尾。执行此语句后，将终止当前 switch 语句。若没有 break 语句，将继续执行下面的 case 语句，直到 switch 语句结束或者遇到 break 语句。

（4）default 为可选项。当指定的常量表达式都不能与 switch 表达式的值匹配时，将选择执行 default 后的语句序列。case 语句和 default 语句次序无关，但习惯上将 default 语句放在最后。

例 5.6 将以上根据加、减、乘、除运算符计算表达式值的问题用 switch 语句实现。

分析：从键盘输入运算符所引用的类和例 5.1 相同，方法 read()的功能是从输入流中读取一个字节的数据。

```
//文件名 Jpro5_6.java
import java.io.*;
public class  Jpro5_6
{
 public static void main(String[] args) throws IOException
 {
  int x=5,y=4,z=0;
  char ch;
  BufferedReader buf;  //声明缓冲字符输入流类对象 buf
  buf=new BufferedReader(new InputStreamReader(System.in)) ;
  ch=(char)buf.read();
  switch (ch) {
     case  '+': z=x+y;System.out.println(x+"+"+y+"="+z); break;
     case  '-':  z=x-y;System.out.println(x+"-"+y+"="+z); break;
     case  '*':  z=x*y; System.out.println(x+"*"+y+"="+z);break;
     case  '/':  z=x/y; System.out.println(x+"/"+y+"="+z);break;
     default:  System.out.println("输入的运算符不符合要求！");
  }
 }
}
```

请读者运行程序结果。

5.3 循环语句

循环结构是程序设计中实现重复操作的一种结构。其特点是，在给定条件成立时，反复执行某程序段，直到条件不成立终止。给定的条件称为循环条件，反复执行的程序段称为循环体。Java 提供了三种形式的循环结构：while 循环、do….while 循环以及 for 循环。

5.3.1 while 循环

while 循环又称当型循环，它的格式如下：

```
while(布尔表达式){
   循环体;
  }
```

执行过程是，判断布尔表达式的值，当其为 true 时，执行循环体；当布尔表达式的值为 false 时，循环结束。while 循环的程序执行流程如图 5-4 所示。

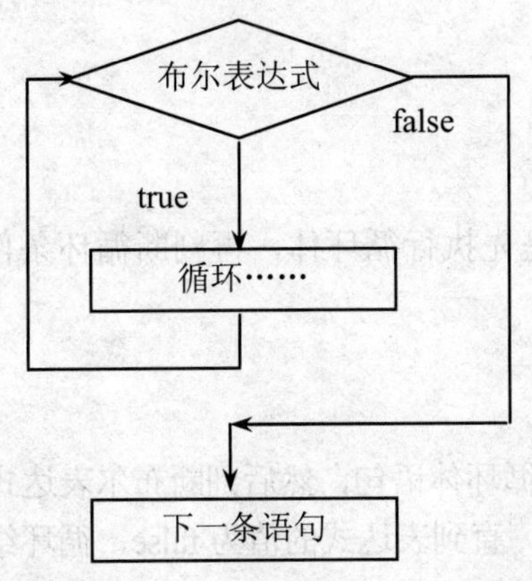

图 5-4 while 循环程序执行流程图

例如，以下程序段在同一行输出 10 个 A。

```
int i=1;
while(i<=10){
    System.out.print ("A");
    i++;}
```

以上程序段的循环条件是布尔表达式 i<=10，循环体是{}中两条语句。程序段执行时根据 i 的值判断 i<=10 的值为 true，则执行循环体；否则退出循环。循环体被执行 10 次，当 i=11 时，退出循环。

说明：

（1）若循环体语句为单语句，{}可以省略。否则，不能省略{}。

（2）若首次执行时循环条件为 false，则循环体一次也不执行；若循环条件永为 true，则循环体一直执行，称为死循环。在循环体中应包含使循环结束的语句，以避免死循环。

（3）允许 while 语句的循环体又是 while 语句，从而形成循环的嵌套。

例 5.7 计算 1 - 2 + 3 - 4 ... - 100。

分析：一组有规律的数据的计算一般都用循环程序来解决。程序中定义整型变量 sum 和 i，其中 sum 用于存放和，初值为 0；i 用做循环控制变量及其第二个加数，初值为 1。该算式中奇数项是加法，偶数项是减法，可以给第二个加数乘以标志变量来实现各项运算符的变化。

```
//文件名 Jpro5_7.java
public class Jpro5_7
{
   public static void main(String args[])
   {
     int i,sum = 0;
     int flag=1;             //设置标志变量，控制运算符
     i=1;                    // 设循环初值
     while(i <=100){         // 设循环条件为 i<=100
       sum+=flag*i;
       i++;                  // 在循环体中执行 i++
       flag=flag*(-1);
     }
     System.out.println("1-2+3-4...-100="+sum);
   }
}
```

程序运行结果如下：

```
1-2+3-4...-100=-50
```

5.3.2 do-while 循环

do-while 循环语句的特点是先执行循环体，再判断循环条件是否成立，格式如下：

```
do{
      循环体;
  }while(布尔表达式);
```

执行过程是，首先执行一次循环体语句，然后判断布尔表达式的值，当其值为 true 时，返回重新执行循环体语句，如此反复，直到表达式的值为 false，循环结束。其流程图如图 5-5 所示。

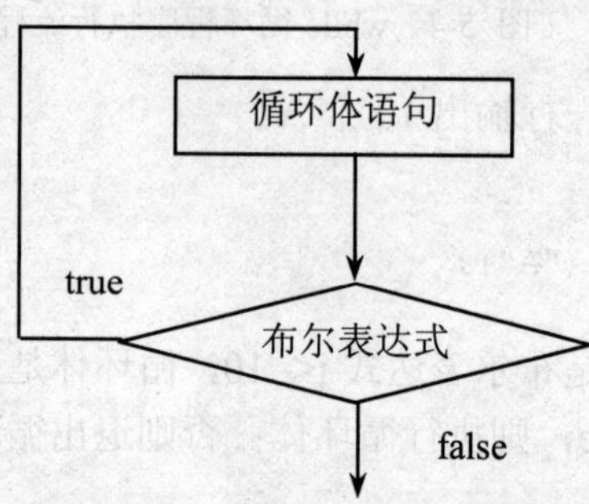

图 5-5 do…while 循环程序执行流程图

do-while 循环首先执行循环体，再判断循环条件。如果条件成立，则重复执行循环体；条件不成立，则结束循环，循环体至少被执行一次。

而 while 循环首先判断循环条件，若条件不成立，则循环体一次也不执行，直接退出循环。这是 do-while 循环和 while 循环最大的区别。

do-while 循环语句可以组成多重循环，而且也可以和 while 语句相互嵌套。

例 5.8 用 do-while 循环计算 1 - 2 + 3- 4 ... - 100。

程序源代码如下：

```
//文件名 Jpro5_8.java
public class Jpro5_8
{
  public static void main(String[] args)
  {
   int flag=1;
   int  i,sum=0 ;
   i=1;
   do{
      sum+=flag*i;
      i++;
      flag=flag*(-1);
    }while(i<=100);
   System.out.println("1-2+3-4...-100="+sum);
  }
}
```

注意：在 do-while 语句的 while（表达式）后必须加分号。

通过上面两例，我们发现，对同一个问题可以用 while 循环语句处理，也可以用 do-while 循环语句处理。一般情况下，可以用两种语句处理同一问题，但要注意循环控制条件有些情况下可能不同。

5.3.3 for 循环

for 循环的使用最为灵活，可以用于循环次数已经确定的情况，也可以用于循环次数不确定但循环结束条件已知的情况。它可以取代 while 循环和 do-while 循环。for 循环语句的一般格式如下：

for(表达式 1；表达式 2；表达式 3)
　　{循环体；}

说明：

（1）( )内的三个表达式之间用分号分隔。其中，表达式 1 是 for 循环的初始化部分，一般用来设置循环控制变量的初值。表达式 1 允许并列多个表达式，之间用逗号分隔，表达式 1 仅在循环开始时执行一次；表达式 2 一般为条件表达式，结果为布尔型，当值为 false 时，退出循环，值为 true 时，则重复执行循环体。表达式 3 一般是增量表达式，该式决定循环控制变量的变化方式。

（2）每执行循环体一次，就要重新计算表达式 3，然后由表达式 2 判断，决定循环体是否继续执行。循环体若为一条语句，{}可以省略；若为多条语句，{}不可省略。

例 5.9 用 for 循环计算 1 - 2 + 3 - 4 ... - 100。

程序源代码如下：

```
//文件名 Jpro5_9.java
public class Jpro5_9
{
  public static void main(String[] args)
  {
    int flag=1;
    int sum=0;
    for(int i=1;i<=100;i++){
    sum+=flag*i;
    flag=flag*(-1);
    }
   System.out.println("1-2+3-4...-100="+sum);
  }
}
```

注意：for 循环、while 循环以及 do-while 循环都允许嵌套，并且可以相互嵌套，构成多重循环结构。

for 循环的使用方式比较灵活，可以有以下几种形式。

（1）在 for 语句的表达式 1 中，允许定义多个变量，这些变量的数据类型相同并且它们的作用域仅限于循环体内。例如，计算 5!。

```
for(int i=1,p=1;i<=5;i++)
    p*=i;
```

（2）在 for 语句中可以省略表达式 1。例如，计算 5!。

```
int i=1,p=1;
for(;i<=5;i++)
    p*=i;
```

（3）在 for 语句中可以省略表达式 2，不对循环条件进行判断，将会造成无限循环。一般可以采用在循环体内设置转移语句 break 来跳出循环。例如，计算 5!。

```
int p=1;
for(int i=1;;i++)
    {
        if(i>5)break;        //结束循环
        p*=i;
    }
```

循环体内的 if(i>5)break;语句表示，当 i 的值大于 5 时，则跳出循环，它代替了原来表达式 2 所起的作用。break 语句将在 5.4 节作详细介绍。

（4）在 for 语句中可以省略表达式 3。例如，计算 5!。

```
int p=1;
for(int i=1;i<=5;)
    {  p*=i;
       i++;}        //改变循环变量 i 的值
```

（5）for 语句中的各表达式都可以为空，但分号不能少。例如，

```
for(;;)
```

在这种形式中，循环体内外应有相关语句实现各表达式的功能。

（6）for 循环体可以是空语句，即循环过程什么也不做，仅仅产生一个时间延迟的效果。例如：

```
for(int i=10;i>=1;i--);
```

5.4 控制转移语句

控制转移可以有条件地改变程序的执行顺序。Java 支持三种控制转移语句：break 语句，continue 语句和 return 语句。

5.4.1 break 语句

break 语句的作用是使程序的执行流程从一个语句块内部转移出去。它只在 switch 语句和循环语句中使用，允许从 switch 语句的 case 子句中跳出，或从循环体内跳出。

break 语句分为带标号和不带标号两种形式，

break;

break 标号名;

其中，标号名用标识符表示，用来标识 break 语句欲跳出的语句块，它必须位于 break 语句所在的封闭语句块的开头处；标号名用冒号与其后面的语句分开。

带标号的 break 语句可以从多重循环体的最内部跳出所有的循环，而不带标号的 break 语句只能跳到当前循环外层。

例 5.10 break 语句应用实例。

分析：以下程序中当 i 的值为 0、1、2、3、4 时，i==5 的值为 false，不执行 break 语句，而是执行输出语句；当 i 的值变化到 5 时，i==5 的值为 true，执行 break 语句而中断循环，循环结束。本程序循环执行的次数为 5。

```
//文件名 Jpro5_10.java
public class Jpro5_10
{
```

```
  public static void main(String args[])
  {
    for(int i=0; i<10; i++) {
     if(i = = 5) break;        // 若i为5则终止循环
     System.out.print("  i=" + i);
    }
  }
}
```

程序运行结果如下：

```
i=0  i=1  i=2  i=3  i=4
```

5.4.2 continue 语句

continue 语句只能用在循环语句中，它的作用是终止当前这一轮循环，跳过本轮剩余的语句，直接进入下一轮循环。continue 语句具有带标号和不带标号两种形式，

continue;

continue [标号名];

这个标号名必须放在循环语句之前，用于标志这个循环体。在 while 和 do-while 循环中，不带标号的 continue 语句使程序流程直接跳到循环条件的判断上；在 for 循环中，不带标号的 continue 语句直接计算表达式 3 的值，再根据表达式 2 的值决定是否继续循环。

例 5.11 continue 语句应用实例。

分析：以下程序中，当 i 的值为 0、1、2、3、4 时，i==5 的值为 false，不执行 continue 语句，而是执行输出语句；当 i 的值变化到 5 时，i==5 的值为 true，执行 continue 语句，跳过输出语句，然后转向执行 for 语句中的 i++，开始下一轮循环。

程序源代码如下：

```
//文件名 Jpro5_11.java
public class Jpro5_11
{
  public static void main(String[] args)
  {
     for(int i=0;i<10;i++){
        if(i= =5)continue;
      System.out.print("  i="+i);
     }
  }
}
```

程序运行结果如下：

```
i=0  i=1  i=2  i=3  i=4  i=6  i=7  i=8  i=9
```

请读者注意例 5.10 和例 5.11 的区别。

5.4.3 return 语句

return 语句用在方法中。当程序执行到这条语句时，终止当前方法的执行，返回到调用这个方法的位置之后。

return 语句有带参数和不带参数两种形式，

return;

return(表达式);

带参数的形式也可以为：

return 表达式；

不带参数的 return 语句被执行时，不返回任何值。这种方法的返回值类型为 void 类型。在没有返回值的方法体中，也可以不用 return 语句，程序执行完方法体的最后一条语句后，遇到方法的结束标志“}”时，程序流程将自动返回到调用这个方法的程序中。

带参数的 return 语句后面跟一个表达式，当程序执行到这个语句时，就计算这个表达式，然后将其值返回到调用该方法的程序中。当表达式值的数据类型与方法的数据类型不统一时，以方法的数据类型为返回值类型。

5.5 实例

例 5.12 应用 random()方法产生一个字符，判断该字符是否为数字、大写字母、小写字母或是其他符号，并输出相应信息。

分析：程序要根据 4 种不同的字符情况输出不同的信息，这属于多分支的程序设计，可以采用 if 嵌套的方法。random()方法产生的随机数在 0.0 和 1.0 之间，乘以 128 后，其值在 0.0 和 128.0 之间，将它转换为 char 类型后，用 if 来判断是否在'A'和'Z'之间等 4 种不同的字符情况输出不同的信息。

```
//文件名 Jpro5_13.java
public class Jpro5_13
{
   public static void main(String args[])
   {
     char ch;
     ch=(char)(java.lang.Math.random()*128);
     if (ch >= '0' && ch <= '9')
       System.out.println(ch + " 是数字!");
     else if(ch >= 'a' && ch <= 'z')
       System.out.println(ch + " 是小写字母!");
     else if(ch >= 'A' && ch <= 'Z')
       System.out.println(ch + " 是大写字母!");
     else
       System.out.println(ch + " 是其他符号!");
   }
}
```

程序运行结果如下：

```
0 是数字!
```

注意：该运行结果是随机的。

例 5.13 计算 1/1！+2/2！+3/3！+4/4！+…+10/10!。

分析：要求分别计算出 1 至 10 的阶乘再相除后求和，这种有规律的重复计算通常采用循环结构来设计。程序中定义 main()方法中调用 jc()方法求阶乘后再求和。jc()方法必须为 static 方法，这是因为 main()方法是静态方法，静态方法中只能调用静态方法，否则会产生编译错误。在除法操作中，应用 i*1.0 表达式进行数据类型转换。

```
//文件名 Jpro5_14.java
public class  Jpro5_14
{
```

```
  static long jc(int m)
  {
    long p=1L;
    for(int j=1;j<=m;j++)
     p*=j;
     return p;
  }
  public static void main(String args[])
  {
    float sum=0.0f;
    for(int i=1;i<=2;i++){
      sum+=i*1.0/jc(i);
     }
    System.out.println("1/1!+2/2!+3/3!+----+10/10!="+sum);
  }
}
```

程序运行结果如下：

```
1/1!+2/2!+3/3!+----+10/10!=2.7182817
```

例 5.14 编写程序，输入两个整数，根据屏幕提示选择求两数之和、差或退出程序等。

分析：程序分析请参考注释，程序源代码如下：

```
//文件名 Jpro5_15.java
import java.io.*;
public class Jpro5_15
{
  public  static void main(String args[])throws IOException
  {//抛出输入输出异常
   BufferedReader buf;
   buf=new BufferedReader(new InputStreamReader(System.in)) ;//创建输入流对象
   String str1,str2;
   str1=buf.readLine();//从输入流中读取一个字符串
   str2=buf.readLine();
   int x=Integer.parseInt(str1);//字符串转换成整型
   int y=Integer.parseInt(str2);
   //* 设计选择菜单
   System.out.println("请输入选择项：1、2、3 并回车，执行相应任务。");
   System.out.println("************************");
   System.out.println("1. 求两个整数之和");
   System.out.println("2. 求两个整数之差");
   System.out.println("3. 退出程序");
   System.out.println("************************");
   //* 输入选择项并实现选择操作
   String str;
   boolean calculation=true;//设置循环条件
   int n;
   while(calculation){
       str=buf.readLine();
       n=Integer.parseInt(str);
       switch(n){
          case 1:System.out.println(x+"+"+y+"="+(x+y));break;
          case 2:System.out.println(x+"-"+y+"="+(x-y));break;
          case 3:calculation=false;break;
       }
     }
   }
}
```

程序运行结果如图 5-6 所示（输入 19 和 2）：

```
C:\PROGRA~1\JCREAT~1\GE2001.exe
19
2
请输入选择项：1、2、3并回车，执行相应任务。
***********************
1. 求两个整数之和
2. 求两个整数之差
3. 退出程序
***********************
1
19+2=21
2
19-2=17
3
Press any key to continue...
```

图 5-6　例 5.15 运行结果

例 5.15　编写应用程序，求出 1～1000 中的所有“完全数”。完全数是指一个数的所有因子（不含它本身）之和等于该数本身。

分析：程序应用双重循环实现。外层的 for 语句通过循环穷举 1～1000 中的所有数（n），以便找出其中的完全数，内层的 for 循环对任意数 n 所有可能的因子 k（1 到 n-1）进行判断是否为 n 的因子，如果是则加到因子和 sum 中。

```
//文件名 Jpro5_16.java
public class Jpro5_16
{
    public  static void main(String args[])
    {
        System.out.print("1～1000 中的完全数有：");
        for(int n=1;n<=1000;n++){
          int sum=0;
          for(int  k=1;k<n;k++){//求 num 的所有因子之和
            if(n%k==0)//是因子则加到 sum 中
              sum+=k;
          }
          if(n==sum)
             System.out.print(n+"  ");
        }
    }
}
```

程序运行结果如下：

```
1～1000 中的完全数有：6  28  496
```

习题五

1．switch 后的表达式的值是哪些数据类型？使用 switch 语句的优点是什么？

2．while 语句和 do…while 语句之间的区别是什么？

3．组成 for 循环控制的三部分是什么？若在 for 循环内部声明一个变量，该变量在退出循环后是否可以继续使用？

4. 下列程序段执行后，k 的值是__________。

```
int x=3,y=5,k=0;
switch(x%y+3){
  case  0:  k=x*y;break;
  case  6:  k=x/y;break;
  case  12:  k=x-y;break;
  default : k=x*y-x;break;
}
```

A. 12　　B. 0　　C. 15　　D. -2

5. 下面程序的执行结果是__________。

```
public class A{
  public static void main(String[] args) {
      int a=3;
      int b=4;
      int x=5;
      if(a*a+b*b==x*x)
        x=x<<(b-a);
      System.out.print(x);
      }
}
```

A. 5　　B. 6　　C. 10　　D. 3

6. 下列程序执行之后，将会输出__________。

```
public class A{
   public static void main(String[] args) {
      int j=0;
      for(int i=3;i>=0;i--)
      {  j+=i;
         System.out.print(j);
      }
 }
 }
```

A. 3566　　B. 3522　　C. 6753　　D. 3255

7. 下列语句执行之后，j 的值是__________。

```
int j=9,i=6;
while(--i!=3)
  j=j+2;
```

A. 9　　B. 11　　C. 13　　D. 15

8. 下列语句执行之后，j 的值是__________。

```
int j=0;
for(int i=5;i>0&j<10;i--)
  j+=i;
```

A. 9　　B. 11　　C. 11　　D. 12

9. 分析下列程序，写出执行结果。

```
public class A{
  public static void main(String[] args) {
    int a=0;
    Label:for(;a<4;a++){
    for(int j=0;j<2;j++){
          if(a==2)
             break Label;
```

```
            System.out.print(a*2+j+"\t");
          }
        System.out.println("a="+a);
      }
    }
  }
```

10．分析下列程序，写出执行结果。

```
public class A {
   public static void main(String[]args) {
        int a=8;
        if(a<8||a>8)
           System.out.println("a<>8");
         else
           System.out.println("a=8");
      }
  }
```

11．分析下列程序，写出执行结果。

```
Public class A{
  Public static void main(String[] args) {
    Int j=0;
    for(int i=3;i>0;i--) {
         J+=i;
         Int x=2;
         while(x<i){
         X+=1;
         System.out.print(x);
       }
     }
   }
 }
```

12．求50到100（包含50和100）之间的素数并输出。素数是指除1和它本身是该数的因子外，没有别的因子的自然数。

13．打印输出10行杨晖三角形。

14．编写程序，求最大公约数和最小公倍数。

第 6 章　使用数组

- 数组的声明、创建及引用。
- 一维数组的定义和应用。
- 二维数组的定义和应用。
- 字符数组的定义和应用。
- ArrayList 类的应用。

- 理解数组的概念。
- 掌握一维数组和二维数组的应用。
- 熟悉查找和数组排序的方法。
- 理解对象数组和 ArrayList 类的应用。

6.1　引例

学习数组之前，先看一个例子。

例 6.1　存储 26 个大写字母并输出。

程序源代码如下：

```
//文件名Jpro6_1.java
public class Jpro6_1
{
    public static void main(String args[])
    {
        char ch[]=new char[26];
        int i=0;
        for(char c='A';c<='Z';c++,i++){
            ch[i]=c;
            System.out.print(+ch[i]);
        }
    }
}
```

程序运行结果如下：

```
ABCDEFGHIJKLMNOPQRSTUVWXYZ
```

以上程序的功能是将 26 个大写英文字母存储到数组 ch 中，并输出每个数组元素的值。

如果用基本变量来存储这 26 个数据，则需要 26 个变量，这样的程序健壮性和可移植性非常差。而在本例中使用一个数组变量便可存储 26 个相互独立访问的数据，大大提高了程序的效率。这就是程序设计语言中引入数组的主要原因。

6.2 声明及创建数组

数组是 Java 中一种复合数据类型，它是由类型相同的数据组成的有序数据集合。集合中的每个数是一个数组元素。在一个数组中，

（1）每个数组元素的数据类型都是相同的，在数组声明时定义。

（2）在内存中数组的各个元素是连续有序的。

（3）所有元素共用一个数组名，利用数组名和下标唯一地确定数组中每个元素的位置。

数组要经过声明、分配内存以及赋值后，才能被使用。

6.2.1 声明数组

数组的声明方式有下面两种：

（1）数据类型 数组名[ ]。

（2）数据类型[ ] 数组名。

数组类型既可以是基本数据类型，也可以是复合数据类型，甚至还可以是其他的数组类型数据。数组名命名规则和变量名相同，遵循标识符命名规则。

以下是几个数组声明的例子：

```
int  array_int[];
double array_double[];
char str1[];
String[] str2;
```

以上语句，声明了一个整型数组 array_int，一个双精度型的数组 array_double，一个字符数组 str1，一个 String 类型数组 str2，str2 中的每个元素可存放一个字符串。

6.2.2 创建数组

数组中元素的个数称为数组大小或数组长度。与其他高级语言不同的是，在声明数组时不能指定它的长度，必须通过创建数组来指定长度。可用以下方法来创建，利用关键字 new 来为数组分配内存，即创建数组。创建数组的格式如下：

数组名=new 数据类型[数组长度];

例如，

mlist=new int[10];

这条语句创建了一个名为 mlist 的数组，有 10 个数组元素，为 int 型。

数组被创建以后，每个数组元素将获得与定义的数据类型相应大小的内存，同时自动用数据类型的默认值初始化所有的数组元素。各数据类型的默认值为：

- 整型：0
- 实型：0.0f 或 0.0D
- 字符型：'\0'
- 类对象：null

创建数组之后不能改变数组的大小。使用数组的 length 属性可以获得其长度，格式如下：

数组名.length

例如，mlist.length=10。

如果声明了一个数组但没有用 new 来开辟空间，则数组不指向任何内存空间，其值为默认值。声明一个数组并开辟内存空间后，则数组名是指向该内存空间的首地址。

声明数组变量以及创建数组可以组合在一条语句中，有下面两种形式：

数据类型[] 数组名=new 数据类型[数组长度];

数据类型 数组名[]=new 数据类型[数组长度];

如，

```
int array_int[]=new int[10];
```

这条语句声明并创建了一个 int 型的数组 array_int，该数组包含 10 个元素。语句执行后，数组 array_int 将获得 10 个连续的内存空间。也可以这样理解，10 个数组元素相当于定义了 10 个变量，只是它们之间的处理很方便。

6.2.3 数组的赋值及引用

数组声明和创建后，使用数组元素前必须先赋值。数组的赋值有以下两种形式。

1．声明数组的同时初始化数组

因为数组是引用类型，它们的赋值与基本类型变量的赋值是不同的。

如果已知一组数据元素序列，并要保存到数组中，可以将这一组有序的元素放在花括号中，各元素之间用逗号隔开，并将其赋给数组，实现声明数组的同时并赋值。格式如下：

数据类型[] 数组名={第一个元素，第二个元素，第三个元素，…}；

例如，

```
int[] a={1,2,3,4,5};
float[] b={1.0f,2.0f,3.0f,4.0f,5.0f};
char[] c={' q ', 'w ', 'e ', 'r ', 't '};
```

以上语句分别声明并创建了 int 型数组 a，float 型数组 b，char 型数组 c，大括号中是各数组相对应元素的值。

2．先声明并创建后，再赋值

例如，

```
int[] array1=new int[10];
```

声明了包含 10 个元素的整型数组 array1 并为该数组分配了存储空间，然后可通过赋值语句给数组中的各个元素赋值。例如，

```
array1[0]=6;
array1[1]=7;
array1[2]=8;
```

给数组元素 array1[0]、array1[1]、array1[2]分别赋值为 6，7，8。

数组通过以上两种形式被赋值后，就可以被引用了。实际上，在创建数组时，数组元素已被初始化为数据类型的默认值了，但没有任何意义。因此，一般会被重新赋值。

数组元素通过其下标引用，下标从 0~数组名.length-1。引用格式如下：

数组名[下标];

例如，mlist[0]表示引用数组 mlist 中的第一个元素，mlist[1]表示引用数组 mlist 中的第二个元素。下标必须为一个整数或一个整型表达式。引用数组元素时，方括号中的下标不能超出

它的取值范围。以下是一个数组引用的程序段。

```
for(int i=0;i<a.length;i++)
System.out.println(a[i]);
```

上面 for 循环实现的功能是依次输出数组 a 中每个元素的值。

通常，Java 会自动进行数组下标越界检查，如果下标超出该范围，会产生 ArrayIndexOutOfBoundsException 异常，即数组下标越界异常。因此，编写程序时最好使用数组的 length 属性获得数组大小，从而使下标不超出其取值范围。程序编译时，数组下标越界没有错误提示，但当程序运行时会产生运行错误。

例 6.2 定义一个 double 型数组，输出数组的所有元素，求出数组元素的最小值和最大值并输出。

分析：输出数组元素是一个重复操作，可以用 for 循环实现，应用 println()和 print()方法可以控制输出格式。求最小值可以用以下算法实现：定义变量 min 存放最小值，定义数组 arr，先将 arr[0]的值赋给 min，然后 min 分别与 arr[i]（i=1~arr.length-1）比较，若 arr[i]小于 min，则将 arr[i]的值赋给 min，否则 min 不变。比较操作完成后，min 中存放的数值即为数组 arr 中的最小值。求最大值的方法同上。

```
//文件名 Jpro6_2.java
public class Jpro6_2
{
    public static void main(String args[])
    {
        double[] arr={1.0,2.5,3.9,-2.7,5.9,4.5,2.1};
        System.out.println("数组元素分别是：");
        for(int i=0;i<arr.length;i++)
            System.out.print("  "+arr[i]);
            double max=arr[0],min=arr[0];
        //*查找最大值和最小值
        for(int i=1;i<arr.length;i++){
          if(arr[i]<min)
            min=arr[i];
          if(arr[i]>max)
            max=arr[i];
        }
      System.out.println();
      System.out.println("最大值是："+max);
      System.out.println("最小值是："+min);
    }
}
```

程序运行结果如下：

数组元素分别是：

```
1.0  2.5  3.9  -2.7  5.9  4.5  2.1
最大值是：5.9
最小值是：-2.7
```

6.3 字符数组

字符数组中的每个元素都是字符类型的数据，它的创建方法与一般的数组相似。

6.3.1 字符数组的声明和创建

字符数组的创建在 6.2 节中已介绍。如，

```
char ch[]=new char[10];
```

语句声明并创建了字符数组 ch，该数组中可以存储 10 个字符。

字符数组可以初始化。例如，

```
char ch={'a', 'b', 'c', 'd', 'e'};
```

其中，ch 是一个字符数组，共有 5 个元素，ch[0]为 'a'，ch[1]为 'b'，ch[2]为 'c'，ch[3]为 'd '，ch[4]为 'e'。

字符数组的元素可以被赋值。例如，

```
ch[1]= 'd';
```

下面通过 for 循环语句给一个字符数组赋值。

```
char ch[]=new char[100];
for(int i=0;i<26;i++)
  ch[i]= 'A'+i;
```

经过上述循环后，数组 ch 中将存储 26 个大写字母。

6.3.2 字符串与字符数组

字符串不是字符数组，但是可以转换为字符数组，反之亦然。字符串和字符数组之间的转换有以下几种形式：

（1）使用 toCharArray 方法将字符串转换为字符数组。

例如，下面语句将字符串“word”中的字符转换为数组 charArray 中的数组元素。

```
char[] charArray="word".toCharArray();
```

则 charArray[0]是'w'，charArray[1]是'o'，charArray[2]是'r'，charArray[3]是'd'。

（2）使用 String(char[])构造方法或 valueOf(char[])方法，将字符数组转换为字符串。

例如，下面语句使用 String 构造方法从数组构造了一个字符串。

```
String str=new String(new char[]{'w','o','r','d'});
```

下面语句使用 valueOf 方法从数组构造了一个字符串。

```
String str=String.valueOf(new char[]{'w','o','r','d'});
```

关于此知识点的详细介绍请参考教材第 7 章。

例 6.3 编写程序判断输入的字符串是否为回文。

分析：回文是指一个字符串的顺序和逆序相同，例如 mom 是回文。判断是否是回文的方法很多，本例采用以下算法实现：将字符串复制给一个字符数组，检查字符数组的第一个元素是否和最后一个元素相同。如果相同，则继续检查第二个元素是否和倒数第二个元素相同。这个过程持续到检查出不相同的元素或字符串中的所有字符都已检查完。一旦检查过程中出现不相同的元素，则该字符串不是回文；若所有元素均比较完且未出现不相同元素，则该字符串为回文。

```
//文件名 Jpro6_3.java
import javax.swing.JOptionPane;
import java.io.*;
public class Jpro6_3
{
  public static void main(String[] args)throws IOException
  {
    String s;
```

```
        BufferedReader buf=new BufferedReader(new InputStreamReader(System.in));
        s=buf.readLine();
        if(comp(s))
           System.out.println(s+"是回文");
        else
           System.out.println(s+"不是回文");
        }
      public static boolean comp(String s)
        {
        int i=0;
        char[] charArray=s.toCharArray();
        while(i<s.length()/2){
           if(charArray[i]!= charArray[s.length()-1-i])
              return false;
           i++;
          }
         return true;
        }
  }
```

请读者自行运行结果。

6.4 对象数组

Java 中数组元素也可以是对象。数组元素为对象的数组称为对象数组。对象数组先作为数组定义，用 new 为该数组分配内存，然后用 new 为每一个作为数组元素的对象分配内存。对象数组和基本数据类型的数组一样，可以作为方法的参数或方法的返回值。在 main()方法中，就是一个 String 类的对象数组作为方法参数。

注意：对象数组声明后，不能立刻存放数据。这是因为对象数组的声明只会产生对象的引用，并没有产生对象的实例。可以按以下方法使用：

```
MyObject obj[]=new MyObject[2];
obj[0]=new MyObject();
obj[0].data=5;
```

例 6.4 对象数组应用。

分析：以下程序中定义了含 3 个元素的数组 obj，利用循环为数组 obj 赋值，其每个元素都是类 Student 的对象，通过 obj[i].x 和 obj[i].name 可以访问类 Student 的变量 x 和 name。

```
//文件名 Jpro6_4.java
class Student{
   int x;
   String name;
   Student(int x1,String str){
    x=x1;
    name=str;
   }
   Student add2(Student a1){
    Student a2=new Student(0,"");
    a2.x=x+a1.x;
    a2.name=name+a1.name;
    return a2;
   }
```

```
}
public class Jpro6_4
{
  public static void main(String args[])
  {
    Student[] obj=new Student[3];
    for(int i=0;i<obj.length;i++)
         obj[i]=new Student(i," 学生"+i);
    int sum=0;
    String s="";
    for(int i=0;i<obj.length;i++){
        sum+=obj[i].x;
        s+=obj[i].name;
      }
    System.out.println("学生人数: "+sum);
    System.out.println("学生姓名: "+s);
  }
}
```

程序运行结果如下：

```
学生人数: 3
学生姓名: 学生 0 学生 1 学生 2
```

6.5 多维数组

我们已经学习了如何使用一维数组来表示线性集合。当要处理 n 维的数据结构时，n 维数组是必要的，例如，当表示一个矩阵或一个表格时，要使用二维数组。把 n 维数组称为多维数组。大多数情况下，程序中会使用多维数组中的二维数组，因此重点介绍二维数组。

6.5.1 二维数组的声明、创建和初始化

声明二维数组的格式有如下两种：

数据类型[ ] [ ] 数组名;

数据类型 数组名[ ][ ];

数组名后的第一个方括号[]中的整数值是行数，第二个方括号[]中的整数值是列数。与一维数组一样，二维数组的每个下标是 int 型且从 0 开始。

例如，用上面两种格式声明整型的二维数组变量 array。

```
int[ ] [ ] array;
int array[ ][ ];
```

创建二维数组的方法，使用关键字 new。格式如下：

数组名=new 数据类型[行数][列数];

例如，

```
array =new  int[5][5];
```

二维数组也可以如下声明和创建。

数据类型 数组名[][]=new 数据类型[行数][列数];

通过给每个数组元素单个赋值，可以实现二维数组的初始化，如，

```
arrry[0][0]=1;
array[2][4]=7;
```

也可以使用一个简化的方式来声明、创建和初始化二维数组。如，

```
int[][] array={{1,2,3},{4,5,6},{7,8,9},{11,12,13}};
```

6.5.2 不规则数组

在二维数组中，每一行本身就是一个一维数组。因此这些行可以有不同的长度。这种数组称为不规则数组。例如，

```
int[][] arrry={{1,2,3,4}{1,2,3}{1,2}};
```

则 array[0].length=4，array[1].length=3，array[2].length=2。

若预先不确定一个不规则数组中的列数，可以使用下面的语句创建。

```
int[][] array=new int[3][];
array[0]=new int[4];
array[1]=new int[3];
array[2]=new int[2];
```

注意：在这种方法中，int[3][]中的第一个下标不可省略。

例 6.5 编写程序，定义一个整型的 4 行 4 列的二维数组，并给数组第 0 行赋值 0、1、2、3，第 1 行赋值 4、5、6、7，依次类推。分行输出每行数组元素并求所有元素之和。

分析：定义二维数组 b[4][4]，各个元素值的通项公式为 b[i][j]=i*4+j（i 表示行，j 表示列），用嵌套的双层循环实现程序功能。外层 for 语句控制数组 b 的各行，行下标从 0 开始到 b.length-1，内层 for 语句控制数组 b 的第 i 行的各列，列下标从 0 开始到 b[i].length-1。

```
//文件名 Jpro6_5.java
public class Jpro6_5
{
  public static void main(String[] args)
  {
    int sum=0;
    int b[][]=new int[4][4];
    //*赋值
    for(int i=0;i<b.length;i++)
       for(int j=0;j<b[i].length;j++)
          b[i][j]=i*4+j;
    //*求和并显示
    System.out.print("数组元素如下：\n");
    for(int i=0;i<b.length;i++){
         for(int j=0;j<b[i].length;j++){
            System.out.print("    "+b[i][j]);
            sum+=b[i][j];
         }
       System.out.println();
    }
   System.out.println("二维数组所有元素的和等于"+sum);
  }
}
```

程序运行结果为：

```
数组元素如下：
0   1   2   3
4   5   6   7
8   9   10   11
12   13   14   15
二维数组所有元素的和等于120
```

6.6 ArrayList 类

Java 中数组的大小在创建数组时给出，一旦给出数组大小，就不可能再改变。有时程序中要用到大小不确定的数组，这时可以用两种方法解决：一是定义尽可能大的数组；二是使用 java.util 包中的 ArrayList 类，这个类实现了与数组类似的数据结构，还可以根据程序的需要自动改变大小。它的使用与数组有一些区别。

下面的语句创建了一个 ArrayList 对象 mlist，

```
ArrayList mlist=new ArrayList();
```

ArrayList 对象 mlist 中可以存放基本数据类型、对象等元素。

这里我们简单介绍 ArrayList 类的几个方法：add()、get()和 size()。

add()方法用来向 mlist 中增加元素，其参数可以是基本数据类型、对象。

get()方法用来得到 mlist 的各个元素，其参数为整型数据。例如，mlist.get(0)得到 mlist 的第一个元素。

size()方法用来获得 mlist 的大小，使用 mlist.size()，没有参数。

例 6.6 把 10～20 的阶乘值用大整数（BigInteger）显示在屏幕上。

分析：程序中 factorial(int x)是一自定义的静态方法，该方法有一个整型参数，返回值类型为 ArrayList 类对象。方法的功能是求 0 到 x 中所有整数的阶乘值，将结果存放到 ArrayList 类对象中并返回结果。大整数不是基本数据类型，它们的乘法不能用运算符*，而要使用大整数类的 multiply()方法求乘积。关于 BigInteger 类请参看 JDK6.0 的帮助文档。

```
//文件名 Jpro6_6.java
import java.math.BigInteger;
import java.util.ArrayList;
public class Jpro6_6
{
  public static void main(String[] args)
  {
     ArrayList alist=factorial(21);
     for(int i=10;i<alist.size();i++)
     System.out.println(i+"!="+alist.get(i));
  }
  public static ArrayList factorial(int x)
  {
    ArrayList alist=new ArrayList();
    alist.add(BigInteger.valueOf(1));
    for(int i=alist.size();i<x;i++)
    {
      BigInteger lastfact=(BigInteger)alist.get(i-1);
      BigInteger nextfact=lastfact.multiply(BigInteger.valueOf(i));
      alist.add(nextfact);
    }
    return alist;
  }
}
```

程序运行结果为：

```
10!=3628800
11!=39916800
```

```
12!=479001600
13!=6227020800
14!=87178291200
15!=1307674368000
16!=20922789888000
17!=355687428096000
18!=6402373705728000
19!=121645100408832000
20!=2432902008176640000
```

6.7 实例

例 6.7 用冒泡法对 10 个整数从小到大排序。

分析：冒泡法排序的思路是将相邻两个数两两比较，把较小数调到前面。以 5 个整数为例：要求将 7、4、9、3、2 从小到大排序，比较步骤如下：

第 1 轮：

第一次 7 和 4 对调，第二次因 7<9 不用对调，第三次将 9 和 3 对调，……，得到 4、7、3、2、9 的顺序。一轮比较后，最大数已在最后（沉底），小数向上移动（浮起）。如下所示。

第 1 次：7　4　9　3　2

第 2 次：4　7　9　3　2

第 3 次：4　7　9　3　2

第 4 次：4　7　3　9　2

结果：4　7　3　2　<u>9</u>

第 2 轮：将前 4 个数 4，7，3，2 两两比较，次大数沉底。如下所示。

第 1 次：4　7　3　2　<u>9</u>

第 2 次：4　7　3　2　<u>9</u>

第 3 次：4　3　7　2　<u>9</u>

结果：4　3　2　7　<u>9</u>

第 3 轮，得第 3 个大数。第 4 轮，得第 4 个大数。剩下的一个为最小数。可见这 5 个整数共需要 4 轮比较，在每一轮中，每个数需与它的后一个数比较。n 个整数需要 n-1 轮比较。

```
//文件名 Jpro6_7.java
public class Jpro6_7
  {
  public static void main(String[] args)
      {
      int[] a={7,4,9,3,2,8,3,5,7,12};
      int i,j,t;
      System.out.print("排序前数组元素是：   ");
      for(i=0;i<a.length;i++)
         System.out.print(a[i]+"  ");
      System.out.println();
      for(i=0;i<a.length-1;i++)
        for(j=0;j<a.length-1-i;j++)
          if(a[j]>a[j+1])
            {t=a[j];a[j]=a[j+1];a[j+1]=t;}
      System.out.print("排序后数组元素是：   ");
```

```
        for(i=0;i<a.length;i++)
           System.out.print(a[i]+"  ");
     }
  }
```

程序运行结果为：

排序前数组元素是：7　4　9　3　2　8　3　5　7　12

排序后数组元素是：2　3　3　4　5　7　7　8　9　12

例 6.8　数组作为方法参数的应用

分析：在第 3 章中介绍过基本数据类型数据可以作为参数传递给方法，本章的数组也可以作为参数传递给方法。传递基本数据类型变量的值和传递数组之间有很大的区别：

（1）对于基本数据类型值的参数来说，是实参与形参之间的值的传递。改变方法内形式参数的值不会影响到方法外部变量（实参）的值。

（2）对于数组类型的参数来说，该参数值包含到数组的引用，这个引用被传递给方法。任何出现在方法体内的对这个数组的修改都会影响到作为实际参数的原始数组。

以下程序中定义两个自定义方法：calculatRandom()方法和 printRandom()方法。calculatRandom()方法生成 0～100 之间的随机数，生成的数组元素个数从方法参数传入；printRandom()方法将数组元素在命令行输出，每行输出 3 个。

```
//文件名 Jpro6_8.java
public class Jpro6_8
{
    public static void main(String args[])
    {
        double d[];
        d=calculatRandom(8);
        printRandom(d);
    }
    static void printRandom(double[] array)
    {
        int k=1;
        for(int i=0;i<array.length;i++)
        {
          System.out.print(array[i]+"\t");
          if(k%4= =0)
            System.out.println();
          k++;
        }
    }
    static double[] calculatRandom(int n)
    {
           double[] data=new double[n];
           for(int i=0;i<data.length;i++)
              data[i]= 100*Math.random();
           return data;
     }
}
```

请读者自行运行结果。

例 6.9　编写程序，计算两个矩阵的乘积。

分析：程序分析请参考注释，程序源代码如下：

```
//文件名 Jpro6_9.java
```

```
public class Jpro6_9
{
   public static void main(String args[])
   {
      int i,j,k;
      int a[][]={{1,2,3,4},{5,6,7,8},{9,10,11,12}};      //静态初始化二维数组 a
      int b[][]={{1,5,2,8},{5,9,10,-3},{2,7,-5,-18}};    //静态初始化二维数组 b
      int c[][]=new int[2][4];    //创建二维数组 c，该数组存放乘积
      //*求矩阵的乘积
      for (i=0;i<2;i++){              //控制矩阵行
        for (j=0;j<4;j++){            //控制矩阵列
          c[i][j]=0;                  //乘积矩阵 c 的数组元素赋值为 0
          for(k=0;k<3;k++)
            c[i][j]+=a[i][k]*b[k][j];
          }
      }
   //*输出乘积矩阵
   System.out.println("矩阵 a，b 相乘后的矩阵是：");
   for(i=0;i<2;i++){
      for (j=0;j<4;j++)
         System.out.print(c[i][j]+" ");
      System.out.println();    //控制换行
      }
   }
}
```

程序运行结果为：

```
矩阵 a、b 相乘后的矩阵是：
17 44 7 -52
49 128 35 -104
```

1．如何声明并创建一个数组？

2．如何访问一个数组的元素？

3．数组下标的数据类型是什么？

4．下面正确声明整型数组的语句是__________。

A．int Array[] a1,a2;
   int a[]={1,2,3,4,5};

B．int[] a1,a2;
   int a3[]={1,2,3,4,5};

C．int a1,a2[];
   int a3={1,2,3,4,5};

D．int[] a1,a2;
   int a3=(1,2,3,4,5);

5．若已定义：int[] a=new int[10]；则对 a 数组元素正确引用的是__________。

A．a[-3]　　B．a[10]　　C．a[5]　　D．a(0)

6．指出下列程序运行的结果__________。

```
public class A{
    String str=new String("good");
    char[]ch={'a','b','c'};
    public static void main(String args[]){
```

```
        Example ex=new Example();
        ex.change(ex.str,ex.ch);
        System.out.print(ex.str+" and ");
        Sytem.out.print(ex.ch);
    }
    public void change(String str,char ch[]){
        str="test ok";
        ch[0]='g';
    }
}
```

A．good and abc　B．good and gbc　C．test ok and abc　D．test ok and gbc

7．定义语句 int a[]={11,22,33};，则以下语句叙述错误的是__________。

A．定义了一个名为 a 的一维数组　B．a 数组有三个元素

C．a 数组的下标为 1，2，3　D．数组中的每个元素均为整型

8．分析程序，写出程序运行结果。

```
public class A{
  public static void main(String args[]) {
      String str ="Hello,";
      str=str+"guys!";
      System.out.println(str);
      }
}
```

9．分析程序，写出程序运行结果。

```
public class A {
public static void main(String[] args){
  int index=1;
  Boolean[] test=new Boolean[3];
  Boolean bb=test[index];
  System.out.println(bb);
    }
}
```

10．分析程序，写出程序运行结果。

```
public class A{
  public static void main(String[] args){
   int i;
   int a[]=new int[10];
   for(i=0;i<a.length;i++)
     a[i]=i*6+i;
   for(i=1;i<a.length;i++)
    if(a[i]%3==0)
      System.out.println(a[i]);
     }
}
```

11．在数组中存放 10 个随机产生的整数，输出数组，并查找该数组中的最小数。

12．从键盘输入一个字符串，统计其中数字字符的个数。

13．请用选择排序法将数列 2、8、4、3、7、1、5 按从小到大顺序排序，选择排序就是每次寻找这一序列中最大的数，并将其与序列最后面的数交换位置，然后寻找未排序序列中的最大数与最后面数交换位置，依次类推直到全部排序完成。

第 7 章　系统包与常用类

- 系统包及其功能。
- 常用类库。

- 了解系统常用包及其功能。
- 掌握系统常用类的应用方法。

7.1　Java 系统包

第 3 章介绍了包的概念，并且已详细描述用户自定义包的方法。除了自定义包外，系统也提供了大量自带包，即平时所说的 Java 类库。Java 类库是系统提供的已实现的标准类的集合，是 Java 编程的 API。

Java 系统根据功能的不同，将类库划分为若干个不同的系统包，每个包中都有若干个具有特定功能和相互关系的类和接口。只要我们在程序中使用 import 语句把包加载到程序中就可以使用该包中的类与接口。

下面列出其中常用的系统包，如表 7-1 所示。

表 7-1　常用包及其功能

包名	主要功能
java.lang	包含 java 语言的核心类库
java.io	标准输入/输出类
java.util	提供各种实用工具类
java.applet	提供对通用 Applet 的支持，是所有 Applet 的基类
java.awt	组件标准 GUI，包含了很多图形组件、方法和事件
java.swing	提供图形窗口界面扩展的应用类
java.net	实现 Java 网络功能的类库
java.sql	提供与数据库连接的接口
java.security	提供安全性方面的有关支持

1．java.lang

java.lang 包是 Java 语言的核心类库，包含了运行 Java 程序必不可少的系统类，如后面介绍的基本数据类型及 System、Math 等常用类。

由于该包几乎每个程序都会用到，所以在 Java 程序运行时，系统都会自动加载该包，无需用户自己引入，方便编程。

2．java.io

java.io 包提供输入/输出流控制类，凡是有输入输出操作的 Java 程序，都需要引入该包。如果需要使用该包中所包含的类时，应该将此包加载到程序中，使用语句：

```
import java.io.*;
```

我们将在第 10 章详细介绍输入/输出流。

后面介绍的系统包在使用前也是如此。

3．java.awt

java.awt 包提供图形窗口界面的应用类，包括大量的图形组件（component）类；用户管理组件排列的布局管理器 Layout 类以及常用的颜色 Color 类、字体 Font 类。

4．java.awt.event

java.awt.event 包提供窗口事件处理类。

5．java.swing

java.swing 包提供图形窗口界面扩展的应用类，比 AWT 更强大和更灵活。本书第 11 章介绍该包及其应用。

6．java.util

java.util 包提供高级数据类型及操作，主要有日期 Date 类、随机数 Random 类、向量 Vector 类等。

7．java.net

Java 语言是一门适合分布式计算环境的程序设计语言，java.net 正是为此设计的，其核心就是对 Internet 协议的支持。

8．java.applet

java.applet 包提供实现浏览器环境中 Applet 的有关类和方法。它只包含了一个 Applet 类，所有小程序都是从该类派生出来的。

9．java.sql

应用系统几乎都需要数据存储，目前数据存储多数使用数据库完成，java.sql 包提供了驱动数据库链接、创建数据库连接、SQL 语句执行、事务处理等操作接口和类。

10．java.security

提供安全性方面的有关支持。

7.2 Java 常用类

在系统开发和编程学习中，一些操作和数据处理是经常用到的，如字符处理、开平方等，这些类在 Java 标准包中已经提供，我们称之为 Java 常用类。Java 程序员可以直接引用，从而可以方便、快捷地开发 Java 程序。本节介绍几个主要的常用类。

7.2.1 基本数据类型类

Java 语言定义了多种基本数据类型，但是为了与面向对象程序设计思想相符合，Java 又提供了对这些基本数据类型的封装类，这些数据类型类都位于 java.lang 包中，对应如表 7-2 所示。

表 7-2 基本数据类型与数据类型类对应表

基本数据类型	封装类
byte	Byte
short	Short
int	Integer
float	Float
double	Double
boolean	Boolean
char	Character
long	Long

数据类型类有以下共同特点：①类中都定义了对应基本数据类型的一些常数，如最大值与最小值；②都提供了基本数据类型与字符串的相互转化方法，如 valueOf(String)方法将字符串转换为相应的数据类型，toString()方法将相应数据类型转换为字符串；③对象中封装的值是不能改变的，若需要改变，就需要重新创建一个新的对象。

下面以 Integer 为例，介绍其主要属性和方法。

1. Integer 构造方法

- Integer(int value)：构造一个新分配的 Integer 对象，它表示指定的 int 值。
- Integer(String s)：构造一个新分配的 Integer 对象，它表示 String 参数所指示的 int 值。

2. Integer 属性

- static int MAX_VALUE：返回 int 型的最大值。
- static int MIN_VALUE：返回 int 型的最小值。

3. Integer 常用方法

- intValue()：以 int 类型返回该 Integer 的值。
- parseInt(String s)：将字符串参数作为有符号的十进制整数进行分析。
- parseInt(String s, int radix)：使用第二个参数指定的基数，将字符串参数解析为有符号的整数。
- toString()：返回一个表示该 Integer 值的 String 对象。
- toString(int i)：返回一个表示指定整数的 String 对象。
- valueOf(int i)：返回一个表示指定的 int 值的 Integer 实例。
- valueOf(String s)：返回保持指定的 String 的值的 Integer 对象。
- toBinaryString(int i)：以二进制（基数 2）无符号整数形式返回一个整数参数的字符串表示形式。

- equals(Object obj)：比较此对象与指定对象。
- floatValue()：以 float 类型返回该 Integer 的值。
- doubleValue()：以 double 类型返回该 Integer 的值。

例 7.1 Integer 的应用。

```
//文件名 Jpro7_1.java
public class Jpro7_1.java
{
    public static void main(String args[])
    {
        Integer i=new Integer(2010);
        Integer j=new Integer(2009);
        System.out.println(i.intValue()*2);
        System.out.println(i.doubleValue());
        System.out.println("i="+i.toString());
        System.out.println(i==j);
        System.out.println(Integer.parseInt("1000"));
        System.out.println(Integer.valueOf("1000").intValue());
        System.out.println(Integer.MAX_VALUE);
        System.out.println(Integer.MIN_VALUE);
    }
}
```

程序分析：

程序的第 7～8 行定义两个 Integer 对象，然后应用 Integer 类提供的常用方法输出相关信息。其他的数据类型类请读者查阅相关的 Java API。

7.2.2 String 类

String 类在包 java.lang 中，用来处理字符串常量。注意字符串常量与字符常量是不同的，前者是用双引号括起来的字符序列，如"A"、"Java"等，而后者是用单引号括起来的单个字符，如'a'、'z'等。Java 的字符串常量与其他的程序设计语言是不同的，因为系统会为字符串常量创建一个无名的 String 类型的对象。

1. *String 类构造方法*

String 类共有 15 个构造方法，常用的构造方法如下：

- public String()创建一个内容为空的字符串对象。
- public String(String s)使用已有的字符串对象内容，创建一个新的对象。

下面举例说明这两个构造方法的用法。

```
String s1=new String();                    //创建空内容的字符串对象
String s2=new String("java 语言程序设计");   //显式地创建 String 对象
String s3=new String(s2);                  //利用已有的字符串创建新对象
```

- public String(char c[])利用字符数组来产生字符串对象。例如，

```
char ch[]={'j','a','v','a'};
String s4=new String(ch);
```

上面的过程相当于：

```
String s4="java";
```

- public String(char c[],int offset,int count)从字符数组 c 的第 offset 位置开始，取长度为 count 个字符来创建字符串。注意，位置计数是从 0 开始的。例如，下面的 s5 为"program"。

```
char ch2[]={'j','a','v','a','p','r','o','g','r','a','m'};
String s5=new String(ch2,4,7);
```

- public String(byte b[],int offset,int count)取出 byte 数组，从数组的第 offset 位置开始，长度为 count 来创建字符串。
- public String(byte b[])以 byte 数组产生字符串，创建字符串对象。
- public String(StringBuffer buffer)用一个 StringBuffer 对象作为参数创建一个字符串常量。StringBuffer 将在后面介绍。

2. String 类的常用方法

String 类提供了很多对字符串常量进行操作的方法，下面介绍其中的几个常用方法。

- public int length()

获取一个字符串的长度，即求出字符串对象中字符的个数，例如：

```
String s="hello";
System.out.println(s.length());
```

输出结果为 5。

注意：在 Java 中，由于每个字符都占用 16 位的 Unicode 字符，所以汉字与英文字母或其他字符相同，都只占用一个字符的空间。例如，执行下列语句

```
String str="中国";
System.out.println(str.length());
System.out.println("中国".length());
```

两个输出语句的结果都是 2。注意第 2 条输出语句参数的格式。

- public boolean equals(String s)。调用 String 类中的 equals 方法，比较当前字符串对象的内容是否与参数指定的字符串 s 的内容相同。Java 中，对两个字符串对象的内容进行比较，使用 equals()方法，而==运算符比较的是对象引用，判断引用的是否是同一个对象。例如，执行下列语句

```
String s1=new String("Java");
String s2=new String("Java");
System.out.println(s1.equals(s2));
```

输出结果是 true。

如果将输出语句换为：

```
System.out.println(s1==s2);
```

则输出结果就是 false。这是因为字符串对象 s1 和 s2 都是引用，内存示意图如图 7-1 所示。

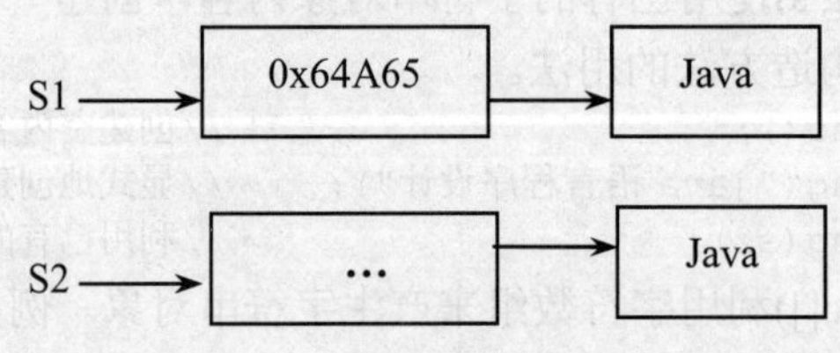

图 7-1 s1 与 s2 的内存示意图

如果在字符串比较时忽略字符的大小写，则可以将上述方法改为：

```
public boolean equalsIgnoreCase(String s)
```

- public boolean startsWith(String s)

public boolean endsWith(String s)。

startsWith()判断当前字符串是不是以字符串 s 开头的，若是，则返回 true，否则返回 false。例如，执行下列语句

```
String s1="abcdefg";
String s2="bc";
boolean result=s1.startsWith(s2);
System.out.println(result);
```

输出结果为 false，这是由于 s1 不是以 s2 开头的。

endsWith()方法判断当前字符串是不是以字符串 s 结尾的，若是，则返回 true，否则返回 false。

- public int compareTo(String s)

按字典次序比较字符串常量的大小，参数 s 为第 2 个字符串常量。若两个字符串相同，则返回 0；若当前字符串大，则返回值大于 0；若字符串 s 大，则返回值小于 0。例如：

```
String s1="abc";
String s2="abd";
int result=s2.compareTo(s1);
System.out.println(result);
```

上述语句的输出结果为大于 0。

- public int indexOf(String s)

public int lastIndexOf(String s)。

indexOf()方法返回字符串 s 在当前字符串中从左到右第一次出现的位置，若当前字符串中不包含字符串 s，则返回-1。例如，

```
String s="abcdefg";
int r1=s.indexOf("cd");
System.out.println(r1);
```

上述语句的输出结果为 2。

lastIndexOf()方法返回字符串 s 在当前字符串中从右到左第一次出现的位置，若当前字符串中不包含字符串 s，则返回-1。

- public char charAt(int index)

获取字符串中的一个字符。参数 index 指定从字符串中返回第几个字符。例如：

```
String s="hello";
char k=s.charAt(0);
```

执行上述语句后，k 的值为字符'h'。

- public String concat(String str)

把字符串 str 连接在当前字符串的后面，生成一个新的字符串。例如：

```
String s1="How do ";
String s2="you do?";
String s3=s1.concat(s2);
```

执行上述语句后，字符串 s3 的值为"How do you do?"，即将 s1 和 s2 的值连接起来赋给 s3。

- public char[] toCharArray()

将当前字符串转换为字符数组。例如：

```
String s="Who are you?";
char z[]=s.toCharArray();
```

- public String toString()

该方法重载了超类 Object 中的 toString()方法，一个对象调用该方法可以获得该对象的字

符串表示。例如：

```
Date date =new Date();
String s=date.toString();
```

上述两条语句目的是将日期类型的对象转换成字符串对象。

- public String toUpperCase()

public String toLowerCase()

toUpperCase()方法把一个字符串中的所有字母转换为大写字母，toLowerCase()把一个字符串中的所有字母转换为小写字母。

- 字符串与基本数据的相互转换

Java 提供了很多静态方法用来实现字符串与基本数据类型的相互转换。例如：

```
public static String valueOf( boolean b )
public static String valueOf( char c )
public static String valueOf( int i )
public static String valueOf( long l )
public static String valueOf( float f )
public static String valueOf( double d )
```

以上 6 个方法由 String 类提供，可将 boolean、char、int、long、float 和 double 六种类型的变量转换为 String 类的对象。

```
public static int parseInt(String s);          //源自 Integer 类的方法
public static byte parseByte(String s);        //源自 Byte 类的方法
public static short parseShort(String s);      //源自 Short 类的方法
public static long parseLong(String s);        //源自 Long 类的方法
public static float parseFloat(String s);      //源自 Float 类的方法
public static double parseDouble(String s);    //源自 Double 类的方法
```

以上 6 个方法可将字符串 s 中的以数值开头的字符串转换为相应的数值类型数据。

- public String trim()

去除字符串的前导空格和尾部空格。例如：

```
String ss=new String("   Java Program   ");
String st=ss.trim();
System.out.println(st);
```

执行后，输出："Java Program"。

- public String[] split(String regex)

根据给的字符串 regex 拆分此字符串，regex 可以是正则表达式字符。例如，

```
String ss=new String("shanghai welcome you");
String st[]=ss.split(" ");
```

执行后，ss 按空格分割，存储在字符串数组 st 中，分别为"shanghai"、"welcome"和"you"。

- public boolean isEmpty()

检测当前字符串是否是空串，即长度是否为零，是返回 true，否则返回 false。

例 7.2 String 类中常用方法的使用。

```
//文件名 Jpro7_2.java
public class Jpro7_2
{
    public static void main(String args[])
    {
        String s1,s2,s3;
```

```
        s1=new String("Java Program");
        s2=new String("Java Program");
        s3=new String("java program");
        System.out.println(s1==s2);
        System.out.println(s1.equals(s2));
        System.out.println(s1.length());
        System.out.println("原字符串:" + s3);
        System.out.println("以\" \"分割后的数组内容如下: ");
        String[] newstr = s3.split(" ");
        for (int i = 0; i < newstr.length; i++)
            System.out.println(newstr[i]);
    }
}
```

程序运行结果:

```
false
true
12
原字符串:java program
以" "分割后的数组内容如下:
java
program
```

程序分析:

程序 main()方法中，第 1 行声明了三个字符串变量 s1，s2，s3，第 2 行、第 3 行和第 4 行创建了三个字符串对象，第 5 行应用关系运算符比较 s1 与 s2 是否是同一个对象，而第 6 行是调用方法 equals()比较 s1 与 s2 的内容是否相同，第 7 行是输出字符串 s1 的长度，第 8 行是输出分割前的字符串 s3。第 10 行是将 s3 用空格分割，送到 newstr 字符串数组中。第 11、12 行以循环方式输出字符串数组 newstr 的内容。

7.2.3 StringBuffer 类

前面介绍的 String 类处理的字符串常量，是不可更改的，也就是说，String 类不能修改、删除或替换字符串常量中的某个字符。而 StringBuffer 类处理的是字符串变量，它的对象是可以扩充和修改的，即串的值和长度都可以改变。

1. StringBuffer 类构造方法

StringBuffer 类有三个构造方法:

public StringBuffer()

public StringBuffer(int length)

public StringBuffer(String str)

第 1 个构造方法创建一个空的 StringBuffer 类的对象，该对象的初始容量为 16 个字节。第 2 个构造方法创建一个长度为 length 的 StringBuffer 类的对象。注意，如果参数 length 小于 0，将产生 NegativeArraySizeException 异常。第 3 个构造方法用一个已存在的字符串常量来创建 StringBuffer 类的对象，其初始容量为参数字符串 str 的长度再加上 16 个字节。

2. StringBuffer 类的常用方法

- public StringBuffer append(Object obj)

将其他 Java 类型的数据转化为字符串后，再追加到 StringBuffer 对象中。我们可以将

boolean、char、char[]、double、float、int、long、String、StringBuffer 和其他对象转换成字符串，追加到当前字符序列后。例如：

```
StringBuffer append(String s);
```

将一个字符串对象追加到当前 StringBuffer 对象中并返回当前 StringBuffer 对象的引用。

```
StringBuffer append(int n);
```

将一个整型数据追加到当前 StringBuffer 对象中并返回当前 StringBuffer 对象的引用。

- public char charAt(int n)

返回参数 n 指定位置上的字符。注意，字符串中的第一个字符的位置为 0，第二个字符的位置为 1，以此类推，并且 n 是一个小于字符串长度的非负数。

- public void setCharAt(int n,char ch)

将 StringBuffer 对象的第 n 个位置上的字符替换为字符 ch。

- StringBuffer insert(int index,String s)

将一个字符插入另一个字符串中，并返回当前对象的引用。

- public StringBuffer reverse()

将 StringBuffer 对象中的字符翻转，并返回当前对象的引用。

- StringBuffer delete(int start,int end)

将 StringBuffer 对象中从下标 start 开始的，到下标 end 结束的子字符串删除，并返回当前字符串的引用。

- StringBuffer replace(int start,int end,String s)

将 StringBuffer 对象中的字符串的一个子字符串用参数 s 指定的字符串替换。被替换子字符串从下标 start 开始，到下标 end 结束，并返回当前字符串的引用。

例 7.3 StringBuffer 类中常用方法的使用。

```
//文件名 Jpro7_3.java
public class Jpro7_3
{
    public static void main(String args[])
    {
        StringBuffer s=new StringBuffer("java 面向对像的程序设计");
        s.setCharAt(0,'J');
        s.setCharAt(7,'象');
        s.delete(7,9);
        s.append(" 语言");
        System.out.println(s);
    }
}
```

请读者运行程序，并分析运行结果。

7.2.4 System 类

System 是一个功能强大且非常特殊的系统类，它提供了标准的输入与输出对象，以及运行时的系统信息。System 类的构造方法的访问权限为 private，所以这个类不能被实例化，即不存在 System 类的实例化对象。另外，System 类中的所有方法和属性都是静态的，即所有方法和属性都可以 System 为前缀直接调用。同时 System 类是 final 类，不能被继承。

标准输入输出将在第 10 章详细介绍，本节主要介绍通过 System 类获取系统的属性。

系统属性定义当前运行环境的属性，表 7-3 给出了一些主要的系统属性。类 System 中提供了方法 getProperty()、getProperties()以及 setProperties()来获取或者设置系统的属性。下面通过一个具体的例子来说明 System 类中常用方法的使用。

表 7-3　系统属性及含义

系统属性名	含义
os.name	操作系统名称
java.class.path	Java 类库的路径
java.home	Java 的安装目录
user.dir	用户当前的工作目录
user.home	用户的根目录
user.name	用户名
file.separator	文件分隔符
line.separator	行结束符
path.separator	路径分隔符

例 7.4　使用 System 类中的方法获取当前的系统属性。

```
//文件名 Jpro7_4.java
public class Jpro7_4
{
    public static void main(String args[])
    {
        String p1=System.getProperty("os.name","windows xp");
        String p2=System.getProperty("user.home","windows xp");
        String p3= System.getProperty("path.separator ","windows xp");
        System.out.println("路径分隔符:"+p3);
        System.out.println("操作系统名称:"+p1);
        System.out.println("用户的根目录:"+p2);
    }
}
```

请读者自行运行结果，查看使用机器的操作系统版本。

程序中调用了方法 getProperty()获取当前系统的操作系统的名称。方法 getProperty()是一个类方法，有两种格式，分别为：

public static String getProperty(String key);

public static String getProperty(String key,String default);

第一种格式主要获取属性 key 所对应的属性值，若该属性没有设置，则返回 null。第二种格式是当属性 key 未设置时，或者不存在指定的属性时，返回 default 指定的默认值。

7.2.5　Math 类

编写程序时，有时需要进行数学运算，如求某数的平方、绝对值、对数，或者生成一个随机数等。java.lang 包中的 Math 类提供了许多用来进行科学计算的方法，这些方法都是静态类型的方法，所以在使用时不需要创建 Math 类的对象，可以直接用类名作为前缀调用这些方法。另外，Math 类中还有两个静态常量 E 和 PI，它们的值分别是：2.718282828284590452354 和 3.14159265358979323846。

表 7-4 给出了 Math 类的常用方法及其含义。

表 7-4　Math 类的常用方法

方法名	说明
public static long abs(double a)	返回 a 的绝对值
public static double max(double a,double b)	返回 a 与 b 中的较大的值
public static double min(double a,double b)	返回 a 与 b 中的较小的值
public static double random()	生成一个 0～1 之间的随机数（不含 0 和 1）
public static double pow(double a,double b)	返回 a 的 b 次方
public static double sqrt(double a)	返回 a 的平方根
public static double log(double a)	返回 a 的对数
public static double sin(double a)	返回 a 的正弦值
public static double cos(double a)	返回 a 的余弦值
public static double asin(double a)	返回 a 的反正弦值
public static int round(float a)	返回离 a 最近的整数，即四舍五入
public static int floor(double a)	返回比 a 小的最大整数，即取整

例 7.5　常用 Math 方法的使用。

```
//文件名 Jpro7_5.java
public class Jpro7_5
{
    public static void main(String args[])
    {
        System.out.println("90 度的正弦值："+Math.sin(Math.PI/2));
        System.out.println("0 度的余弦值："+Math.cos(0));
        System.out.println("1 的反正切值："+Math.atan(1));
        System.out.println("120 度的弧度值："+Math.toRadians(120.0));
        System.out.println("Math.pow(2,3)"+Math.pow(2,3));
        System.out.println("Math.round(2006.10)"+Math.round(2006.10));
        System.out.println("Math.sqrt(16)"+Math.sqrt(16));
        System.out.println("Math.floor(2006.9)"+Math.floor(2006.9));
        System.out.println("Math.random()"+Math.random());
        System.out.println("4 和 8 较大者:"+Math.max(4, 8));
        System.out.println("4.4 和 4 较小者："+Math.min(4.4, 4));
        System.out.println("-7 的绝对值："+Math.abs(-7));
    }
}
```

运行结果为：

```
90 度的正弦值：1.0
0 度的余弦值：1.0
1 的反正切值：0.7853981633974483
120 度的弧度值：2.0943951023931953
Math.pow(2,3)8.0
```

```
Math.round(2006.10)2006
Math.sqrt(16)4.0
Math.floor(2006.9)2006.0
Math.random()0.14204654173506515
4 和 8 较大者:8
4.4 和 4 较小者: 4.0
-7 的绝对值: 7
```

请读者分析运行结果。

7.2.6 Random 类

Java 实用工具类库中的 java.util.Random 随机数生成器类提供了丰富的随机数生成方法。它可以产生 boolean、int、long、float、byte 数组以及 double 类型的随机数。这也是它与 java.lang.Math 中的方法 random()最大的不同之处，后者只能产生 double 型的 0～1 之间的随机数。

类 Random 中的方法十分简单，它只有两个构造方法和十个普通方法。

1. Random 类构造方法

public Random()

public Random(long seed)

Java 产生随机数需要有一个种子数 seed。第一个构造方法没有参数，它使用系统时间作为种子数 seed。

2. Random 类的常用方法

Random 类产生的随机数在其最大值范围内，按照概率均匀分布。如产生整型随机数，产生的数在 $1～2^{32}$ 之间均匀分布。当调用次数足够大时，就会发现不同的随机数出现的次数基本相同。提供的几个常用方法有：

- public int nextInt()
- public long nextLong()

第一个方法产生一个 32 位整型随机数，而第二个方法产生一个 64 位长整型随机数。

- public float nextFloat()

产生一个单精度类型的随机数。

- public double nextDouble()

产生一个双精度类型的随机数。

nextFloat()和 nextDouble()两个方法分别从 Random 类对象中生成下一个双精度或单精度浮点数，其取值范围在 0.0 到 1.0 之间且总小于 1.0，所获得的浮点数按概率平均分布。

- public synchronized void setSeed(long seed)

设定种子数 seed。

- public double nextGaussian()

获得 0.0 到 1.0 之间的双精度浮点随机数，且浮点数产生概率呈高斯（"正态"）分布。

例 7.6 应用 Random 类提供的方法生成各种类型的随机数。

```
//文件名 Jpro7_6.java
import java.util.Random;
public class Jpro7_6
{
```

```
    public static void main(String[] args)
    {
        Random r = new Random();
        Random r1 = new Random();
        Random r2 = new Random(2008);
        int a = r.nextInt(), b = r.nextInt();
        String[] results = {"a < b", "a == b", "a > b"};
        int sum = 1;
        sum = sum - (int)((long)(a - b) >>> 63);
        sum = sum + (int)((long)(b - a) >>> 63);
        System.out.println(a + ", " + b + ": " + results[sum]);
        System.out.println("The 1st set of random numbers:");
        System.out.println("  Integer:"+r1.nextInt());
        System.out.println("  Integer:"+r1.nextInt(100));
        System.out.println("  Gaussian:"+r1.nextGaussian());
    }
}
```

请读者自行运行结果，并多次运行，比较和分析每次运行结果的变化。

注意：*利用类 Random 的方法产生随机数与利用类 Math 的方法产生随机数的区别。*

7.2.7 日期类

Java 提供了 3 个日期类：Date、Calendar 和 DateFormat。在程序中，对日期的处理主要是如何获取、设置和格式化日期。Java 的日期类提供了很多方法以满足程序员的各种需要，请读者参考 Java API 文档。其中，Date 类主要用于创建日期对象并获取日期，Calendar 类可获取和设置日期，DateFormat 类主要用来对日期格式化，实现各种日期格式串输出。

Java 语言规定的基准日期为格林威治（GMT）标准时，即 1970.1.1 00:00:00。当前日期是由基准日期开始所经历的毫秒数转换出来的。

另外，在 Java 中，为了与数据库 SQL 操作的日期类型相一致，提供了 Date 的子类 Date，区别是标准日期类在 java.util 包中，子类在 java.sql 包中，请注意区分。

例 7.7 应用 Date 类获取当前日期，然后按照年月日时分的格式输出。

```
//文件名 Jpro7_7.java
import java.util.*;
import java.text.*;
class Jpro7_7
{
    public static void main(String[]args)
    {
    Date date=new Date();
    SimpleDateFormat sdf=
    new SimpleDateFormat("yyyy 年 MM 月 dd 日 HH 时 mm 分");
    System.out.println (sdf.format(date));
    }
}
```

请读者自行运行程序。

程序分析：

程序的第 1 与 2 行引入两个需要的包。main()方法中的第 1 行创建一个 Date 对象，第 2、3 行对 Date 对象进行格式化设置，第 4 行将日期按设置的格式输出。

7.2.8 Vector 类

Vector 向量类是 Java 语言提供的一种高级数据结构，可用于保存一系列对象。实际上，Java 并不支持动态数组，Vector 类提供了一种与“动态数组”相似的功能。如果不能事先确定要保存的对象的数目，或是需要方便获得某个对象的存放位置时，可以选择 Vector 类。

1. Vector 类构造方法

Vector 有三个构造方法：

```
public Vector()
public Vector(int initialCapacity)
public Vector(int initialCapacity,int capacityIncrement)
```

第一个构造方法既不指定初始的存储容量，也不规定增长的增量，只是创建一个空的向量。第二个构造方法创建一个具有 initialCapacity 个元素空间的向量，但没有指定增长的增量。第三个构造方法在创建 Vector 对象时指定了初始的存储容量大小为 initialCapacity，并且当向里面追加元素需要增长空间时，一次性增加 capacityIncrement 个元素空间。

2. Vector 类的常用方法

Vector 类提供的方法支持类似数组的运算和与 Vector 大小相关的运算。例如，允许在向量中增加、删除和插入元素，允许测试矢量的内容和检索指定的元素；与 Vector 大小相关的运算是允许判定字节大小和矢量中元素的数目。表 7-5 列出了 Vector 类的常用方法及其功能描述。

对同一个向量对象，可在其中插入不同类的对象。注意插入的应是对象而不是数值，所以插入数值时要将数值转换成相应的对象。

表 7-5 Vector 类的常用方法

方法名	说明
public void add(Object obj)	将对象 obj 添加到向量的末尾
public void add(int index,Object obj)	将对象 obj 插入到向量的指定位置
public final synchronized void addElement(Object obj)	将对象 obj 插入向量的尾部
setElementAt(Object obj, int index)	将 index 处的对象替换成 obj，原来的对象将被覆盖
public void set(int index,Object obj)	把指定位置处的元素用对象 obj 替换掉
removeElement(Object obj)	从向量中删除 obj 对象
removeAllElements()	删除向量中所有的对象
public final synchronized void removeElementlAt(int index)	删除 index 所指的对象，并将后面的所有对象前移一位
public final int indexOf(Object obj)	从向量头开始搜索 obj，返回所遇到的第一个 obj 对应的下标，若不存在此 obj，返回-1
public final int indexOf(Object obj,int index)	从指定位置查找对象 obj 在此向量中首次出现的位置
public final int lastIndexOf(Object obj)	从向量尾部开始逆向搜索 obj，返回对象 obj 最后一次出现的下标，若不存在此 obj，返回-1

续表

方法名	说明
public int lastIndexOf(Object obj,int index)	对象 obj 在位置 index 之前最后一次出现的位置
public Object firstElement()	获取此向量的第一个元素
public Object lastElement()	获取此向量的最后一个元素
public Object get(int index)	获取此向量指定位置处的元素
public Object remove(int index)	从此向量中删除指定位置处的元素，并返回这个元素
public final int size()	获取向量所含有的元素的个数
public int setSize(int size)	重新设置向量的大小，若原向量的大小比 size 大，则放弃后面的元素。
public final synchronized Enumeration elements()	获取一个枚举对象

例如，要插入一个整数 1，不能直接调用 v1.addElement(1)，正确的方法应先生成一个 Integer 型的对象，再调用，如下语句：

```
Vector v1=new Vector();
Integer integer1=new Integer(1);
v1.addElement(integer1);
```

例 7.8 Vector 类常用方法应用。

```
//文件名 Jpro7_8.Java
import java.util.*;
public class Jpro7_8
{
    public static void main(String[] args)
    {
        Vector v = new Vector(4);
        v.add("one");
        v.add("two");
        v.add("three");
        v.add("four");
        v.add("five");
        v.remove("Test0");
        v.remove(0);
        int size = v.size();
        System.out.println("size:" + size);
        for(int i = 0;i < v.size();i++)
            System.out.println(v.get(i));
    }
}
```

运行结果如图 7-2 所示。

请读者分析运行结果。

图 7-2 Jpro7_8.java 运行结果

7.3 实例

例 7.9 应用字符串方法模拟各种字符串拷贝。

分析：Java 语言字符串拷贝有多种方式，如将字符串存入数组中，然后按数组进行复制，或者通过取子串实现字符串的拷贝。

```
//文件名 Jpro7_9.java
public class Jpro7_9
{
    public static void main(String[] args)
    {
        String s1=new String();
        String s2=new String();
        String s3=new String();
        char data[ ]={ 'J', 'a', 'v', 'a', '2'};
        s1=s1.copyValueOf(data);
        System.out.println("s1="+s1);
        s2=s1.copyValueOf(data,0,data.length);
        System.out.println("s2="+s2);
        s1="面向对象程序设计";
        s2=s1.substring(0);
        System.out.println("s2="+s2);
        s3= s1.substring(0,s1.length());
        System.out.println("s3="+s3);
    }
}
```

程序分析：

程序定义了一个字符串，然后应用各种方法实现字符串的各种拷贝。请读者自行运行程序。

例 7.10 猜数游戏：应用类 Random 的方法生成一个 100 以内的整数，用户从键盘输入猜测的数，直到猜对为止。

分析：猜数游戏是大家经常遇到的，就是让计算机随机生成一个整数（为了方便，本例约束该数不超过 100），然后用户从键盘输入一个整数作为猜的数，并进行比较，直到猜对，并根据猜数的次数对用户进行评价。

```
//文件名 Jpro7_10.java
import java.util.*;
public class Jpro7_10
{
    public static void main(String[] args)
    {
        Random r = new Random();
        int i, b;
        int num = r.nextInt(100);
        Scanner input = new Scanner(System.in);
        System.out.println("请输入一个 100 以内的整数：");
        i = 1;
        while (true)
```

```
        {
            b = input.nextInt();
            if (b < num)
            {
                System.out.println("小了点，请继续！");
                i++;
                continue;
            }
            else if (b > num)
            {
                System.out.println("大了点，请继续！");
                i++;
                continue;
            }
            else
                System.out.println("猜对了！");
            if (i == 1)
            {
                System.out.println("你太有才了");
                break;
            }
            if (i > 1 && i < 6)
            {
                System.out.println("这么快就猜出来了。");
                break;
            }
            if (i > 7)
            {
                System.out.println("半天才猜出来！");
                break;
            }
        }
    }
}
```

程序分析：

程序的第 1 行将需要用到的包引入。在 main()方法中，第 1 条语句生成一个 Random 对象，第 3 条语句生成一个 100 以内的随机整数，第 4 行定义一个 Scanner 对象。while 循环负责接收用户从键盘读入的随机整数，并根据读入的整数判断结果，如果输入数大于随机数，则提示输入数大了，建议输入一个小点的数，如果输入数小了，则提示用户输入一个大点的数。

请读者运行该程序。

习题七

1．在 Java 语言中，若要使用 Date 类或 Vector 类，则需要引入的包是__________。

A．java.lang　　B．java.util　　C．java.io　　D．java.net

2．下列可以产生一个 1~20 之间随机整数的表达式是__________。

A．Math.random()*20　　　　B．Math.random()*20+1

C．(int)Math.random()*20+1　　　　D．(int)(Math.random()*20)+1

3．下面程序段的执行结果为________。

String s="java 面向对象程序设计";

System.out.println(s.length());

4．请简单介绍 StringBuffer 与 String 的区别。

5．编写程序对一个字符串数组进行排序。

6．编写程序，将一个字符串逆向后输出。

7．编写程序，产生一个四则运算。两个运算整数随机产生，并且都小于 100。运算符由一个随机产生的数控制，如：

0：执行两数加；

1：执行两数减；

2：执行两数乘；

3：判断除数是否为 0，不为 0 执行两数除。

第 8 章　接口与抽象类

- 接口的概念、定义接口方法。
- 集合接口的应用。
- 抽象类的概念。
- 接口与抽象类的区别。

- 理解和掌握接口的定义。
- 掌握实现接口的方法。
- 掌握集合及其集合接口的应用。
- 理解 List。
- 理解抽象类的概念。
- 理解接口与抽象类的区别。

8.1　引例

例 8.1　组装电脑：通过 PCI 接口将主板与显卡和声卡连接。

分析：很多教材在介绍接口时大多使用组装电脑作为案例，本章也选择大家熟悉的组装电脑作为引例。实际上，无论是显卡还是声卡，都是插在 PCI 槽上的，所以，首先定义一个 PCI 接口，然后定义显卡类和声卡类实现 PCI 接口，从而它们的对象能直接传递给 PCI 接口的对象，在参数传递过程中实现接口回调。

```
//文件名 Jpro8_1.java
interface PCI
{
    void setName(String s);
    void run();
}
class VideoCard implements PCI
{
    String name="微星";
    public void setName(String s)
    {
        name=s;
```

```
    }
    public void run()
    {
        System.out.println(name+"显卡已开始工作! ");
    }
}
class SoundCard implements PCI
{
    String name="AC";
    public void setName(String s)
    {
        name=s;
    }
    public void run()
    {
        System.out.println(name+"声卡已开始工作!");
    }
}
class Mainboard
{
    public void interfacePCI(PCI  p)
    {
        p.run();
    }
    public void run()
    {
        System.out.println("主板已开始工作! ");
    }
}
public class Jpro8_1
{
    public static void main(String[] args)
    {
        Mainboard mb=new Mainboard();
        VideoCard vc=new VideoCard();
        vc.setName("HuaWei");
        SoundCard sc=new SoundCard();
        mb.interfacePCI(vc);
        mb.interfacePCI(sc);
        mb.run();
    }
}
```

程序分析：

程序的第 1～5 行定义了一个接口 PCI，然后定义了 VideoCard 和 SoundCard 两个类，且实现了前面定义的接口 PCI。第 34～44 行定义了一个类 Mainboard，最后定义了一个主类 Jpro8_1，在 main()方法模拟电脑的组装。

8.2 接口

接口就是方法定义和常量值的集合。接口又称界面，引入接口的目的是为了克服 Java 单继承机制带来的缺陷，实现类的多继承的功能。Java 的接口在语法上类似于类的一种结构，但是接口与类有很大的区别。它只有常量定义和方法声明，没有变量和方法的实现。

接口还可以用来实现不同类之间的常量共享。

8.2.1 定义接口

接口是一种特殊的类，只定义了类中方法的原型，而没有直接定义方法的内容。接口的定义包括接口声明和接口体两部分，格式如下：

```
[public|abstract] interface 接口名 [extends 接口列表]{
    常量声明;
    方法声明;
}
```

接口的修饰符可以是 public 或 abstract，其中 public 或 abstract 可以缺省。public 的含义与类修饰符是一致的。但是缺省 public 或 abstract 修饰符时，定义的接口只能被同一个包中的其他类和接口使用。

注意：一个 Java 源文件中最多只能有一个 public 类或接口，当存在 public 类或接口时，Java 源文件名必须与这个类或接口同名。

如同 class 是定义类的关键字，interface 是定义接口的关键字。其后的接口名应符合 Java 对标识符的规定。

接口中的所有变量的修饰符只能是 public、final 及 static，所以在定义时可以不用显式地使用修饰符。也正是由于接口中的修饰符只能是 public、final 及 static，所以在接口中定义的属性都是常量，在定义时必须给定初值。接口可以用来实现不同类之间的常量共享。

接口中定义的方法只有方法头而不能有方法体，abstarct 缺省也有效。与抽象类一样，接口不需要构造方法。

下面是一个接口定义的例子：

```
public interface Shape
{
    float width=9.8f;
    float height=6.6f;
    public float girth();
    public float area();
}
```

上面程序段定义了一个名为 Shape 的接口，其中有两个常量 width 和 height，以及两个抽象方法 girth()和 area()。

与类一样，接口也具有继承性。定义接口时可以使用 extends 关键字定义该新接口是某个已经存在的父接口的派生接口，它将继承父接口的所有属性和方法。与类的单继承不同，一个接口可以有多个父接口，接口名称之间用“，”分隔。新的接口将继承所有父接口的属性和方法。

8.2.2 接口实现

接口中只是声明了提供的功能和服务，而功能和服务具体的实现需要在实现接口的类中定义。在类中实现接口的格式如下：

[类修饰符] class 类名 [extends 父类名] [implements 接口名列表]

其中，接口名列表包括多个接口名称，各接口间用逗号分隔。implements 是实现接口的关键字。实现接口的类，如果不是抽象类，就必须实现接口中定义的所有方法，并给出具体的实现代码，当然还可以使用接口中定义的任何常量。

例 8.2 接口的实现示例。

```
//文件名 Jpro8_2.java
interface Shape                                    //定义一个接口 Shape
{
   double PI=3.14;
   void print();
}
class Circle implements Shape             // 实现接口 Shape
{
    public void print()
    {
        System.out.println("我实现了接口"+PI);
    }
}
public class Jpro8_2
{
    public static void main(String args[])
    {
        Circle circle=new Circle();
        circle.print();
    }
}
```

请读者自行运行结果。

程序分析：

程序中定义了一个接口 Shape，其包含常量 PI 和方法 print()，然后定义了类 Circle 实现接口 Shape。注意在实现方法 print()时，其修饰符必须为 public。在 main()方法中创建了一个 Circle 类对象 circle，然后通过 circle 调用方法 print()。

实现接口时，需要注意以下问题：

（1）如果实现接口的类不是 abstract 修饰的抽象类，那么在类的定义部分必须实现接口中定义的所有方法，并给出具体的实现代码。这是因为非抽象类中不可以存在抽象方法。

（2）如果实现接口的类是 abstract 修饰的抽象类，那么它可以不实现该接口的所有抽象方法。

（3）在实现接口方法时，必须将方法声明为公共方法（public），而且方法的参数列表、名称和返回值要与接口中定义的完全一致。

（4）如果在实现接口的类中所实现的方法与抽象方法有相同的方法名称和不同的参数列表，则只是重载了一个新的方法，并没有实现接口中的抽象方法。

（5）接口的抽象方法的访问修饰符规定为 public，则类在实现这些抽象方法时，必须显式地使用 public 修饰符，否则系统提示出错警告。

（6）如果接口中的方法的返回类型不是 void，则在类中实现该方法时，方法体中至少要有一条 return 语句。

8.3 集合接口

Java 平台提供了一个全新的集合框架。“集合框架”主要由一组用来操作对象的接口和实现接口的实现类组成。一般来说，理解了集合接口就容易掌握集合框架。Java 平台提供了 6 个集合接口，不同接口用来描述一组不同的数据类型。下面介绍 4 个常用的集合接口。

8.3.1 Collection 接口

Collection 是在 java.util 包中的接口，是整个 Java 集合框架中的基石。Collection 接口的声明如下：

public interface Collection

Collection 接口是其他接口的父接口，它定义了集合框架中一些最基本的方法。除了 Collection 接口外，常用的还有 Set、List 这两大类。

Collection 跟数组最大的不同是数组有容量大小的限制，而 Collection 没有。此外，Collection 中存放的都是对象，即使是基本类型也要转换为对象类型。Collection 中的数据称之为元素。这些元素没有特定的顺序，元素也可以重复。

Collection 接口中有很多方法供使用，表 8-1 给出了一些常用的方法。

表 8-1 Collection 常用方法

方法名称	含义
public boolean add(Object o)	将对象添加到集合中
public boolean contains(Object o)	查找集合中是否含有对象 o
public boolean equals(Object o)	判断集合是否等价
public Iterator iterator()	返回一个迭代器，用来访问集合中的元素
public boolean remove(Object o)	删除集合中的对象 o
public int size()	返回集合中元素的个数
public Object[] toArray()	以数组的形式返回集合中的元素

8.3.2 List 接口

List 集合由 List 接口与 List 实现类组成。List 集合中的对象按照特定顺序排列，并且可以重复。List 接口继承了 Collection 接口，因此包含了 Collection 中的所有方法。另外 List 接口中也增加了一些适合自身的常用方法，主要是有关索引的方法，如表 8-2 所示。

表 8-2 List 增加的常用方法

方法名称	含义
public boolean addAll(int index,Collection co)	将集合对象添加到集合的指定位置
Object get(int index)	通过索引号返回指定元素
Object set(int index, Object element)	把指定索引处的元素替换为新的元素
ListIterator listIterator(int index)	返回指定初始位置的列表迭代器
int indexOf(Object o)	返回指定元素在列表中的索引（最小值），如果不存在该元素，返回-1
void add(int index, Object element)	在指定索引处插入一个元素，原来该索引处元素以及后面的元素后移
List subList(int fromIndex, int toIndex)	返回当前 List 的一个视图

从上表可以看出，List 接口中适合自身的方法都与索引有关，所以 List 类似于线性表，以线性方式存储对象，可以通过索引来操作对象。

要使用 List 集合，要先声明为 List 类型，然后通过实现 List 接口的类对集合进行实例化。第 6 章介绍的 ArrayList 类就是 List 的一个实现类。

例如：

```
List<String> list = new ArrayList<String>();
```

但是要想获取集合中的元素，就需要使用循环结构遍历集合对象。

例如通过 for 循环遍历 List 中的元素。

```
for(int i=1;i<list.size();i++)
    System.out.print(list.get(i));
```

也可以通过集合对象创建其迭代器，然后通过遍历迭代器获取 List 中元素。关于迭代器，将在 8.3.4 节中介绍。

```
Iterator<String> iterator=list.iterator();
while(iterator.hasNext())
    System.out.print(iterator.next()+" ");
```

在使用 List 接口时注意以下两点：

（1）所有的索引返回的方法都有可能抛出一个 IndexOutOfBoundsException 异常。

（2）subList(int fromIndex, int toIndex)返回的是包括 fromIndex，不包括 toIndex 的视图，该列表的长度为 toIndex-fromIndex。

例 8.3 添加与删除 List 中的元素。

```
//文件名 Jpro8_3.java
import java.util.*;
public class Jpro8_3
{
    public static void main(String[] args)
    {
        List<String> list = null ;
        list = new ArrayList<String>();
        list.add("Beijing");
        list.add(0, "");
        list.add("Anhui");
        list.add("Shanghai");
        list.remove(0);
        list.remove("Anhui ");
        System.out.println(list);
    }
}
```

程序分析：

程序的第 1 行引入系统包 java.util。第 6～7 行创建一个 List 对象，第 8～11 行将字符串添加到 List 中，第 12～13 行删除相应的字符串，第 14 行将 list 中的字符串输出。

8.3.3 Set 接口

Set 集合由 Set 接口与 Set 接口的实现类组成。与 List 集合不同的是，Set 集合中的对象不按特定的方式排序，只要简单将对象加入集合中，但是不能有重复对象。Set 接口继承了 Collection 接口，因此包含了 Collection 接口的所有方法。

要使用 Set 集合，先声明为 Set 类型，然后通过 Set 接口的实现类来实例化。Set 接口的常用实现类是 HashSet 和 TreeSet 类。

例如：

```
Set<String> set=new HashSet<String>();
```

就声明了一个 Set 实例。

要获取 Set 集合对象，先要生成 Iterator 对象，再通过迭代器来获取集合中的对象，如：

```
Iterator<String> it=set.iterator();
while(it.hasNext())
    System.out.print(it.next()+" ");
```

由于 Set 集合中的对象不能重复，因此可以使用 Set 集合中的 addAll()方法将 Collection 集合添加到 Set 集合中，以除去重复对象。

例 8.4 创建一个 List 对象，并添加元素，将 List 集合中的元素添加到 Set 集合中，除去其中重复的元素。

```
//文件名 Jpro8_4.java
import java.util.*;
public class Jpro8_4
{
    public static void main(String[] args)
    {
        List list = new ArrayList<String>();      //创建 List 集合对象
        list.add("1");                            //向集合中添加元素
        list.add("2");
        list.add("3");
        list.add("2");
        Set set = new HashSet<String>();          //创建 set 集合对象
        set.addAll(list);                         //将 List 集合添加到 Set 集合中
        Iterator<String> it = set.iterator();     //创建 Set 集合迭代器
        System.out.println("集合中的元素是：");
        while (it.hasNext())
        {
            System.out.println(it.next());
        }
    }
}
```

程序分析：

程序的第 1 行引入系统包 java.util。第 6 行创建一个 List 对象，第 7～10 行将字符串添加到 List 中。第 11 行创建一个 Set 对象，第 12 行将 List 的对象添加到 Set 中。第 13 行创建一个 Set 集合迭代器，第 15～16 行将 Set 中的对象输出。

8.3.4 Iterator 接口

Iterator 接口位于 java.util 包中，用来遍历集合中的元素，它可以把访问逻辑从不同类型的集合类中抽象出来，从而避免向客户端暴露集合的内部结构。如果没有使用 Iterator，遍历一个数组的方法是使用索引。

下面先看看 Iterator 接口的定义：

```
public interface Iterator {
    boolean hasNext();
    Object next();
    void remove();
}
```

每一种集合类返回的 Iterator 具体类型可能不同。例如，Array 可能返回 ArrayIterator，Set 可能返回 SetIterator，Tree 可能返回 TreeIterator，但是它们都实现了 Iterator 接口，因此，客户端不关心到底是哪种 Iterator，它只需要获得这个 Iterator 接口就可以了。

例 8.5 Iterator 接口的使用。

```
//文件名 Jpro8_5.java
import java.util.*;
public class Jpro8_5
{
    public static void main(String[] args)
    {
        Collection<String> c = new ArrayList<String>();
        c.add("a");
        c.add("b");
        Iterator it = c.iterator();
        for(;it.hasNext();)
        {
            String s = (String)it.next();
            System.out.println(s);
        }
    }
}
```

程序分析：

程序的功能主要是生成一个 ArrayList 对象向上转型赋给 Collection 对象 c，给对象 c 添加两个字符串，然后转换为 Iterator 对象，并输出集合中的元素。

8.4 抽象类

我们已经知道，对象是类的实例化。但有时候定义的类只代表一个抽象的概念，不能用来实例化对象。例如系统包 java.lang 中的 Number 类代表了“数”这个抽象的概念，但不能创建一个 Number 类的对象。

抽象类的定义与一般类一样都有数据和方法，定义格式与一般类也非常类似，只是在定义类的 class 前增加一个关键字 abstract 就表示定义一个抽象类，即用 abstract 说明的类称为抽象类。

例如，定义一个抽象类 Animal。

```
public abstract class Animal {
   String name;
   int age;
   public abstract void go() { }
}
```

Animal 类是抽象类，不能用 new 创建它的实例，但 Animal 类可以被继承，抽象方法 go() 只有方法声明部分，没有实现，它的实现由子类完成。由于抽象类不能用来实例化一个对象，因此只能通过继承来实现它的方法。

抽象方法一定包含在抽象类中，抽象方法同样不能直接实现，它只能在子类中被实现。例如，第 10 章介绍的 InputStream 类和 OutputStream 类都属于抽象类，均包含抽象方法和其他方法。

注意：当一个类没有显式地被 abstract 修饰，但是类体中包含抽象方法，该类也为抽象类。

接口类似于抽象类，只是接口中的所有方法都是抽象的。这些方法必须由实现这一接口的类来实现。

Java 抽象类和前面介绍的 Java 接口有太多相似的地方，但也有很多特别的地方。Java 接口和 Java 抽象类最大的一个区别，就在于 Java 抽象类可以提供非抽象方法的实现，而 Java 接口中的所有方法都是抽象的。所以，如果向一个抽象类里加入一个新的具体方法时，那么它所有的子类都能很快得到这个新方法，而 Java 接口做不到这一点，如果向一个 Java 接口里加入一个新方法，所有实现这个接口的类就无法成功通过编译了，因为必须让每一个类都再实现这个方法才可以。

例 8.6 下面例子定义一个抽象类，然后通过继承实现该抽象类。

```
//文件名 Jpro8_6.java
abstract class Animal {
   String name;
   abstract void go() ;
}
class Cat extends Animal {
   Cat(String name) {
    this.name=name;
   }
   public void go() {
      System.out.println(name+" can run.") ;
   }
}
class Bird extends Animal {
   Bird(String name) {
      this.name=name;
   }
   public void go() {
      System.out.println(name+" can fly.") ;
   }
}
public class Jpro8_6
{
   public static void main(String args[])
   {
      Cat c = new Cat("Cady") ;
      Bird b = new Bird("Bird") ;
      c.go() ;
      b.go() ;
   }
}
```

程序分析：

程序首先定义了一个抽象类 Animal，该抽象类包含一个成员变量和一个抽象方法。随后定义了两个类 Cat 和 Bird，它们都继承了抽象类 Animal。在主方法 main()中定义了一个 Cat 对象和一个 Bird 对象，并通过对象调用相应的 go()方法。

8.5 实例

例 8.7 接口可以像类一样实现多继承，请分析下面的程序。

分析：接口类似于抽象类，但是它可以实现多继承机制。首先定义三个接口，然后定义一个类实现这三个接口，然后应用接口回调实现方法效用。

```
//文件名 Jpro8_7.java
interface CanFight {
    void fight();
interface CanSwim {
    void swim();
}
interface CanFly {
    void fly();
}
class ActionCharacter {
     public void fight() {
         System.out.println("can fight!");
     }
}
class Hero extends ActionCharacter implements CanFight,CanSwim,CanFly {
    public void swim() {
       System.out.println("can swim");
    }
    public void fly() {
        System.out.println("can fly");
    }
}
public class Jpro8_7 {
    public static void t(CanFight x) {
        x.fight();
    }
    public static void u(CanSwim x) {
        x.swim();
    }
    public static void v(CanFly x) {
        x.fly();
    }
    public static void w(ActionCharacter x) {
        x.fight();
    }
    public static void main(String args[]) {
        Hero h=new Hero();
        t(h);
        u(h);
        v(h);
        w(h);
    }
}
```

请读者自行运行结果。

程序分析：

程序中 Hero 类从 ActionCharacter 类扩展，利用 implements 将 CanFight、CanSwim 和 CanFly 接口合并。这里 Hero 并没有去定义方法 fight()，但是 ActionCharacter 有 fight()方法的定义，Hero 可以继承。在 Jpro8_7 类中，有 4 个方法：t()、u()、v()和 w()，接受不同接口参数。一旦 Hero 对象生成，可被传送到这 4 个方法中的任意一个。

例 8.8 使用集合创建单选按钮：创建包含 String 对象的集合，然后通过遍历集合创建单选按钮。

分析：本实例将创建两个单选按钮，请读者参照第 11 章的关于单选按钮的知识分析该例题。将单选按钮的标签存放到一个集合 ArrayList 中，在创建单选按钮时，通过 get()方法从集合中获取标签。本实例用到第 11 章相关知识，大家也可以在学习第 11 章后回头再分析该程序。

```
//文件名 Jpro8_8.java
import java.util.*;
import java.awt.*;
import java.awt.event.*;
import javax.swing.*;
public class Jpro8_8 extends JFrame implements ItemListener
{
    JRadioButton b1, b2;
    ButtonGroup bGroup;
    JLabel label;
    JScrollPane scroll;
    JPanel panel;
    JSplitPane split;
    Jpro8_8()  {
        setSize(200, 100);
        bGroup = new ButtonGroup();
        setTitle("使用集合创建单选按钮");
        Container c = getContentPane();
        java.util.List list = new ArrayList<String>();
        list.add("Java");
        list.add("C");
        panel = new JPanel();
        label = new JLabel();
        scroll = new JScrollPane(label);
        b1 = new JRadioButton((String) list.get(0));
        b2 = new JRadioButton((String) list.get(1));
        bGroup.add(b1);
        bGroup.add(b2);
        panel.add(b1);
        panel.add(b2);
        b1.addItemListener(this);
        b2.addItemListener(this);
        split  =  new  JSplitPane(JSplitPane.HORIZONTAL_SPLIT,  true,  panel,
scroll);
        c.add(split);
        setVisible(true);
    }
    public void itemStateChanged(ItemEvent e) {
        if (e.getItemSelectable() == b1)
        {
            label.setText("Java");
        }
        if (e.getItemSelectable() == b2)
        {
            label.setText("c");
        }
    }
    public static void main(String[] args) {
        new Jpro8_8();
    }
}
```

程序运行结果如图 8-1 所示。

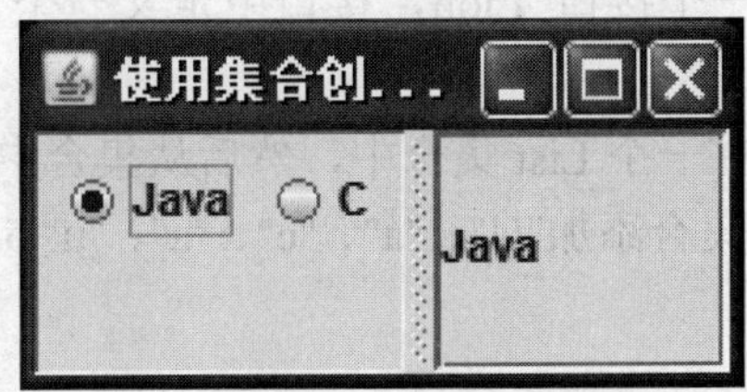

图 8-1　Jpro8_8.java 运行界面

程序分析：

程序的起始部分引入系统包，关于系统包的功能我们在第 7 章已经介绍，第 11 章将进一步介绍 java.awt 与 java.swing 包。Jpro8_8 类中声明需要的组件对象，构造方法中创建组件并初始化。事件处理方法 itemStateChanged()，响应单选按钮事件。

习题八

1．下列能正确定义一个接口的选项是__________。

A．abstract interface A{ int a; }

B．interface B{ void show(){} }

C．interface C{ void show();}

D．interface D{ String d; }

2．下列关于抽象类定义，正确的是__________。

A．
```
abstract AbstractClass
{
    abstract void method();
}
```

B．
```
class abstract AbstractClass
{
    abstract void method();
}
```

C．
```
abstract class AbstractClass
{
    abstract void method();
}
```

D．
```
abstract class AbstractClass
{
    abstract void method()
    {
        System.out.println("method");
    };
}
```

3．请指出接口与抽象类的关联与区别？

4．实现接口时要注意哪些事项？

5．编写一个程序，声明一个接口 Lion，接口中定义一个 get()方法，然后编写一个类 LionClass 实现 Lion 接口。

6．将 26 个英文字母存放在一个 List 集合中，然后从集合中读出显示。

7．分别向 Set 集合与 List 集合添加"U"、"a"、"c"、"a"、"u" 5 个元素，观察能否成功添加。

第 9 章　异常处理

- 异常及异常处理概念。
- 异常处理机制原理。
- 捕获与处理异常方法。
- 自定义异常。

- 理解出现异常的原因。
- 理解异常处理的方法。
- 掌握 try-catch 的异常处理机制的应用。
- 掌握 throw 及 throws 子句的应用。
- 能够自定义异常。

9.1　引例

异常是用来处理程序错误的有效机制。通过系统抛出的异常，程序可以很容易地捕获并处理发生的异常情况。对于一个应用软件，异常处理是不可缺少的。为了说明什么是异常，我们先来看下面的例子。

例 9.1　异常处理引例。

分析：在进行除法运算的时候，有时会出现除数为 0 的错误。以下实例就是演示这种错误。

```
//文件名 Jpro9_1.java
public class Jpro9_1{
    public static void main(String args[]){
        System.out.println("这是一个异常处理的引例！");
        int i=10;
        i/=0;
        System.out.println("i="+i);
    }
}
```

运行结果：

这是一个异常处理的引例！

```
Exception in thread "main" java.lang.ArithmeticException: / by zero
    at Jpro9_1.main(Jpro9_1.java:5)
```

程序分析：

在程序正常情况下，输出结果应该是“这是一个异常处理的引例！i=”。但在执行除法运算时发现除数为 0，抛出了 java.lang.ArithmeticException 异常，程序终止，并显示错误信息。错误的原因在于除数为 0。Java 发现这个错误后，便由系统抛出 ArithmeticException 类的异常，用来表明错误的原因，并停止运行程序。

从上述例题可以分析出，在 Java 语言中，并不是所有程序都是完美的，会发生运行时错误，我们将程序运行时发生的错误叫做异常。下面任何一种情况都会出现异常：

- 想打开的文件不存在。
- 在访问数组时，数组的下标值超过了数组允许的范围。
- 整除时除数为 0。
- 正在装载的类文件丢失。

上述情况在编译时都是正确的，但程序运行时会提示抛出异常的信息。这时需要手工检查错误情况，这种方法既繁琐又易出错。实际上，只要编写一些额外的程序代码绕过这些情况，让程序继续执行即可。

在 Java 中，所有的异常都是以类的形式存在，除了内置的异常类之外，Java 允许自定义异常类。Java 中的每个异常类都代表了一种运行错误，每当 Java 程序运行过程中发生一个可识别的运行错误时，系统都会产生一个相应的该异常类的对象，即产生一个异常。一旦一个异常对象产生了，系统中就一定要有相应的机制来处理它，确保不会产生死机、死循环或其他对操作系统的损害，从而保证整个程序运行的安全性，这就是 Java 的异常处理机制。

在没有异常处理机制的语言中，必须使用 if-else 或 switch 等语句，捕获程序中所有可能发生的错误情况。Java 的异常处理机制恰好弥补这个不足，它具有易于使用、可自定义异常类、允许抛出异常且不会降低运行速度等优点。因而在设计 Java 程序时，充分利用 Java 异常处理机制，可大大提高程序的稳定性、安全性及效率。

9.2 异常和异常类

异常与其他语言要素一样，是面向对象范围的一部分，是异常类的对象。Java 所有的异常对象都是继承 Throwable 类的实例，Throwable 类是类库 java.lang 包中的一个类，它派生出两个子类：Error 类和 Exception 类，如图 9-1 所示。图 9-1 只列出了部分异常类，关于其他的异常类在教材相应的部分中将会介绍。

Error 类的错误被认为是不能恢复的严重错误，如系统内部错误、资源耗尽错误等。在此情况下，除了通知用户并试图终止程序外几乎是不能做其他任何处理的，因此，不应该抛出这种类型的错误，而是直接让程序中断。这种情况一般很少出现。

Exception 类定义可能遇到的轻微错误，分为：RuntimeException 类的异常和 IOException 类的异常。由程序错误导致的异常属于 RuntimeException，而程序本身没有问题；但像 I/O 错误这类问题导致的异常属于其他异常。Exception 类的异常可以编写代码来处理并继续执行程序，而不是让程序中断。

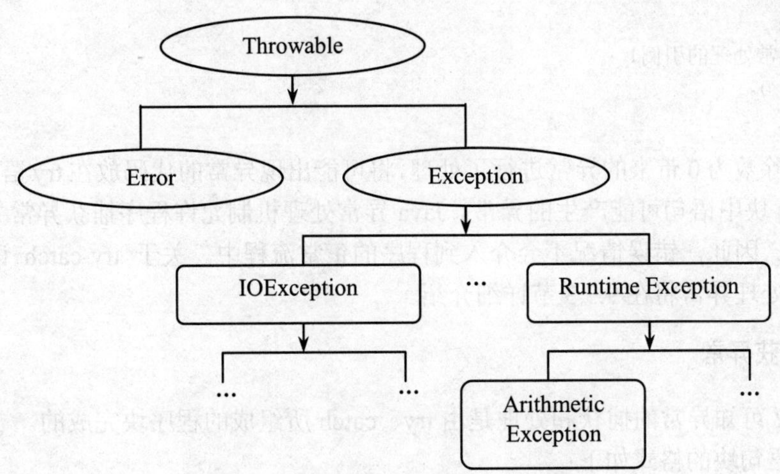

图 9-1　Java 异常层次结构简化示意图

RuntimeException 应该由编程人员来负责，例如检查除数是否为零，访问数组元素时判断数组下标是否越界等。而非 RuntimeException 的异常则不完全取决于代码，有时候与环境密切相关，如不同的浏览器能够处理不同的 URL，IE 能够处理 mailto: URL，而 applet 查看器（appletviewer）将会出现 I/O 异常等。

9.3　异常处理

当一个异常被抛出（即产生了异常）时，该如何处理呢？本节将详细介绍 Java 捕获和处理异常的语句。

在 Java 语言中使用语句 try-catch-finally 进行异常处理，程序流程从引入异常的代码转移到最近的 try 语句的 catch 子句，如例 9.2 所示。

9.3.1　一个异常处理示例

例 9.2　一个除数为 0 的异常处理例子。

分析：本例在程序中通过异常处理机制来捕获和处理 ArithmeticException 异常。

```
//文件名 Jpro9_2.java
public class Jpro9_2
{
    public static void main(String args[])
    {
        try{
            System.out.println("这是一个异常处理的引例! ");
            int i=10;
            i/=0;
            System.out.println("i="+i);
        }catch(ArithmeticException e){
            System.out.println("除数不能为 0。");
        }
    }
}
```

运行结果：

```
这是一个异常处理的引例！
除数不能为 0。
```

程序分析：

程序中对除数为 0 带来的异常进行了处理，将可能出现异常的代码放在 try 语句块中，catch 语句块处理 try 块中语句可能产生的异常。Java 异常处理机制允许程序捕获异常并处理，然后继续执行程序。因此，错误情况不会介入到程序的正常流程中。关于 try-catch 语句的使用以及如何捕获及处理异常将在 9.3.3 节详细介绍。

9.3.2 捕获异常

通过例 9.2 可知异常的捕获和处理是由 try、catch 所组成的程序块完成的。

try-catch 语句块的格式如下：

```
try {
    可能产生异常的代码                //try 块
}
catch（ExceptionType e1）{            //要捕获的异常类型
    对此异常的处理                    //异常处理，可以为空
}
        ……
catch（ExceptionType en）{            //要捕获的异常类型
    对此异常的处理                    //异常处理，可以为空
}
```

异常的捕获和处理流程如下：

（1）如果 try 块中没有代码产生异常，那么程序将跳过 catch 子句。

（2）try 块中的任意代码产生一个属于 catch 子句所声明类的异常，程序将跳过 try 块中的剩余代码，并执行与所产生异常类型匹配的 catch 子句的异常处理代码。

（3）如果 try 块中的代码产生一个不属于所有 catch 子句所声明类的异常，那么该方法会立即退出。

（4）在一个 try 块中可能产生多种类型的异常，这时需要用多个 catch 块来进行捕获和处理。每个异常产生时，Java 将逐个检查这些 catch 子句，发现与抛出的异常类型匹配时就执行那一段异常处理代码，而其余的不会被执行。

当异常产生时，方法的执行流程以非线性方式执行，甚至在没有匹配的 catch 子句时，可能从方法中过早退出。但有时，无论异常未产生还是产生后被捕获，都希望有些语句必须执行。例如在进行文件操作时，首先要打开文件，接着对文件进行处理，然后关闭文件，出于安全因素的考虑，希望无论异常发生与否都要执行关闭文件操作，由上述异常处理流程可知关闭文件的操作放在 try 或 catch 语句块中都不合适，finally 语句就提供了上述问题的解决办法，即在 try-catch 语句块之后创建一个 finally 语句块。先请看下面的程序片断：

```
try{
    FileInputStream fis=new FileInputStream("input.txt");
    byte[] data=new byte[100];
```

```
        fis.read(data);
    }
    catch(Exception e){
        System.out.println("产生了异常！");
    }
    finally{
        fis.close();
    }
```

只要程序中包含 finally 子句，不管异常产生与否，都将执行 finally 块，这就避免了执行程序从方法中过早退出的现象。上述代码中，无论程序是否产生异常或产生后是否捕获到异常，关闭文件的代码都在运行过程中执行一次。

例 9.3 一个应用 try-catch-finally 语句的示例。

```
//文件名 Jpro9_3.java
public class Jpro9_3
{
    public static void main(String args[])
    {
        int a[]={45,2,23,3,5};
        int s=0;
        System.out.println("这是一个异常处理的综合实例！");
        try{
            for(int i=0;i<5;i++){
              s+=a[i]/i;
            }
            System.out.println("s="+s);
        }
        catch(ArithmeticException e) {
            System.out.println("除数不能为 0!出现异常。");
        }
        catch(ArrayIndexOutOfBoundsException e){
            System.out.println("数组越界了！出现异常。");
        }
        finally{
            System.out.println("这里的语句总会被执行哦！");
        }
    }
}
```

运行结果：

```
这是一个异常处理的综合实例！
除数不能为 0！出现异常。
这里的语句总会被执行哦。
```

程序分析：

程序中使用了 try-catch-finally 语句，并有两条 catch 语句，但只执行了一条。请读者考虑：程序的执行顺序，以及程序中为何没有输出 s 的值？

9.3.3 抛出异常

Java 程序在运行时如果引发了一个可以识别的错误，就会产生一个与该错误相对应的异常类的对象，这个过程称作异常的抛出，实际是相应异常类的实例的抛出。根据异常类的不同，抛出异常的方式也有所不同。如果是系统自动抛出的异常，系统将会为这些错误产生对应异常类的实例。其他还有 throw 语句和 throws 子句抛出的异常。

1. 系统自动抛出的异常

所有的系统定义的异常由系统自动地抛出，即一旦出现这些运行错误，系统将会为这些错误产生对应异常类的实例。

2. 语句抛出的异常

用户自定义的异常不可能依靠系统自动抛出，必须用 throw 语句抛出。首先，必须知道什么情况下产生了某种异常对应的错误，然后为这个异常类创建一个实例，最后用 throw 语句抛出。throw 关键字通常用于方法体中，抛出一个异常类的实例。

通过 throw 抛出异常后，如果希望在上一级代码中来捕获并处理异常，则需要在抛出异常的方法中使用 throws 关键字，即在方法的声明中指明要抛出的异常，格式如下：

```
返回类型 方法名(参数列表)throws 要抛出的异常类名列表{
        ......
        throw 异常实例;
        ......
}
```

这样定义方法后，可通知所有要调用这个方法的上层方法，准备接受和处理它在运行中抛出的异常。若方法中的 throw 语句不只一个，则要抛出的异常类名列表应包含方法中所有的 throw 语句所抛出的异常。如：某个方法 myMethod 可能产生 Exception1、Exception2 和 Exception3 三种异常，而它们又都是 Super_Exception 类的子类，如图 9-2 所示，则应在相应的方法中声明可能抛出的异常类，语句如下：

```
void myMethod()throws Exception1,Exception2,Exception3{
    ......//可能抛出这三个异常
}
```

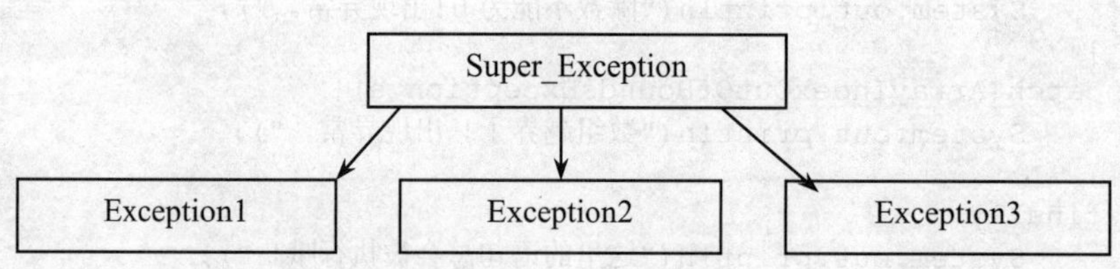

图 9-2 异常类继承关系

除了以上这种声明抛出 Exception1、Exception2 和 Exception3 三种异常之外，还可以只简单地声明抛出 Super_Exception，下面这种方式和上面的是等价的：

```
void myMethod() throws Super_Exception{
    ......//可能抛出这三个异常的父类
}
```

在 Java 语言中如果调用了一个可能产生异常的方法，且调用方法也抛出这个异常，则在调用方法中要对这个异常进行声明，如下面代码，

```
void yourMethod()throws Super_Exception{
    ......
    myMethod();//调用了可能会抛出异常的方法
    ......
}
```

Java 语言要求所有用 throws 关键字声明的类和用 throw 抛出的对象必须是 Throwable 类或其子类。Java 提供了大量的错误和异常类，可以用来区分 Java 程序执行过程中出现的各类错

误和异常。但如果试图抛出一个不可抛出的异常，Java 编译器将会报错。

通过 throw 抛出异常后，如果要捕获异常，则必须使用 try-catch 语句，格式如下：

```
返回类型 方法名(参数列表){
    try{
        ……
        throw 异常实例;
        ……
    }catch(ExceptionType e){
        ……
    }
}
```

在 Java 语言中如果调用了一个可能产生异常的方法，调用方法也可以捕获这个异常，如下面代码所示：

```
void yourMethod(){
    try{
        ……
        myMethod();//调用了可能会抛出异常的方法
        ……
        }catch(Super_Exception){
        ……
    }
}
```

3. 重新抛出异常

在某些情况下，需要重新抛出刚才产生过的异常，特别是在用 Exception 捕获所有可能的异常时，由于已拥有当前异常的对象名，所以只需简单地重新抛出那个对象名即可。例如：

例 9.4 一个重新抛出异常的示例。

```
//文件名 Jpro9_4.java
public class Jpro9_4
{
    public static void f()throws Exception
    {
        System.out.println("exception in f()");
        throw new Exception("从 f()抛出");
    }
    public static void main(String[] args)throws Exception{
        try{
            System.out.println("这是一个重新抛出异常的例子!");
            f();
        }catch(Exception e){
            System.out.println("在 main()中捕获");
            throw e;
        }
    }
}
```

运行结果:

```
这是一个重新抛出异常的例子!
exception in f()
在 main()中捕获
Exception in thread "main" java.lang.Exception:从 f()抛出
    at Jpro9_4.f(Jpro9_4.java:4)
    at Jpro9_4.main(Jpro9_4.java:9)
```

程序分析：

程序中定义了静态方法 f()，该方法抛出 Exception 异常，main()方法中调用方法 f()并通过 try-catch 进行捕获和处理，处理过程（catch 块）中再次将异常重新抛出，因此在方法声明中通过 throws 子句进行声明。

9.4 自定义异常类

Java 语言可以通过继承的方式编写自己的异常类。因为所有的异常类均继承自 Exception 类，所以自定义类也必须继承这个类。自定义异常类的语法如下，

```
class 异常类名 extends Exception{
    ……
}
```

在自定义异常类里通过编写新的方法来处理相关的异常，甚至不编写任何语句也可正常工作，因为 Exception 类已提供相当丰富的方法。例 9.5 说明如何自定义异常类及使用方法。

例 9.5 创建自己的异常类。

```
//文件名 Jpro9_5.java
class MyException extends Exception
{
    private String name;
    private int len;
    public MyException(String n)
    {
        name=n;
        len=n.length();
    }
    public String toString()
    {
        return ("您的字符串长度为"+len+"，超出所允许的最大长度 10，出现异常。");
    }
}
public class Jpro9_5
{
    public static void main(String args[])
    {
        String str="Lucy2010-05-10";
        try{
            System.out.println("这是一个自定义异常的例子!");
            System.out.println(str);
            if(str.length()>=10)
                throw new MyException(str);
        }catch(MyException e){
            System.out.println(e);
        }
    }
}
```

运行结果：

```
这是一个自定义异常的例子!
Lucy2010-05-10
您的字符串长度为 14，超出所允许的最大长度 10，出现异常。
```

程序分析：

程序第一行通过继承异常类 Exception 创建了异常类 MyException，并定义了它的一个构造方法和一个成员方法。异常类和普通类一样，可以有成员变量、方法，能对变量进行操作。程序中还定义了一个类 Jpro9_5，该类 main()方法中根据字符串长度 str 的长度判断是否抛出异常，若其长度大于 10，则通过"throw new MyException(str);"语句抛出自定义的异常，并通过 try-catch 进行处理，输出异常信息。

9.5 实例

例 9.6 多个异常 catch 语句使用。

分析：程序中根据变量 i 值的不同，抛出三个异常，分别用三个 catch 语句块来捕获和处理异常，请看下面的源代码。

```
//文件名 Jpro9_6.java
public class Jpro9_6
{
    public static void test(int i)
    {
        int[] arr={4,9,23,0,13,45};
        try {
        if (i>=arr.length||i<0)
            throw new ArrayIndexOutOfBoundsException ("数组下标越界了!");
        else if (arr[i]==0)
            throw new ArithmeticException("除数不能为0!");
        else
            throw new Exception("异常!");
        }
        catch(ArithmeticException e){
            System.out.println(e.toString());
        }
        catch(ArrayIndexOutOfBoundsException e) {
            System.out.println(e.toString());
        }
        catch(Exception e) {
            System.out.println(e.toString());
        }
        finally{
            System.out.println("这里总会执行");
        }
    }
    public static void main(String[] args)
    {
        test(-1);
        test(0);
        test(3);
        test(7);
    }
}
```

运行结果：

```
java.lang.ArrayIndexOutOfBoundsException: 数组下标越界了!
这里总会执行
```

```
java.lang.Exception:异常!
这里总会执行
java.lang.ArithmeticException:除数不能为 0!
这里总会执行
java.lang.ArrayIndexOutOfBoundsException: 数组下标越界了!
这里总会执行
```

程序分析:

程序中存在有多种类型异常，使用了多个 catch 块来捕获和处理这些异常。程序的 main() 方法中，给出了四个测试值，分别会有四个异常产生，每个异常产生时，Java 将依次逐个检查这些 catch 语句，发现与抛出的异常类型匹配时就执行那一段处理代码，而其余的不会被执行。比如当执行 test(-1)时，程序抛出一个 ArrayIndexOutOfBoundsException 类异常，则依次检查 catch 语句，找到匹配的 catch(ArrayIndexOutOfBoundsException e)这条语句，然后执行 System.out.println(e.toString());，输出“java.lang.ArrayIndexOutOfBoundsException:数组下标越界了！”。

注意：为了防止可能遗漏某一类异常 catch 语句，可以在后面放置一个捕获 Exception 类的 catch 语句。Exception 是可以从任何方法中抛出的基本类型。因为它能够截获任何异常，从而使后面具体的异常 catch 语句不起作用，所以需放在最后的位置。

习题九

1．自定义异常类时，可以通过对下列哪一项进行继承？________。

A．Error 类　　　　B．Applet 类

C．Exception 类及其子类　　　　D．AssertionError 类

2．当方法产生该方法无法确认如何处理的异常时，该如何处理？________。

A．声明异常　　B．捕获异常　　C．抛出异常　　D．嵌套异常

3．对于下面程序的描述中，最正确的一项是________。

```
class test
{
   public static void main(String args[]){method();}
   static void method() throws Exception
   {
      try{System.out.println("test");}
      finally{System.out.println("finally”);}
   }
}
```

A．代码编译成功，输出 test 和 finally

B．代码编译成功，输出 test

C．代码实现选项 A 中的功能，之后 Java 停止程序运行，抛出异常但是不进行处理

D．代码不能编译通过

4．下列程序段运行后，标准输出是______。

```
class test{
   public static void main(String args[]){method();}
   static void method()
   {
```

```
    try{System.out.println("test");}
    finally{System.exit(0);System.out.println("finally");}
  }
}
```

A．test　　　　　B．finally　　　　　C．test 之后是 finally　　D．编译不通过

5．下面的代码段中 finally 语句块会被执行吗？

```
public class Exe9_5
{
    public static void main(String [] args)
    {
      try
      {
        int [] a=new int[3];
        System.exit(0);
      }
      catch(ArrayIndexOutOfBoundsException e)
       {System.out.println("发生了异常");}
      finally
       {System.out.println("Finally");}
    }
}
```

6．下面程序输出结果是什么？

```
public class Exe9_6
{
    public static void main(String args[])
    {
      try{
          throw new MyException();}
      catch (Exception e){
            System.out.println("It's caught!");}
      finally{
         System.out.println("It's finally caught!");}
         }
    }
}
class MyException extends Exception{}
```

7．编写程序，自定义处理数组下标越界的异常类，并测试。

8．编写一个能够产生字符串越界异常（StringIndexOutOfBoundsException）的程序。

9．对习题 8 中产生的异常进行处理。

10．创建一个类，其中的 try 块内抛出 Exception 类的一个对象，为 Exception 的构造方法赋予一个字符串参数，用 catch 语句捕获该异常，并打印出字符串参数，添加一个 finally 从句，并打印一条消息，证明程序到达那里。

第 10 章 Java 的输入与输出流

- 文件流及其常用方法。
- 字节流及其子类实现输入输出。
- 字符流及其子类实现输入输出。
- 随机读写文件流。
- 对象串行化。

- 理解 Java 中流的概念。
- 掌握字节输入流 InputStream 和字节输出流 OutputStream 及其子类的使用。
- 掌握字符输入流 Reader 和字符输出流 Writer 及其子类的使用。
- 掌握随机读写文件流 RandomAccessFile 类的使用。
- 理解对象串行化方法。

10.1 引例

输入与输出（I/O）是计算机与外部世界沟通的桥梁。Java 中提供了许多功能强大的类来实现多种类型数据的输入输出。前面几章中，我们使用 System.out 对象的方法在控制台上显示输出结果，这是标准的输入输出，本章将学习其他形式的输入输出。Java 中所有的输入/输出都是以流的形式进行处理的。Java 的输入输出数据流包括字节流、字符流、文件流、对象流，以及多线程之间通信的管道流。在介绍 Java 输入输出流之前，先看一个实例。

例 10.1 简单记事本：设计一个如图 10-1 所示的界面，用户在文本区输入文本以后，当单击按钮“保存文件”后，则将文本区的内容写入到指定的文件中。

分析：要设计一个如图 10-1 所示的界面，窗口的名称为目标文件名，中间是一个文本域，接收用户从键盘输入的文本，底端是一个按钮，单击该按钮后，将用户输入的内容写入指定的目标文件。

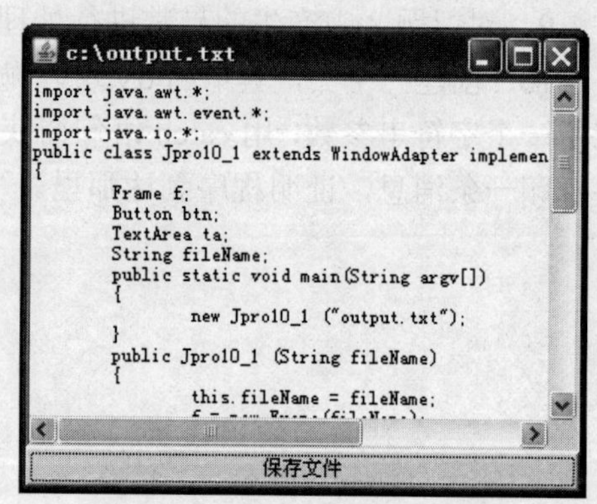

图 10-1 Jpro10_1.java 的界面

```
//文件名 Jpro10_1.java
import java.awt.*;
import java.awt.event.*;
import java.io.*;
```

```
public class Jpro10_1 extends WindowAdapter implements ActionListener{
    Frame f;
    Button btn;
    TextArea ta;
    String fileName;
    public static void main(String args[])
    {
        new Jpro10_1 ("output.txt");
    public Jpro10_1 (String fileName)
    {
        this.fileName = fileName;
        f = new Frame(fileName);
        f.addWindowListener(this);
        btn = new Button("保存文件");
        btn.addActionListener(this);
        ta = new TextArea(10,40);
        f.add(ta, BorderLayout.CENTER);
        f.add(btn, BorderLayout.SOUTH);
        f.pack();
        f.setVisible(true);
    }
    public void actionPerformed(ActionEvent e)
    {
        try {
            FileOutputStream fout = new FileOutputStream(fileName);
            byte buf[] = ta.getText().getBytes();
            fout.write(buf);
            fout.close();
        }
        catch (IOException ioe) {
            System.err.println(e);
        }
    }
    public void windowClosing(WindowEvent e)
    {
        System.exit(0);
    }
}
```

程序运行后，将在当前目录下产生一个 output.txt 文件，文件内容为图 10-1 窗口中文字。

程序分析：

程序首先引入 I/O 包和 awt 相关包。主类 Jpro10_1 继承了窗体适配器类 WindowAdapter，且实现了事件监听器接口 ActionListener。程序运行入口的主方法 main()中，实例化一个 Jpro10_1 对象。构造方法 Jpro10_1()中，实现了图 10-1 的界面，并增加了事件监听器。事件监听方法 actionPerformed()监听按钮按下事件，该方法应用文件输出流将文本域中的文本写到指定的文件中。方法 windowClosing()监听窗体关闭事件，实现关闭窗口功能。

本例中主要应用 Java 的输入输出流模拟一个最简单的记事本。有关流的知识及其应用我们将在本章后面详细介绍。

10.2 流

流（Stream）是指计算机各部件之间的数据流动。按照数据的传输方向，流可分为输入流与输出流。Java 里的流序列中的数据既可以是未经加工的原始二进制数据，也可以是经过一定编码处理后符合某种格式规定的特定数据。

根据流中的数据传输的方向，将流分为输入流和输出流。

当程序需要读取数据的时候，就会生成一个通向数据源的流，这个数据源可以是文件、内存，或是网络连接，这时称该流为输入流（InputStream），如图 10-2 所示。当程序需要写入数据的时候，就会生成一个通向目的地的流，此时流被称为输出流（OutputStream），如图 10-3 所示。

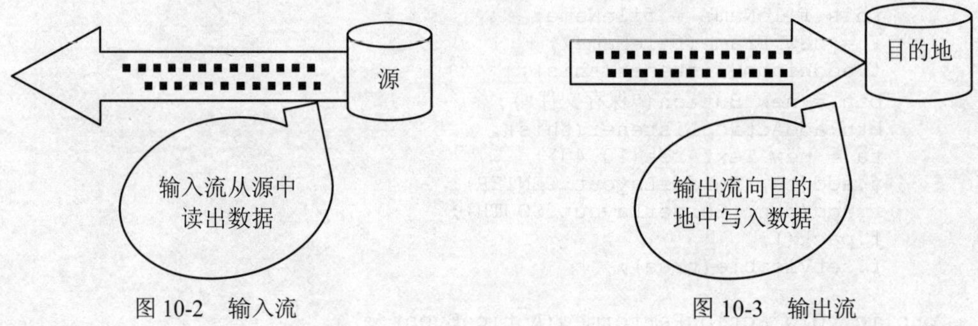

图 10-2　输入流　　　　图 10-3　输出流

注意：流是有方向性的，输入流只能从中读取数据，而不能往一个输入流中写数据。同样的，也不能从一个输出流中读数据。

Java 的 I/O 包提供了大量的流类来实现数据的输入和输出。但是所有输入流类都是抽象类 InputStream 和抽象类 Reader 的子类，它们都继承了 read()方法用于读取数据。而所有输出类都是 OutputStream 和 Writer 的子类，它们都继承了 write()方法用于写入数据。

10.3 标准输入/输出流

语言包 java.lang 中的 System 类管理标准输入/输出流和错误流。它提供了标准输入流 System.in，标准输出流 System.out，以及错误流 System.err。通过 System 类的基本属性 in，可以获得一个 InputStream 对象，其语句为：

```
InputStream is=System.in;
```

它是一个标准输入流，一般接收键盘的响应，得到键盘所传递来的数据。

System.out 是标准输出流，一般用于向显示设备（一般是显示器）输出数据。它是 Java.io 包中 PrintStream 类的一个对象，其 println()、print()和 write()方法用于输出数据。

和 System.out 一样，System.err 也是一个 PrintStream 对象，用于向显示设备输出错误信息。

例 10.2　从键盘读入若干字符，然后转换为字符串并在显示器上显示出来。

```
//文件名 Jpro10_2.java
import java.io.*;
public class Jpro10_2
{
    public static void main(String[] args)
    {
        InputStream is = System.in;
        try {
            byte[] bs = new byte[512];
```

```
            int len = is.read(bs);
            String str=new String(bs);
            System.out.println("输入的内容：" +str);
            is.close();
        }
        catch (IOException e){
            e.printStackTrace();
        }
    }
}
```

程序分析：

程序中，创建一个 InputStream 对象 is，并将其赋值为 System.in，从键盘获得字节信息，通过这些字节信息创建字符串，并将其在显示器上输出。

10.4 文件访问

在进行流操作时，经常从文件中读数据或将数据写到文件中去。因此在对文件进行 I/O 操作时，还需要知道一些关于文件的信息。对文件操作相关的类有：File 类、FileDescriptor 类和 FilenameFilter 接口，主要用于实现文件名查找模式的匹配；RandomAccessFile 类，提供对本地文件系统中文件的随机访问支持。这里我们主要介绍使用频度较高的 File 类。

File 类是一个和流无关的类。File 类不仅提供了操作文件的方法，而且提供了操作目录的方法。对于目录，Java 把它当作一种特殊的文件，即文件名的列表。通过 File 类的方法，可以得到文件或目录的描述信息，包括名称、所在路径、读写性、长度等，还可以创建新目录、创建临时文件、改变文件名、删除文件、列出一个目录中所有的文件或与某个模式相匹配的文件等操作。

1. File 类构造方法

File 类主要有四个构造方法：

public File(String pathname)

public File(File parent,String child)

public File(String parent,String child)

public File(URI uri)

其中，第四个构造方法参数 URI 转换为一个抽象路径名来创建一个新的 File 实例，使用时还与具体的机器有关，该方法很少使用，这里就不详细介绍了。参数 pathname 和 child 指定文件名，parent 指定目录名，目录名既可以是字符串，也可以是 File 对象。下面的语句组演示创建一个新文件对象的多种方法：

```
File f1=new File("myfile.txt");
File f2= new File("\\mydir","myfile.txt");
File myDir= new File("\\tc");
File f3= new File(myDir,"myfile.txt");
```

其中，第 1 条语句指定文件名创建 f1，第 2 条语句指定文件名和目录名创建 f2，第 3 条语句指定目录名创建 myDir，最后一条则以目录对象 myDir 创建 f3。

注意：表示文件路径时，使用转义的反斜线作为分隔符，即“\\”代替“\”，以“\\”开头的路径名表示绝对路径，否则表示相对路径。

至于应用哪种方法，取决于访问文件的方式。如果应用程序里只用一个文件，则第一种创建文件的结构是最容易的。如果在同一目录里打开数个文件，则需要用第二种或第三种结构。

2. File 类提供的方法

创建一个文件对象后，可以用 File 类方法来获得文件相关信息，对文件进行操作。

- 文件操作

public String getName() //返回文件对象名，不包含路径名
public String getPath() //返回相对路径名，包含文件名
public String getAbsolutePath() //返回绝对路径名，包含文件名
public String getParent() //返回父文件对象的路径名
public File getParentFile() //返回父文件对象
public long length() //返回指定文件的字节长度
public boolean exists() //判断指定文件是否存在
public long lastModified() //返回指定文件最后被修改的时间
public boolean renameTo(File dest) //文件重命名
public boolean delete() //删除空目录
public boolean canRead() //判断文件是否可读
public boolean canWrite() //判断文件是否可写

- 目录操作

public boolean mkdir() //创建指定目录，正常建立时返回 true
public String[] list() //返回目录中的所有文件名字符串
public File[] listFiles() //返回目录中的所有文件对象

下面给出一个实例演示 File 类中一些常用方法的使用。

例 10.3 获取 c 盘下 Jpro10_3.java 文件的文件名、父路径、长度等信息。

```
//文件名 Jpro10_3.java
import java.io.*;
public class Jpro10_3
{
    public static void main(String[] args)
    {
        File file = new File("C:\\Jpro10_3.java");
        if (file.exists()) {
            String name = file.getName();
            String parent = file.getParent();
            long leng = file.length();
            boolean bool = file.canWrite();
            System.out.println("文件名称为：" + name);
            System.out.println("文件目录为：" + parent);
            System.out.println("文件大小为：" + leng + " bytes");
            System.out.println("是否为可改写文件：" + bool);
        }
    }
}
```

程序分析：

程序首先引入系统包 java.io。在 main()主方法中创建一个文件对象，通过调用相应的方法获得文件名、文件父路径和文件长度，以及判断文件是否可写，最后将相关信息输出。

10.5 字节流

字节流用来读写 8 位的数据。由于在读写中不会对数据作任何转换，所以可以用来直接处理二进制的数据。

10.5.1 InputStream 和 OutputStream 类

1. InputStream 类

InputStream 类是一个抽象类，它定义了基本的字节数据读入方法，子类是对其实现或进一步扩展功能，它们的继承关系如图 10-4 所示。

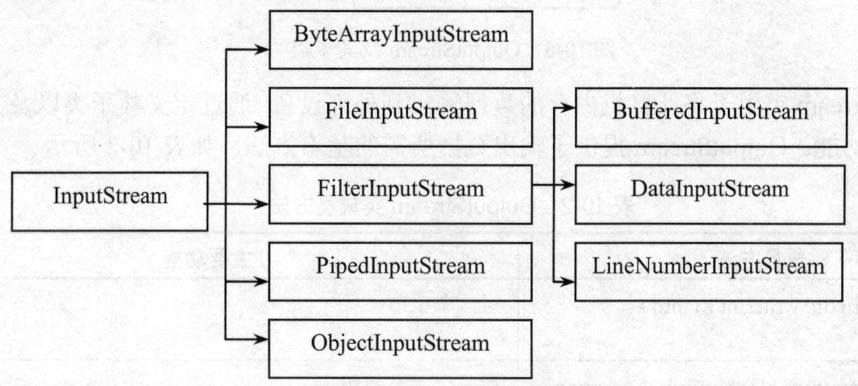

图 10-4 InputStream 及其子类

InputStream 类用于从外部设备获取数据到计算机内存中，通过定义其子类以及方法来实现字节输入功能。InputStream 类提供了输入数据所需的基本方法，如表 10-1 所示。

表 10-1 InputStream 类成员方法

成员方法	主要功能
public abstract int read() throws IOException	从输入流中读取一个字节
public int read(byte b[]) throws IOException	将输入的数据存放在指定的字节数组
public int read(byte b[],int offset,int len) throws IOException	从输入流中的 offset 位置开始读取 len 个字节并存放在指定的数组 b 中
public void reset() throws IOException	将读取位置移至输入流标记之处
public long skip(long n) throws IOException	从输入流中跳过 n 个字节
public int available()throws IOException	返回输入流中的可用字节个数
public void mark(int readlimit)	在输入流当前位置加上标记
public boolean markSupported()	测试输入流是否支持标记（mark）用的所有资源
public void close()throws IOException	关闭输入流，并释放占用的所有资源

2. OutputStream 类

OutputStream 类也是抽象类，它定义了基本的数据写出方法，如 write()方法。所有的字节输出流都是 OutputStream 类及其子类，它们继承关系如图 10-5 所示。

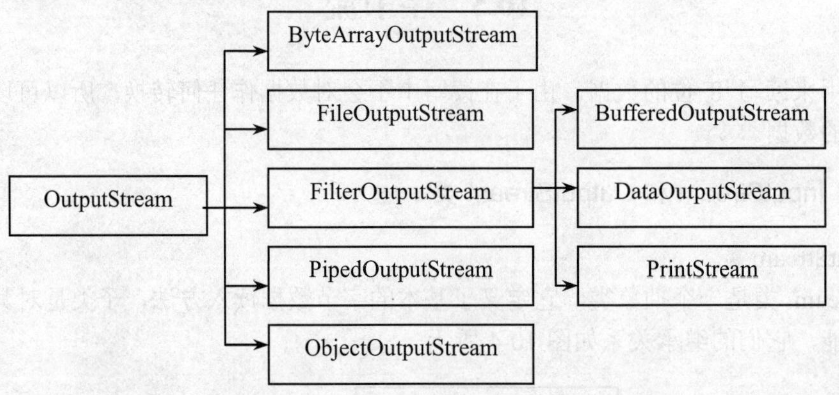

图 10-5　OutputStream 及其子类

OutputStream 类用于将计算机内存的数据输出到外部设备。通过定义其子类以及方法来实现字节输出功能。OutputStream 提供了输出数据所需的基本方法，如表 10-2 所示。

表 10-2　OutputStream 类成员方法

成员方法	主要功能
public abstract void write(int b) throws IOException	写一个字节
public void write(byte b[])throws IOException	写一个字节数组
public void write (byte b[],int offset,int len) throws IOException	将字节数组 b 中从 offset 位置开始的、长度为 len 个字节的数据写到输出流中
public void flush() throws IOException	写缓冲区内的所有数据
public void close() throws IOException	关闭输出流，并释放占用的所有资源

10.5.2　FileInputStream 类和 FileOutputStream 类

1. FileInputStream 类

InputStream 类和 OutputStream 类都是抽象类，不能实例化，因此在实际应用中并不能直接使用这两个类，而是使用一些基本数据流类，如 FileInputStream 和 FileOutputStream，它们分别是 InputStream 类和 OutputStream 类的子类，用于进行文件输入和输出的处理，其数据源和目标都是文件。

FileInputStream 用于顺序访问本地文件。它从超类 InputStream 中继承了 read、close 等方法对本机上的文件进行操作，但不支持 mark()方法和 reset()方法。

（1）构造方法。为了创建 FileInputStream 类的对象，用户可以调用它的构造方法。FileInputStream 类主要有三个构造方法：

FileInputStream(String name)

FileInputStream(File file)

FileInputStream(FileDescriptor fd)

第一个构造方法使用给定的文件名 name 创建一个 FileInputStream 对象，用来打开一个到达该文件的输入流，这个文件就是源。例如为了读取一个名为“myfile.txt”的文件，需要建立一个文件输入流对象，其语句如下所示：

```
FileInputStream fis=new FileInputStream("myfile.txt");
```

而第二个构造方法使用 File 对象创建 FileInputStream 对象，用来指定要打开哪个文件。例如，下面的代码段使用第二个构造方法来建立一个文件输入流对象，用于检索文件，代码如下所示：

```
File f=new File("myfile.txt");
FileInputStream fis=new FileInputStream(f);
```

第三个构造方法比较特别，是以 FileDescriptor 对象为参数的。FileDescriptor 也是 java.io 包中的类，主要用于关联到已打开的文件，或已打开的网络链接，或者其他 I/O 连接，在机器底层发挥作用，可以强制系统缓冲区与底层设备保持同步，从而为输入输出流提供一个与底层设备同步的系统缓冲区，但是这个类不太常用。

（2）读取字节的方法。在创建文件输入流对象之后，可以调用 read()方法从流中读取字节，read()方法有三种格式：

public int read() throws IOException

public int read(byte[] b,int off,int len) throws IOException

public int read(byte[] b) throws IOException

read()方法将返回一个整数，它包含了流中的下一个字节。如果返回的是-1，则表示到达了文件输入流的末尾。这种方法每次只能从文件输入流中读取一个字节，为了能从流中读入多个数据字节，可以调用 read(byte b[],int off,int len)方法，该方法从输入流当前字节处起读取长度为 len 字节的数据，从位置 off 处起存入数组 b 中，b 中位置在 off 之前和在 off+len 之后的数据将保持不变，返回读取的数据长度，并将第 len 个字节设为当前字节。例如，

```
String str="";
FileInputStream fin=new FileInputStream("c:\\Jpro10_3.java");
for(int i=fin.read();i!=-1;i=fin.read())
    str+=(char)i;
```

上述程序段的功能是应用 read()方法将 c:\ Jpro10_3.java 的内容输入到字符串 str 中。

但是在使用 FileInputStream 类时要注意，若关联的目录或者文件不存在，Java 就会抛出一个 IOException 异常。程序可以使用 try-catch 块检测和处理捕捉到的异常。例如，为了把一个文件输入流对象与一个文件关联起来，可以使用下列的代码段来处理 Java 产生的 IOException 异常。

```
try{
  FileInputStream fis=new FileInputStream("java7.txt");
      ……
   }
catch(IOException e){
        System.out.println("File Exception: "+e);
}
```

由于 I/O 操作容易产生异常，所以其他的输入输出流类也需抛出 IOException，一般在程序中按上述代码段所示的相同方式捕捉处理这些异常。

（3）关闭输入流。

public void close() throws IOException

虽然 Java 在程序结束时会自动关闭所有打开的流，但还是建议大家养成一个良好的习惯，在使用完流后，调用 close()方法显式地关闭任何打开的流，以防止一个被打开的流用完系统资源。

例 10.4 编程实现读取 C 盘根目录下 in.txt 文件，并将读取的内容显示在屏幕上。

```
//文件名 Jpro10_4.java
import java.io.*;
public class Jpro10_4
{
    public static void main(String[] args)
    {
       File file = new File("C:\\in.txt");
       try {
          FileInputStream fis = new FileInputStream(file);
          int len;
          byte by[] = new byte[1024];
          while((len = fis.read(by))!=-1){
            String str = new String(by,0,len);
            System.out.println("从文件 in.txt 中读取出的内容是："+str);
          }
       } catch (Exception e) {
          e.printStackTrace();
       }
    }
}
```

程序分析：

程序的第 1 行引入系统包 java.io。主方法中的代码都放在异常处理块 try{}...catch{}中。在 main()方法中，第 1、3 行分别创建了文件对象 file 和 FileInputStream 对象 fis，第 5 行创建一个 byte 数组，第 6～9 行循环读取文件中的内容，并输出读取的内容。

2. FileOutputStream 类

与 FileInputStream 相对应，FileOutputStream 类用于向一个文本文件写数据，它从其超类 OutputStream 中继承了 write、close 等方法。

（1）构造方法。

public FileOutputStream(String name) throws FileNotFoundException

public FileOutputStream(File file) throws FileNotFoundException

public FileOutputStream(String name,boolean append) throws FileNotFoundException

其中，name 为文件名，file 为文件类 File 对象，append 表示文件是否为添加的写入方式。当 append 值是 false 时，为重写方式，即从头写入；当 append 值是 true 时，为添加方式，即从尾写入。append 默认值为 false。

例如，下面语句以文件名 OutputFile.txt 构造文件数据输出流对象 fos，并设置添加的写入方式：

FileOutputStream fos=new FileOutputStream("OutputFile.txt",true);

（2）写入字节的方法。使用 write()方法将指定的字节写入文件输出流。write()方法有 3 种方式：

public void write(int b)throws IOException

public void write(byte[] b) throws IOException

public void write(byte[] b,int off,int len) throws IOException

write 方法可以向文件写入一个字节、一个字节数组或一个字节数组的一部分。

当 b 是 int 类型时，b 占用 4 个字节 32 位，通常是把 b 的低 8 位写入输出流，忽略其余高 24 位。

当 b 是字节数组时，可以写入从 off 位置开始的 len 个字节，如果没有 off 和 len 参数，则写入所有字节，相当于 write(b,0,b.length)。

发生 I/O 错误或文件关闭时，抛出 IOException 异常。如果 off 或 len 为负数或 off+len 大于数组 b 的长度 length，则抛出 IndexOutOfBoundsException 异常；如果 b 是空数组，则抛出 NullPointerException 异常。

用 OutputStream 为 FileOutputStream 对象写入时，如果文件不存在，则会创建一个新文件，如果文件已存在，使用重写方式 则会覆盖原有数据。

（3）关闭输出流。

public void close()   throws IOException

close 方法关闭输出流，并释放相关的系统资源。

例 10.5 编写程序，应用 FileInputStream 类实现从"c:\file.dat"中读出第 5 个字节到变量 c 中，并输出。

```
//文件名 Jpro10_5.java
import java.io.*;
public Jpro10_5
{
   public static void main(String args[])
   {
     try {
        FileInputStream fis=new FileInputStream("c:\\file.dat");
        fis.skip(4);
        int c=fis.read();
        System.out.println((char)c);
        fis.close();
        }
     catch(Exception e) {
         e.printStackTrace();
        }
   }
}
```

程序分析：

程序中首先引入需要的系统包 java.io。主方法中的代码都放在异常处理块 try{}...catch{}中。创建 FileInputStream 对象并存储到对象变量 fis 中。程序先将文件指针移到文件的第 5 个字节，再调用方法 read()读取第 5 个字节，输出到显示器上。程序最后关闭对象 fis。

10.5.3 BufferedInputStream 类和 BufferedOutputStream 类

1. BufferedInputStream 类

BufferedInputStream 类与 BufferedOutputStream 类又称为缓冲流。缓冲流为 I/O 流增加了内存缓冲区。增加缓冲区就允许 Java 程序一次不只操作一个字节，从而提高了程序的性能。另外，由于有了缓冲区，使得在流上执行 skip()、mark()和 reset()方法都成为可能。使用缓冲流时也要注意：必须将缓冲流和某个输入流或输出流连接。

BufferedInputStream 类可以对任何的 InputStream 流进行带缓冲的封装以达到性能的改善。该类在已定义输入流上再定义一个具有缓冲的输入流，可以从此流中成批地读取字符而不会每次都引起直接对数据源的读操作。数据输入时，首先被放入缓冲区，随后的读操作就是对缓冲区中的内容进行访问。

BufferedInputStream 类常用的构造方法主要有两个：

BufferedInputStream(InputStream in)

BufferedInputStream(InputStream in,int size)

第一个构造方法目的是创建一个 BufferedInputStream 对象，其缓冲区的大小为 32 个字节。第二个构造方法创建指定大小的 BufferedInputStream 对象。

BufferedInputStream 可以对任何种类的输入流进行带缓冲区的封装以达到性能的改善。

下面的实例通过 BufferedInputStream 类实现读取指定文件的 10 个字符。

例 10.6 使用 BufferedInputStream 类实现读取 C 盘下文件 in.txt 中的前 10 个字节。

```
//文件名 Jpro10_6.java
import java.io.*;
public class Jpro10_6
{
    public static void main(String[] args)
    {
        try {
            File file = new File("c:\\in.txt");
            FileInputStream fis = new FileInputStream(file);
            BufferedInputStream bis = new BufferedInputStream(fis);
            int count = 0;
            bis.mark(50);
            for (int i = 0; i < 10; i++)
            {
                count++;
                int read = bis.read();
                if (count % 10 == 0)
                  bis.reset();
                System.out.print((char) read+" ");
            }
            bis.close();
        }
        catch (Exception e) {
            e.printStackTrace();
        }
    }
}
```

程序分析：

程序中第 1 行引入系统包 java.io。主方法中的代码都放在异常处理块 try{}...catch{}中。第 6 行创建了 FileInputStream 的对象并存储到对象变量 fis 中，第 7 行创建一个 BufferedInputStream 对象。程序的第 9 行在输入流中定义标记位置。第 10-17 行读取文件内容。第 15 行将流定位到最后一次调用 mark()方法的位置，第 16 行输出到显示器上。程序第 18 行关闭对象 bis。

2. BufferedOutputStream 类

BufferedOutputStream 类在已定义的输出流上再定义一个具有缓冲功能的输出流。用户可以向流中写字符，而不会每次都直接对数据目的地写操作，只有在缓冲区已满或清空（flush）

缓冲区时，数据才会输出到数据目的地。在 Java 中使用输出缓冲可大大提高写操作性能并方便用户操作。

BufferedOutputStream 类主要有两个构造方法：

BufferedOutputStream(OutputStream out)

BufferedOutputStream(OutputStream out,int size)

第一个构造方法目的是创建一个 BufferedOutputStream 对象，其缓冲区的大小为 512 个字节。第二个构造方法创建指定大小的 BufferedOutputStream 对象。BufferedOutputStream 的两种构造方法的用法与 BufferedInputStream 的两种构造方法的用法类似。

例 10.7 使用 BufferedOutputStream 类实现将字符串 msg 写 5 次到指定文件中。

```
//文件名 Jpro10_7.java
import java.io.*;
public class Jpro10_7
{
    public static void main(String args[])
    {
        try {
            FileOutputStream fos=new FileOutputStream("c:\\out.txt");
            BufferedOutputStream bos=new BufferedOutputStream(fos);
            String msg="BufferedInputStream & BufferedOutputStream";
            byte[] ob=new byte[msg.length()];
            msg.getBytes(0,ob.length,ob,0);
            for (int i=0;i<5;i++)
               bos.write(ob,0,ob.length);
               bos.flush();
               bos.close();
        }catch (IOException e){
           e.printStackTrace();
        }
    }
}
```

请读者自行运行该程序。

程序分析：

程序中第 1 行引入系统包 java.io。主方法中的代码都放在异常处理块 try{}...catch{}中。第 5 行创建了 FileOutputStream 的对象并存储到对象变量 fos 中，第 6 行创建一个 BufferedOutputStream 对象。程序的第 8 行创建与字符串对应长度的字节数组，第 9 行将字符串中的数据复制到数组中。第 10-11 行 5 次将字符串 msg 写到输出缓冲流中。第 12 行清空输出缓冲流。程序第 13 行关闭对象 bos。

10.5.4 DataInputStream 类和 DataOutputStream 类

DataInputStream 类和 DataOutputStream 类也称为数据输入输出流。数据输入流允许应用程序以与机器无关方式从底层输入流中读取基本 Java 数据类型。也就是在读取数值时，不需要考虑这个数值占多少个字节。同样数据输出流允许应用程序以适当方式将基本 Java 数据类型写入输出流中，然后应用程序可以使用数据输入流将数据读入。

DataInputStream 类的构造方法如下：

DataInputStream(InputStream in)

该构造方法主要使用指定的 InputStream 流创建一个 DataInputStream 对象。

DataOutputStream 类的构造方法如下：

DataOutputStream(OutputStream out)

该构造方法主要使用指定的 OutputStream 流创建一个 DataOutputStream 对象。

DataInputStream 类继承了 InputStream，同时实现了 DataInput 接口，比普通的 InputStream 多一些方法。如方法 readBoolean()用于读取一个布尔值，方法 readInt()用于读取一个 int 值，方法 readUTF()用于读取一个 UTF 字符串。这里没有给出新增的全部方法，请读者参考 Java API。DataOutputStream 类与 DataInputStream 类类似，这里不在赘述。

下面例子演示了 DataInputStream 类与 DataOutputStream 类的应用。

例 10.8 通过 DataOutputStream 类的方法向指定的文件写入数据，然后通过 DataInputStream 类的方法将写入的数据显示在屏幕上。

```
//文件名 Jpro10_8.java
import java.io.*;
public class Jpro10_8
{
    public static void main(String[] args)
    {
       try {
           File file = new File("c:\\in.txt");
           FileOutputStream fos = new FileOutputStream(file);
           DataOutputStream dos = new DataOutputStream(fos);
           dos.writeUTF("使用 writeUTF()方法写入数据.");
           fos.close();
           FileInputStream fis = new FileInputStream("c:\\in.txt");
           DataInputStream dis = new DataInputStream(fis);
           System.out.println(dis.readUTF());
           fis.close();
       } catch (Exception e) {
          e.printStackTrace();
       }
    }
}
```

程序分析：

程序中第 1 行引入系统包 java.io。主方法中的代码都放在异常处理块 try{}...catch{}中。第 6 行创建了 FileOutputStream 的对象并存储到对象变量 fos 中，第 7 行创建一个 DataOutputStream 对象。程序的第 8 行调用方法 writeUTF()将指定内容写入指定文件中。第 10 行创建了 FileInputStream 的对象并存储到对象变量 fis 中，第 11 行创建一个 DataInputStream 对象。程序的第 12 行调用方法 readUTF()将指定文件中的内容显示在屏幕上。

10.6 字符流

字节输入/输出流只能操作字节为单位的流，用户程序有时需要读取其他格式的数据，如 Unicode 格式的文字内容。Java 从 Java SE1.1 开始，提供了以 Unicode 字符为单位的字符操作流。字符流中的大多数的类都能在字节流中找到相应的操作类。字符流分为 Reader 和 Writer 两个类，分别对应字符的输入与输出。

10.6.1 Reader 类和 Writer 类

字符流提供了处理字符的输入/输出方法，包括两个抽象类 Reader 和 Writer。字符流 Reader 指字符流的输入流，用于输入，而 Writer 指字符流的输出流，用于输出。Reader 和 Writer 使用的是 Unicode 字符，可以对不同格式的流进行操作。从 Reader 和 Writer 类派生出的子类的对象都能对 Unicode 字符流进行操作，由这些对象来实现与外设的连接。Reader 类提供的方法如表 10-3 所示，Writer 类提供的方法如表 10-4 所示。

表 10-3　Reader 类的常用方法

成员方法	主要功能
public abstract void close() throws IOException	关闭输入流，并释放占用的所有资源
public void mark(int readlimit) throws IOException	在输入流当前位置加上标记
public boolean markSupported()	测试输入流是否支持标记（mark）
public int read() throws IOException	从输入流中读取一个字符
public int read(char c []) throws IOException	将输入的数据存放在指定的字符数组
public abstract int read(char c[],int offset,int len) throws IOException	从输入流中的 offset 位置开始读取 len 个字符，并存放在指定的数组中
public void reset() throws IOException	将读取位置移至输入流标记之处
public long skip(long n) throws IOException	从输入流中跳过 n 个字节
public boolean ready() throws IOException	测试输入流是否准备完成等待读取

表 10-4　Writer 类的常用方法

成员方法	主要功能
public abstract void close() throws IOException	关闭输出流，并释放占用的所有资源
public void write(int c) throws IOException	写一个字符
public void write (char cbuf[]) throws IOException	写一个字符数组
public abstract void write (char cbuf[],int offset,int len) throws IOException	将字符数组 cbuf 中从 offset 位置开始的 len 个字符写到输出流中
public　void write(String str) throws IOException	写一个字符串
public void write (String str,int offset,int len) throws IOException	将字符串从 offset 位置开始，长度为 len 个字符数组的数据写到输出流中
public abstract void flush() throws IOException	写缓冲区内的所有数据

除了这两个处理字符的抽象类外，java.io 包中还提供了 FileReader、FileWriter、BufferedReader、BufferedWriter 等类。这些字符流都是 Reader 或 Writer 的子类。

10.6.2 FileReader 类和 FileWriter 类

FileReader、FileWriter 类用于字符文件的输入输出处理，与文件数据流 FileInputStream、FileOutputStream 的功能相似。其构造方法如下：

public FileReader(File file) throws FileNotFoundException

public FileReader(String filename) throws FileNotFoundException

public FileWriter(File file) throws IOException

public FileWriter(String fileName,boolean append) throws IOException

FileReader 从超类中继承了 read()、close()等方法，FileWriter 从超类中继承了 write()、close()等方法。

下面是创建 FileReader 对象的语句，可以使用该对象读取名为"Jpro10_9.java"的文件。

```
FileReader in=new FileReader("Jpro10_9.java");
```

例 10.9 使用类 FileReader 实现读取 C 盘下文件 Jpro10_9.java 中的内容，并将其显示在屏幕上。

```
//文件名 Jpro10_9.java
import java.io.*;
public class Jpro10_9
{
    public static void main(String args[])
    {
        FileReader fr;
        int ch;
        try {
            fr=new FileReader("c:\\Jpro10_9.java");
            while((ch=fr.read())!=-1)
            {
                System.out.print((char)ch);
            }
           fr.close();
        }
        catch(Exception e) {
          e.printStackTrace();
        }
    }
}
```

运行时则将上述代码输出。

请自行分析程序。

10.6.3 BufferedReader 类和 BufferedWriter 类

FileReader 和 FileWriter 类以字符为单位进行输入输出，无法进行整行输入与输出，数据的传输效率很低。Java 语言提供了 BufferedReader 和 BufferedWriter 类以缓冲区方式进行输入输出，使用时要先和相应的流连接，其构造方法如下：

public BufferedReader(Reader in)

public BufferedReader(Reader in,int sz)

public BufferedWriter(Writer out)

public BufferedWriter(Writer out,int sz)

BufferedReader 流能够按行读取文本，方法是 readLine()。

通过向类 BufferedReader 传递一个 Reader 对象或者 Reader 子类对象来创建一个 BufferedReader 对象，如：

```
BufferedReader br=BufferedReader（new FileReader("Jpro10_10.java ")）;
```

然后再从流 br 中读取 Jpro10_10.java 中的内容。

类似地，可以将 BufferedWriter 流与 FileWriter 流连接起来，然后通过 BufferedWriter 流将数据写到目的地，例如：

```
FileWriter fw=new FileWriter("Jpro10_10.in ");
BufferedWriter bw=new BufferedWriter(fw);
```

再使用 BufferedReader 类的成员方法：

```
write(String s int off,int len);
```

把字符串 s 写到 Jproc10_10.in 中，参数 off 是字符串 s 开始处的偏移量，len 是写入的字符长度。

例 10.10 在例 10.9 中字符一个一个的被读取，效率比较低，现在应用 BufferedWriter 类来优化它，每次读取若干个字符。

```
//文件名 Jpro10_10.java
import java.io.*;
public class Jpro10_10
{
    public static void main(String args[])
    {
        FileReader fr;
        BufferedReader br;
        String ch;
        try {
            fr=new FileReader("Jpro10_10.java");
            br=new BufferedReader(fr);
            while((ch=br.readLine())!=null)
            {
                System.out.println(ch);
            }
            fr.close();
            br.close();
        }
        catch(Exception e) {
            e.printStackTrace();
        }
    }
}
```

程序的运行结果与上例类似，请读者比较例 10.9 与例 10.10 的源代码，并试着分析它们的运行速度，判断哪种方式的输入流读取效率高。

10.7 随机读写文件

前面学习了几个常用的输入输出流，并且通过一些实例掌握了这些流的功能。但是这些流不管是文件字节流还是文件字符流，都是顺序访问方式，只能进行顺序读/写，无法随意改动文件读取的位置。为了克服这些困难，实现随机访问文件的需求，Java 专门提供了用来处理文件输入输出操作、功能更完善的 RandomAccessFile 流。

RandomAccessFile 类创建的流与前面的输入输出流不同，RandomAccessFile 类独立于字节流和字符流体系之外，不具有字节流和字符流的任何特性，它直接继承自 Java 的基类 Object。RandomAccessFile 类有两个构造方法。

RandomAccessFile(String name,String mode)

RandomAccessFile(File file,String mode)

参数 name 用来确定一个文件名，给出创建的流的源，也可以是目的地。参数 file 是一个 File 对象，给出创建流的源，也可以是目的地。参数 mode 用来决定创建流对文件的访问权限，其值可以取 r（只读）或者 rw（可读写）。注意没有只写方式（w）。

RandomAccessFile 类提供的方法功能强大，方法也非常多，这里只列出常用的方法，如表 10-5 所示。

表 10-5 RandomAccessFile 类的常用方法

成员方法	主要功能
public void close() throws IOException	关闭流，并释放占用的所有资源
public void seek(long pos) throws IOException	查找随机文件指针的位置
public long length() throws IOException	求随机文件的字节长度
public final double readDouble() throws IOException	随机文件浮点数的读取
public final int readInt() throws IOException	随机文件整数的读取
public final char readChar() throws IOException	随机文件字符的读取
public final void writeDouble(double v) throws IOException	随机文件浮点数的写入
public final void writeInt(int v) throws IOException	随机文件整数的写入
public final void writeChar(int v) throws IOException	随机文件字符的写入
public long getFilePointer() throws IOException	获取随机文件指针所指的当前位置
public int skipBytes(int n) throws IOException	随机文件访问跳过指定的字节数

例 10.11 应用 RandomAccessFile 类编写程序，程序的功能是打印出自己的源文件，并且在每一行前面加上行号。

```
//文件名 Jpro10_11.java
import java.io.*;
public class Jpro10_11
{
  public static void main(String args[])
  {
      try {
        RandomAccessFiler rf=new RandomAccessFile("c:\\ Jpro10_11.java","rw");
        String str;
        long pof=0;
        long lof=rf.length();
        rf.seek(pof);
        int i=1;
        while(pof<lof)
        {
            str=rf.readLine();
            System.out.println((i++)+""+str);
            pof=rf.getFilePointer();
        }
        rf.close();
    }
```

```
      catch(Exception e) {
        e.printStackTrace();
      }
    }
}
```

请读者自己运行该程序。

程序分析：

程序的第 3 行定义了一个主类 Jpro10_11，第 3 行到第 23 行为 main()主方法，所有的代码都放在异常处理块 try{}…catch{}，其中第 5 行实例化一个 RandomAccessFile 对象 rf，第 12 行到第 17 行将该 Java 源程序显示出来，并在前面增加行号。第 18 行关闭对象 rf。

10.8 对象串行化

一般地，对象不能脱离应用程序。但有时候，需要将对象的状态保存下来，在需要时再将对象恢复，即对象持久化（Persistence）。对象串行化（Object Serialization）可以将对象存储到外存中或以二进制形式通过网络传输。对象反串行化可以从这些数据中重构一个与原始对象状态相同的对象。

1. 对象串行化定义

从 JDK1.1 开始，Java 语言就提供了对象串行化机制，在 java.io 包中，接口 Serializable 用来作为实现对象串行化的工具，只有实现了 Serializable 的类的对象才可以被串行化。Serializable 是一个空接口，当一个类声明要实现 Serializable 时，只是表明该类可串行化。Java 中 Serializable 接口完整定义如下：

```
package java.io;
public interface Serializable{};
```

在定义可串行化的类时，只需增加 implements Serializable 即可，例如：

```
public class MySerializableData implements Serializable{
  ……
}
```

2. 对象输出

为了将 Java 对象输出存储到外存中，Java 提供对象输出流 ObjectOutputStream 将对象写到输出流中。具体是调用 ObjectOutputStream 的 writeObject() 方法，该方法定义如下：

public final void writeObject(Object obj) throws IOException

该方法将指定的对象写入输出流中，包括对象的类、类的签名，以及类及其所有超类的非瞬态（transient）和非静态字段的值都将被写入，要求对象可串行化，否则将抛出异常。

ObjectOutputStream 类中还实现了将基本数据类型写到流的方法，如 writeInt()、writeLong()、writeFloat()和 writeBoolean()等。

例 10.12 应用 ObjectOutputStream 类，将一个字符串对象串行化，写到 data.dat 文件中。

```
//文件名 Jpro10_12.java
import java.io.*;
public class Jpro10_12
{
  public static void main(String args[]) throws IOException,ClassNotFoundException
  {
      String s="Java program";
```

```
            FileOutputStream fo = new FileOutputStream("data.dat");
            ObjectOutputStream oos = new ObjectOutputStream(fo);
            try {
                oos.writeObject(s);
                oos.close();
            }
            catch (IOException e) {
                e.printStackTrace();
            }
            System.out.println("被串行化的数据是: " + s);
        }
    }
```

运行结果为：

被串行化的数据是：Java program

程序分析：

程序中第 1 行引入系统包 java.io。主方法中的代码都放在异常处理块 try{}...catch{}中。第 6 行创建了 FileOutputStream 的对象并将数据存储到 data.dat 文件中，第 7 行创建一个 ObjectOutputStream 对象。程序的第 9 行调用方法 writeObject ()将字符串对象 s 写到文件中。第 10 行调用 close 方法关闭对象输出流 oos。

3. 从输入流中重构对象

当串行化的对象被写到流中输出后，可以再用流读到内存中，重构该对象。从流中读取对象是用 ObjectInputStream 的 readObject()方法。该方法定义如下：

public final Object readObject() throws IOException, ClassNotFoundException

对象的类、类的签名和类及所有其超类型的非瞬态和非静态字段的值都将被读取。也只有可串行化的对象可被读取重构，否则抛出异常。

ObjectInputStream 类中也实现了读取基本数据类型的方法，如 readInt()、readLong()、readFloat()和 readBoolean()等。

例 10.13 应用 ObjectInputStream 类，从 data.dat 文件中读取数据，重构字符串对象。

```
//文件名 Jpro10_13.java
import java.io.*;
public class Jpro10_13
{
   public static void main(String args[]) throws IOException,ClassNotFoundException
   {
        String s="";
        FileInputStream fi = new FileInputStream("data.dat");
        ObjectInputStream ois = new ObjectInputStream(fi);
        try {
            s=(String)ois.readObject();
            ois.close();
        } catch (IOException e) {
            e.printStackTrace();
        }
        System.out.println("被反串行化的数据是: " + s);
   }
}
```

运行结果为：

被反串行化的数据是：Java program

程序分析：

程序中第 1 行引入系统包 java.io。主方法中的代码都放在异常处理块 try{}...catch{}中。第 6 行创建了 FileInputStream 的对象并读取 data.dat 文件，第 7 行创建一个 ObjectInputStream 对象。程序的第 9 行调用方法 readObject ()读取对象输入流数据，重构字符串对象。第 10 行调用 close 方法关闭对象输入流。

对象串行化只能保存对象的非静态成员交量，不能保存任何的成员方法和静态的成员变量，而且串行化保存的只是变量的值，对于变量的任何修饰符都不能保存。

对于某些类型的对象，其状态是瞬时的，这样的对象是无法保存其状态的。例如一个 Thread 对象或一个 FileInputStream 对象，对于这些字段，我们必须用 transient 关键字标明，否则编译器将报措。

另外，串行化可能涉及将对象存放到磁盘上或在网络上发送数据，这时候就会产生安全问题。对于这些需要保密的字段，不应保存在永久介质中，或者不应简单地不加处理地保存下来，为了保证安全性。应该在这些字段前加上 transient 关键字。

10.9 实例

例 10.14 将一个 User 对象实例，串行化存储到外存 data.dat 文件中，再读入到内存重构。

分析：首先定义一个可串行化的类 User，然后再存储到外部文件中，最后将外部文件中存储的信息读到内存重构。

```
//文件名 Jpro10_14.java
import java.io.*;
class User implements Serializable {
    protected String name;
    protected int age;
    protected transient String pwd="";
    public User(String name,int age,String pwd){
        this.name=name;
        this.age=age;
        this.pwd=pwd;
    }
}
public class Jpro10_14
{
    public void executeSerialization() throws IOException
    {
        User UserAdmin=new User("admin",27,"java");
        FileOutputStream fo = new FileOutputStream("data.dat");
        ObjectOutputStream oos = new ObjectOutputStream(fo);
        try {
            oos.writeObject(UserAdmin);
            oos.close();
        } catch (IOException e) {
            e.printStackTrace();
        }
        System.out.println("被串行化的对象：" );
        System.out.println("姓名："+ UserAdmin.name);
        System.out.println("年龄："+ UserAdmin.age);
```

```
        System.out.println("密码: "+ UserAdmin.pwd);
        }
    public void executeDeSerialization() throws IOException,ClassNotFoundException
    {
        User user1=null;
        FileInputStream fi = new FileInputStream("data.dat");
        ObjectInputStream ois = new ObjectInputStream(fi);
        try {
            user1=(User)ois.readObject();
            ois.close();
        } catch (IOException e) {
            e.printStackTrace();
        }
        System.out.println("被反串行化的对象: " );
        System.out.println("姓名: "+ user1.name);
        System.out.println("年龄: "+ user1.age);
        System.out.println("密码: "+ user1.pwd);
    }
    public static void main(String args[]) throws IOException,
        ClassNotFoundException
    {
        Jpro10_14 j14=new Jpro10_14();
        j14.executeSerialization();
        j14.executeDeSerialization();
    }
}
```

程序运行结果为：

```
被串行化的对象:
姓名: admin
年龄: 27
密码: java
被反串行化的对象:
姓名: admin
年龄: 27
密码: null
```

程序分析：

程序中首先引入系统包 java.io。类 User 定义了一个用户类，主类 Jpro10_14 中，executeSerialization()执行对一个User对象串行化后写到data.dat文件中。executeDeSerialization()方法执行反串行化操作，从文件中重构对象。由于 User 类中的成员 pwd 是瞬态（transient）变量，不被串行化，在反串行化时，该成员没有数据可读，故为空。

例 10.15 判断所输入的信息是代表一个目录，还是一个文件。如果是目录，则输出该目录下的所有文件；如果是一个文件，则输出此文件的绝对路径。

分析：首先根据读入的信息创建一个 File 对象，调用 isDirectory()方法判断是目录还是文件，如果是目录，则用 listFiles()方法读取该目录下的全部文件信息，再用循环一一列出文件信息；如果是文件，直接输出文件名。

```
//文件名 Jpro10_15.java
import java.io.*;
public class Jpro10_15
{
```

```
    public static void main(String args[]) throws IOException
    {
        String filePath;
        InputStreamReader is=new InputStreamReader(System.in);
        BufferedReader br=new BufferedReader(is);
        System.out.print("请输入信息:");
        filePath=br.readLine();
        File fileName=new File(filePath);
        if(fileName.isDirectory())
        {
            System.out.println(fileName.getName()+"是一个目录");
            System.out.println("****************************");
            File list[]= fileName.listFiles();
            for(int i=0;i<list.length;i++)
            {
                System.out.println(list[i].getName());
            }
        }
        else
        {
            System.out.println(fileName.getName()+"是一个文件");
            System.out.println("******************************");
            System.out.println(fileName.getAbsolutePath());

        }
    }
}
```

请读者自行运行结果。

程序分析：

程序首先引入系统包 java.io，第 5、6 行分别创建了 InputStreamReader 对象 is 和 BufferedReader 对象 br，第 8 行接收从键盘上读入的信息，第 9 行生成一个 File 对象，第 10 行判断 File 对象是否是目录，若是则输出相关信息，否则，输出文件的相关信息。

例 10.16 文件的复制：将 C 盘中文件 in.txt 的内容复制到 D 盘的文件 out.txt 中。

分析：要实现一个文件到另一个文件的复制，可以将文件按字节逐个复制，也可以按字符逐个复制。首先打开文件 in.txt，逐个字节读取到某缓冲区中，直至文件的结束。然后将读出的字节逐一写入另一个文件 out.txt 中。其中利用了 Java 输入输出流。

```
//文件名 Jpro10_16.java
import java.io.*;
public class Jpro10_16.java
{
    public static void main(String[] args)
    {
        String cfpath = "C:\\in.txt";
        String dfpath = "D:\\out.txt";
        File cFile = new File(cfpath);
        File dFile = new File(dfpath);
        try {
            dFile.createNewFile();
            FileInputStream fis = new FileInputStream(cFile);
            FileOutputStream fout = new FileOutputStream(dFile);
            byte[] by = new byte[1024];
            int rs = -1;
```

```
                while ((rs = fis.read(by)) > 0) {
                    fout.write(by, 0, rs);
                }
                fout.close();
                fis.close();
                System.out.println("文件成功复制");
            }
            catch (Exception e) {
                e.printStackTrace();
            }
        }
    }
```

程序分析：

程序首先引入系统包 java.io。主方法中的代码主要放在异常处理块 try{}...catch{}中。try 块中新建一个文件对象，并创建了 FileInputStream 的对象和 FileOutputStream 的对象。程序的第 12 行生成一个缓冲区 by 用来存放文件数据。第 14 行调用方法 read()读取数据。第 15 行将字符串 str 写入文件中。程序第 17 和 18 行分别关闭对象 out 和 fis。

注意：在读取或写入过程中若文件无法打开或生成，则会抛出 FileNotFoundException 异常，若有读取或写入错误，则会抛出 IOException 异常。所以本例中的 C 盘中的 in.txt 文件必须存在。

习题十

1．随机读写文件的类 RandomAccessFile 实现了接口________和________。

2．下列四个选项中，选出其中不是 File 类的构造方法的是________。

A．File(String filename)

B．File(String directoryPath,String filename)

C．File(File f,String filename)

D．File(char filename[])

3．下列说法不正确的是________。

A．FileReader 用于文件字节流的读操作

B．PipedInputStream 用于字节流管道流的读操作

C．Java 的 IO 流包括字符流和字节流

D．DataInputStream 创建的对象被称为数据输入流

4．什么是流？输入流与输出流之间有什么区别和关联？

5．什么是字符流？为什么引入字符流？

6．字节流与字符流之间的关联与区别？

7．如何将一个流写入一个随机读写文件中？

8．编写程序，利用 FileInputStream 类和 FileOutputStream 类实现文件的复制。

9．编写程序，在用户输入姓名与密码时，将其保存到文件中。

10．编写程序，将一段文字加密后存到文件中，然后再将加密后的文件输出。

第 11 章　编写图形用户界面程序

- 图形用户界面概述。
- AWT 和 Swing 比较。
- 颜色、字体和图形。
- Swing 容器和组件。
- 使用 Swing 的基本组件。
- 布局管理器。
- 事件驱动设计。

学习目标

- 掌握使用 Swing 编写图形用户界面程序的基本方法。
- 准确描述 Swing 中常用组件的作用及主要方法的功能。
- 熟悉应用 Swing 的基本组件设计图形用户界面。
- 通过布局管理器设计窗口布局。
- 理解 Java 的事件处理机制，编写事件驱动程序。

11.1　GUI 概述

图形用户界面（GUI，Graphics User Interface）是软件产品与用户交互的接口，是软件产品中用户可以看到并直接操作的部分。如图 11-1 所示，Java 语言集成开发工具 JCreator 提供了良好的用户界面，使用户编写 Java 程序变得简单。用户通过图形界面向计算机系统发布命令、控制操作，系统的结果也以图形界面方式显示给用户。

在 Java 中，AWT（Abstract Window Tookit，抽象窗口工具包）是用来处理图形最基本的方式，它可以用来创建 Java 的 applet 及窗口程序。AWT 是 Java 早期的技术，提供的组件有限，无法满足应用程序组件多样化的要求。为了弥补这个不足，Sun 公司开发出 Swing 包，它有别于 AWT，不依赖于特定的系统平台，对外提供多样化的组件及外观，并且保持外观风格的一致。

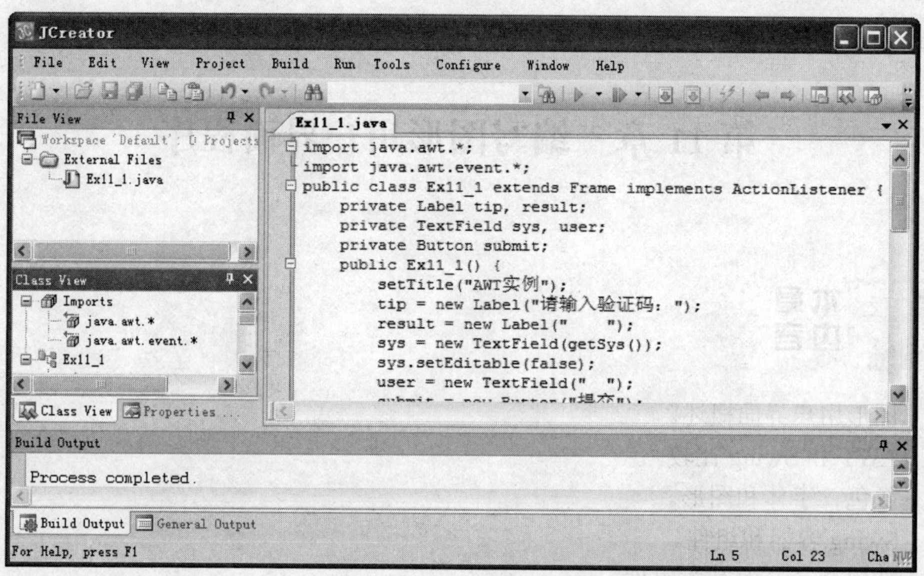

图 11-1　JCreator 的 GUI

11.1.1　GUI 组成元素分类

在 Java 中，GUI 组成元素都放在 java.awt 和 javax.Swing 包内，它们都包含了大量的类。构成图形用户界面的各种元素和成份可以粗略地分为三类：容器（container）、组件（components）和用户自定义成份。

1. 容器

容器是用来组织或容纳其他界面成份和元素的组件。Java 提供了相应的容器类，例如，框架（JFrame/Frame）、面板（JPanel/Panel）及滚动面板（JScrollPanel/ScrollPanel）等类。

2. 组件

与容器不同，组件是图形用户界面的基本单位，里面不再包含其他成份。组件是一个可以以图形化的方式显示在屏幕上并能与用户进行交互的对象，例如一个按钮，一个标签等。组件不能独立地显示出来，必须将组件放在一定的容器中才可以显示出来。

3. 用户自定义成份

除了上述的标准图形界面元素外，编程人员还可以根据用户的需要，使用各种字型字体和颜色设计一些几何图形、标志图案等，它们被称作用户自定义成份。用户自定义成份通常只起到显示结果、装饰美化的作用，不能响应用户的动作，不具有交互功能。

11.1.2　AWT 和 Swing 介绍

Sun 公司提供了两个图形工具类包 AWT 和 Swing，负责构建 GUI 界面。AWT 是将本地化的工具组件进行简单抽象而形成的。用 AWT 创建组件和进行事件处理时，都是直接由相应组件进行自身绘制并对事件作出响应。由于 AWT 的这个特征，这些组件被称为重量级组件，AWT 被称为重量级的图形工具。

考虑到跨平台的原因，AWT 只提供了各个平台都支持的、构建 GUI 必需的一些基本组件。因此 AWT 包小而简单。由于 AWT 直接调用本地图形构件来实现图形界面，使得用 AWT 构建的 GUI 往往在不同的操作系统平台上具有不同的风格，而且 GUI 的性能也受到了限制。这影响了 Java 程序的跨平台性。Swing 是建立在 AWT 体系之上，完全用 Java 编写的一套轻量级的图形工具包。与 AWT 组件相比，Swing 组件占用的资源较少、类比较小、不借助本地系统来绘制自身。Swing 不但重写了 AWT 中的组件，还为这些组件增添了新的功能，提供了许多 AWT 没有的、创建复杂图形用户界面的组件，增强了 GUI 与 Java 程序的交互功能。Swing 提供的可插入式的观感能让用户创建出跨平台的 GUI。

Swing 和 AWT 部分组件的继承关系和层次关系如图 11-2 所示。

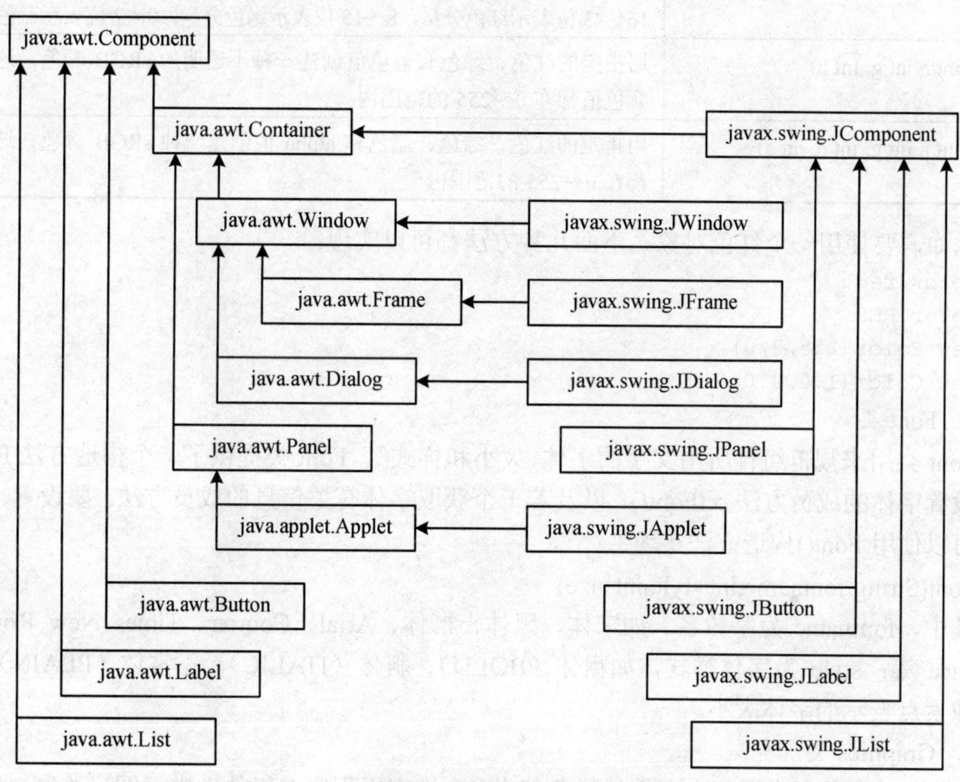

图 11-2 Swing 和 AWT 部分组件的继承和层次关系

11.1.3 颜色、字体和图形

在进行用户界面设计时，经常会用到 Color 类、Font 类和 Graphics 类，分别用来设置颜色、字体和图形，这三个类属于 java.awt 包，同样可以在创建 Swing 界面时使用。

1. Color 类

Color 类用于封装默认 sRGB 颜色空间中的颜色，或者用于封装由 ColorSpace 标识的任意颜色空间中的颜色。Color 类中已经创建了一些常见的颜色对象，包括 BLACK、BLUE、CYAN、GRAY、GREEN、MAGENTA、ORANGE、PINK、RED、WHITE 等，这些颜色对象可以直接使用。当然，也可以通过 Color 类的构造方法来创建颜色。表 11-1 列出了 Color 类的构造方法。

表 11-1 Color 类的构造方法

构造方法	主要功能
Color(float r, float g, float b)	用指定的红色、绿色和蓝色值创建一种不透明的 sRGB 颜色，这三个颜色值都在 0.0～1.0 的范围内
Color(float r, float g, float b, float a)	用指定的红色、绿色、蓝色和 alpha 值创建一种 sRGB 颜色，这些值都在 0.0～1.0 的范围内
Color(int rgb)	用指定的组合 RGB 值创建一种不透明的 sRGB 颜色，此 sRGB 值的 16～23 位表示红色分量，8～15 位表示绿色分量，0～7 位表示蓝色分量
Color(int r, int g, int b)	用指定的红色、绿色和蓝色值创建一种不透明的 sRGB 颜色，这三个颜色值都在 0～255 的范围内
Color(int r, int g, int b, int a)	用指定的红色、绿色、蓝色和 alpha 值创建一种 sRGB 颜色，这些值都在 0～255 的范围内

比如，要使用一个红色对象，下面几种方法都可以实现：

```
Color.red
Color.RED
new Color(255,0,0)
new Color(1.0,0.0,0.0)
```

2. Font 类

Font 类用来规范组件所用文字的字体、大小和样式等。Font 类提供了一个构造方法 Font()，一个设置字体的成员方法 setFont()，以及若干个获取字体有关信息的成员方法。要设置一个字体，可以使用 Font()构造方法实现：

Font(String fontname,int style,int size)

其中，fontname 为字体名，如宋体、黑体、楷体、Arial、Courier、Times New Roman、Helvetica 等；style 为字体样式，如粗体（BOLD）、斜体（ITALIC）、正常体（PLAIN）；size 为用像素点表示的字体大小。

3. Graphics 类

Graphics 类是所有图形上下文的抽象基类，允许应用程序在组件上进行图形绘制。由于不能直接创建对象，一般通过以下两种方法获得该对象：

- 调用 paint()或 update()方法，系统自动获取当前界面的 Graphics 对象作为参数传递给 GUI 程序。
- 调用 Component 类的 getGraphics()方法。

比如，想在窗口中绘制一个矩形，下面的语句就可以实现。

```
Graphics g=frame.getGraphics();
g.drawRect(30,60,140,40);
```

第一条语句是取得窗口的绘图区，第二条语句是绘制长方形。但是，当用其他窗口覆盖这个窗口，或者将窗口最小化时，绘制出来的图形也会随之覆盖或者消失。为了避免这种情况，AWT 提供了一个自发性的 paint()方法。paint()方法在下列情况发生时，会自动运行：

（1）当新建的窗口显示在显示器上，或从隐藏变成显示时。

（2）从缩小图标还原之后。

（3）正在改变窗口的大小时。

paint()方法的格式是：

public void paint(Graphics g)

可以将 Graphics 对象传给 paint()方法，这样一来，编写在 paint()里面的程序代码便可在绘图区内绘制图形了。上面的绘图代码就可以进行改写，将绘制矩形的代码放在 paint()方法里面，程序通过调用 paint()进行绘图。

```
Graphics g=frame.getGraphics();   （frame 是什么？）
paint(g);
g.drawRect(30,60,140,40);
```

第二条语句是调用 paint()方法在指定的组件上进行绘图，第三条语句应写在 paint()方法内，绘制长方形。

例 11.1 AWT 绘图示例。

```
//文件名 Jpro11_1.java
import java.awt.*;
public class Jpro11_1 extends Frame
{
    public static void main(String[] args)
    {
        Jpro11_1 fr = new Jpro11_1();
        fr.setBounds(50, 50, 400, 120);
        fr.setVisible(true);
    }
    public void paint(Graphics g) {
        g.setColor(new Color(250, 150, 100));
        g.setFont(new Font("楷体", Font.BOLD, 20));
        g.drawRect(50, 50, 300, 50);
        g.drawString("使用 Graphics 绘制图形", 100, 80);
    }
}
```

程序运行如图 11-3 所示。paint()方法在窗口创建的时候就可以自动运行，首先设置了颜色和字体，利用设置好的条件在获取的绘图区域绘制了一个矩形，并且绘制了一串文字。

图 11-3 AWT 的绘图

Graphics 类是从 java.lang.Object 类派生而来，定义了很多绘制图形的方法，如表 11-2 所示。这些方法与 Color 类和 Font 类结合，就能绘制出不同颜色的图形以及在图形中绘制各种文字符号。

表 11-2 类 Graphics 的常用方法

方法	主要功能
abstract void drawArc(int x, int y, int width, int height, int startAngle, int arcAngle)	绘制一个覆盖指定矩形的圆弧或椭圆弧边框
abstract boolean drawImage(Image img, int x, int y, Color bgcolor, ImageObserver observer)	绘制指定图像中当前可用的图像
abstract void drawLine(int x1, int y1, int x2, int y2)	在此图形上下文的坐标系统中，使用当前颜色在点（x1, y1）和（x2, y2）之间画一条线

续表

方法	主要功能
abstract void drawOval(int x, int y, int width, int height)	绘制椭圆的边框
abstract void drawPolygon(int[] xPoints, int[] yPoints, int nPoints)	绘制一个由 x 和 y 坐标数组定义的闭合多边形
Abstract void drawString(String str, int x, int y)	使用此图形上下文的当前字体和颜色绘制由指定 string 给定的文本
abstract void fillArc(int x, int y, int width, int height, int startAngle, int arcAngle)	填充覆盖指定矩形的圆弧或椭圆弧
abstract void fillOval(int x, int y, int width, int height)	使用当前颜色填充外接指定矩形框的椭圆
abstract void fillRect(int x, int y, int width, int height)	填充指定的矩形
abstract void setColor(Color c)	将此图形上下文的当前颜色设置为指定颜色
abstract void setFont(Font font)	将此图形上下文的字体设置为指定字体

注意，上面的所有方法只要涉及到坐标，均是以窗口的左上角为原点，向右为正 x 方向，向下为正 y 方法。

11.1.4 使用 AWT 创建图形用户界面

使用 AWT 构建一个图形用户界面的基本步骤一般包括以下几步：

- 创建容器组件（如 Frame、Panel 等），在容器中添加需要的其他组件（如 Button、Label、TextField 和 Checkbox 等）。
- 创建布局管理器，用来自动设置容器中组件的位置和大小。
- 使用委派事件模型来响应用户操作，实现用户和程序的交互。

AWT 中各种基本组件类如表 11-3 所示。

表 11-3 AWT 基本组件

类名	常用构造方法	主要功能
Label	Label(String title)	标签，主要用来显示信息
TextField	TextField() TextField(int m)	文本框，用来接收用户输入，只能接收一行输入
TextArea	TextArea() TextArea(int rows,int cols)	文本区域，用来接收用户输入，多行输入
Button	Button() Button(String title)	按钮，用来捕捉用户操作的简单组件
Checkbox	Checkbox() Checkbox(String title)	复选框，用于多选项输入

下面，用一个完整的使用示例呈现 AWT 创建图形用户界面的方法。

例 11.2 显示一个数字验证窗口，并通过信息显示是否输入正确。

```
//文件名 Jpro11_2.java
import java.awt.*;
import java.awt.event.*;
public class Jpro11_2 extends Frame implements ActionListener
{
    private Label tip, result;
    private TextField sys, user;
    private Button submit;
    public Jpro11_2()
    {
        setTitle("AWT 实例");
        tip = new Label("请输入验证码: ");
        result = new Label("    ");
        sys = new TextField(getSys());
        sys.setEditable(false);
        user = new TextField("  ");
        submit = new Button("提交");
        setLayout(new FlowLayout());
        add(tip);
        add(sys);
        add(user);
        add(submit);
        submit.addActionListener(this);
        add(result);
        addWindowListener(new WindowAdapter() {
            public void windowClosing(WindowEvent we) {
                System.exit(0);
            }
        });
        setBounds(50, 50, 350, 80);
        setVisible(true);
    }
    public String getSys() {
        int i = (int) (Math.random() * 10000);
        return Integer.toString(i);
    }
    public static void main(String args[]) {
        new Jpro11_2();
    }
    public void actionPerformed(ActionEvent ae) {
        if (sys.getText().equals(user.getText().trim()))
            result.setText("正确");
        else
            result.setText("错误");
    }
}
```

运行结果如图 11-4 所示。

图 11-4　AWT 窗口示例程序

程序分析：

这个例子中，在类 Jpro11_2 里面定义一个 Frame 窗口对象，该容器同时也实现了事件监听器功能。在该窗口类中定义了五个静态的对象，分别是两个 Label 标签对象：tip 和 result，tip 起到提示操作的功能，result 显示操作的结果；两个 TextField 文本框对象：sys 和 user，sys 显示了系统自动产生的数字，user 供用户输入信息；还有一个 Button 按钮对象 submit，供用户输入后提交答案；这些均是 AWT 基本组件。setBounds()、setVisible()等方法用来改变窗口对象的状态，具体见下节。add()方法通常用于将一些基本组件加入到容器里面。本程序还涉及到了布局管理和事件驱动设计，AWT 和 Swing 在这两部分基本是相同的，这两部分内容在本章后面将详细说明。

11.2 Swing 容器

Swing 工具包中提供了三类容器组件，如图 11-5 所示，分别是：

（1）顶层容器：JFrame、JDialog、JApplet、JWindow，这四个组件是 Swing 库中仅有的重量级容器。

（2）中间容器：JPanel、JScrollPane、JSplitPane、JTabbedPane 和 JToolBar，用于容纳其他组件，但需要放置在顶层容器中。

（3）特殊容器：在 GUI 上起特殊作用的中间层，如 JInternalFrame、JLayeredPane、JRootPane。

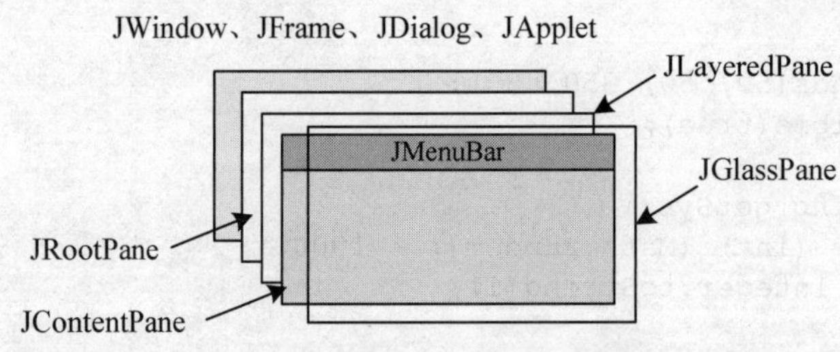

图 11-5 Swing 容器层次结构

与 AWT 容器不同，Swing 组件不能直接添加到顶层容器中，它必须添加到一个与 Swing 顶层容器相关联的内容面板（JContentPane）上。内容面板是顶层容器包含的一个普通容器，它是一个轻量级组件。

11.2.1 简单的窗口对象示例

先来看一个使用 Swing 容器的例子。

例 11.3 显示一个 Swing 窗口。

```
//文件名 Jpro11_3.java
import javax.swing.*;
public class Jpro11_3 {
    public static void main(String[] args) {
        JFrame jf=new JFrame("Swing 窗口");
        jf.setLocation(50,50);
```

```
        jf.setSize(200,100);
        jf.setVisible(true);
    }
}
```

运行结果如图 11-6 所示。

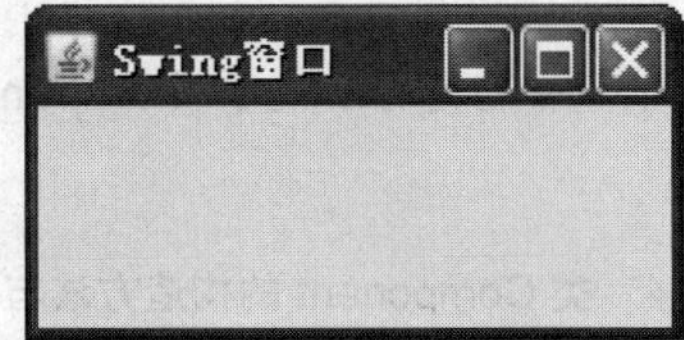

图 11-6　Swing 窗口示例程序

程序分析：

这个例子中，在类 Jpro11_3 里面定义了一个 JFrame 窗口对象，属于 Swing 的顶级容器。通过 setLocation()、setSize()等方法来改变窗口对象的状态，在 Java 的早期版本中，显示窗口一般使用 show()方法，现在多用 setVisible()方法来设置窗口的显示。

对于这个窗口，可以使用最大化按钮、最小化按钮、拖拽边框来改变窗口的大小。

11.2.2　Swing 窗口对象

通过上面的例子，我们大体上理解了窗口程序的设计过程。在 Jpro11_3.java 中，使用了 Swing 中的窗口组件 JFrame 类，它属于 javax.swing 类库。javax.swing 类库提供的部分容器类以及它们之间的继承关系如图 11-7 所示。

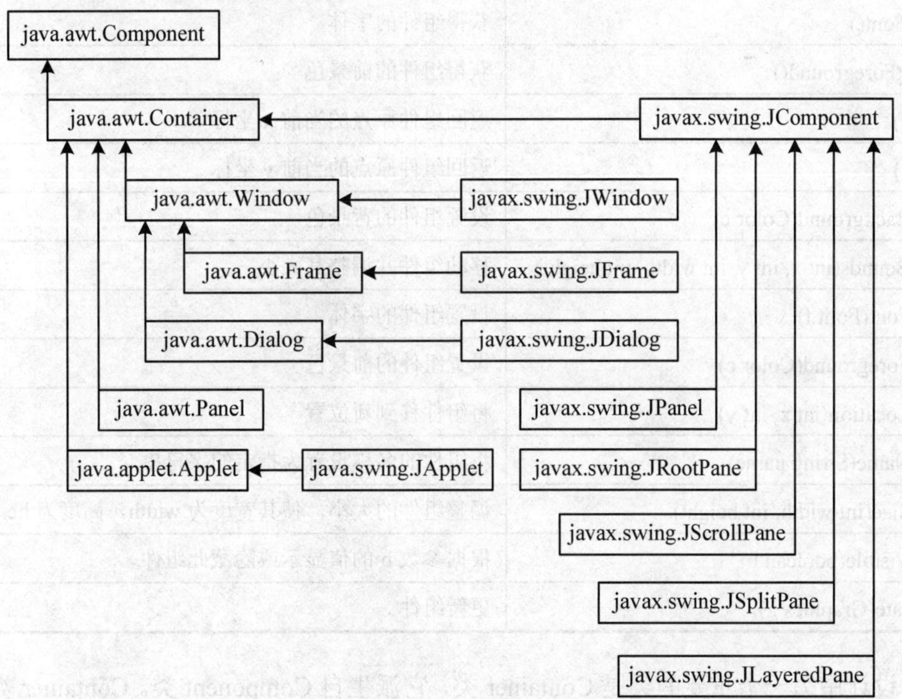

图 11-7　javax.swing 容器的继承关系图

从图 11-7 可以看出，除了四个顶层容器之外，容器类都是 JComponent 类的子类。而 JComponent 类是 Container 类的子类，所以在 Component 类和 Container 类中定义的方法，在 Swing 的容器类中都可以使用。比如，Jpro11_3.java 中 jf 对象使用的 setSize()、setLocation()与 setVisible()方法都是在 Component 类中定义的，add()方法则是在 Container 类中定义的。

表 11-4 提供了 Component 类常用的方法，关于 Component 完整的信息请参考 Java API 文档。

表 11-4　类 Component 的构造方法与方法

构造方法	主要功能
Component()	构造一个新组件
方法	**主要功能**
void add(PopupMenu popup)	向组件添加指定的弹出菜单
boolean contains(int x, int y)	检查组件是否“包含”指定的点(x, y)
boolean contains(Point p)	检查组件是否“包含”指定的点 p
float getAlignmentX()	返回 x 轴的对齐方式
float getAlignmentY()	返回 y 轴的对齐方式
Color getBackground()	获得组件的背景色
Rectangle getBounds()	以 Rectangle 对象的形式获得组件的边界
Font getFont()	获得组件的字体
Color getForeground()	获得组件的前景色
int getX()	返回组件原点的当前 x 坐标
int getY()	返回组件原点的当前 y 坐标
void setBackground(Color c)	设置组件的背景色
void setBounds(int x, int y, int width, int height)	移动组件并调整其大小
void setFont(Font f)	设置组件的字体
void setForeground(Color c)	设置组件的前景色
void setLocation(int x, int y)	将组件移到新位置
void setName(String name)	将组件的名称设置为指定的字符串
void setSize(int width, int height)	调整组件的大小，使其宽度为 width，高度为 height
void setVisible(boolean b)	根据参数 b 的值显示或隐藏此组件
void update(Graphics g)	更新组件

GUI 设计中另一个重要的类是 Container 类，它派生自 Component 类。Container 类创建的对象可以容纳由 Component 类所创建的对象。表 11-5 是 Container 类常用的方法。

表 11-5 类 Container 的构造方法与方法

构造方法	主要功能
Container()	构造一个新的 Container 对象
方法	**主要功能**
Component add(Component comp)	将指定组件追加到此容器的尾部
Component add(Component comp, int index)	将指定组件添加到此容器的给定位置上
void doLayout()	使此容器布置其组件
float getAlignmentX()	返回沿 x 轴的对齐方式
float getAlignmentY()	返回沿 y 轴的对齐方式
Component getComponent(int n)	获得此容器中的第 n 个组件
void paint(Graphics g)	绘制容器
void remove(Component comp)	从此容器中移除指定组件
void remove(int index)	从此容器中移除 index 指定的组件
void removeAll()	从此容器中移除所有组件
void setFont(Font f)	设置此容器的字体
void setLayout(LayoutManager mgr)	设置此容器的布局管理器
void update(Graphics g)	更新容器

11.2.3 窗口 JFrame

在例 11.3 中，使用了 JFrame 类来创建窗口。JFrame 类继承自 java.awt.Frame 类，带有边框、标题栏及用于关闭和最大/最小化窗口的图标，用来容纳按钮、文本框等其他窗口组件。当然，也可以容纳其他容器对象。表 11-6 列出 JFrame 类的构造方法与常见方法。

表 11-6 类 JFrame 的构造方法与方法

构造方法	主要功能
JFrame()	构造 JFrame 的一个新实例
JFrame(String title)	构造一个新的、标题为 title 的 JFrame 对象
方法	**主要功能**
Container getContentPane()	获得此 JFrame 的 contentPane 对象
String getTitle()	获得 JFrame 的标题
void setDefaultCloseOperation(int operation)	设置用户在此 JFrame 上发起“close”时默认执行的操作
void setContentPane(Container contentPane)	将此 JFrame 的内容面板设置为指定的容器
void setMenuBar(MenuBar mb)	将此 JFrame 的菜单栏设置为指定的菜单栏
void setResizable(boolean resizable)	设置此 JFrame 是否可由用户调整大小
void setTitle(String title)	将此 JFrame 的标题设置为指定的字符串

表 11-6 中的 MenuBar 类用来创建菜单，在本章的后面将会介绍。通过 setDefaultCloseOperation(int operation)方法可以设置窗口的关闭行为，参数的取值有以下四种：

（1）DO_NOTHING_ON_CLOSE：不执行任何操作；要求程序在已注册的 WindowListener 对象的 windowClosing() 方法中处理该操作。

（2）HIDE_ON_CLOSE：调用任意已注册的 WindowListener 对象后自动隐藏该窗体。

（3）DISPOSE_ON_CLOSE：调用任意已注册的 WindowListener 对象后自动隐藏并释放该窗体。

（4）EXIT_ON_CLOSE：使用 System.exit() 方法退出应用程序。

默认情况下，该值被设置为 HIDE_ON_CLOSE。

对 JFrame 添加组件有两种方式：

（1）用 getContentPane()方法获得 JFrame 的内容面板，再对其加入组件：

```
jframe.getContentPane().add(childComponent)
```

（2）建立一个 JPanel 之类的中间容器，将组件添加到容器中，用 setContentPane()方法将该容器置为 JFrame 的内容面板：

```
Jpanel contentPane=new Jpanel( );
……//把其他组件添加到 Jpanel 中;
jframe.setContentPane(contentPane); //把 contentPane 对象设置成 JFrame 的内容面板
```

例 11.4 创建一个窗口。

```
//文件名 Jpro11_4.java
import java.awt.*;
import javax.swing.*;
public class Jpro11_4
{
    public static void main(String[] args)
    {
        JFrame jf=new JFrame("Swing 窗口");
        JLabel jl=new JLabel("红色的窗口");
        Container cp=jf.getContentPane();
        jl.setForeground(Color.yellow);
        cp.add(jl);
        cp.setBackground(Color.red);
        jf.setBounds(50,50,200,100);
        jf.setDefaultCloseOperation(JFrame.EXIT_ON_CLOSE);
        jf.setVisible(true);
    }
}
```

运行结果如图 11-8 所示。

图 11-8 JFrame 示例程序

程序分析：

程序创建了一个 JFrame 类对象 jf，创建时调用了设置标题的构造方法 JFrame(String title)。

然后，获取内容面板 cp，通过在 cp 中添加 JLabel 的对象 jl 的方式，把标签放入窗口。最后，分别通过 setBounds()方法、setVisible()方法设置窗口大小、位置和显示窗口。

11.3 Swing 基本组件

Swing 包中包含很多基本组件，下面分别介绍其中几个常用组件。

11.3.1 JLabel 组件

标签（JLabel）是用来在窗口中显示文字的文本框，也是在屏幕上显示图像或文本的一种最简单和快捷的方式。表 11-7 给出了类 JLabel 常用的构造方法与方法。

表 11-7 类 JLabel 的构造方法与方法

构造方法	主要功能
JLabel()	创建一个没有文字的标签
JLabel(String text)	创建标签，并以 text 为标签上的文字
JLabel(String text，int align)	创建标签，并以 text 为标签上的文字，并以 align 的方式对齐，其中 align 可为 JLabel 的常量值 LEFT、RIGHT 与 CENTER 等，分别代表靠左、靠右与居中对齐
方法	**主要功能**
int getAlignment()	返回标签内文字的对齐方式，返回的值可能为 LEFT、RIGHT 与 CENTER 等
int setAlignment(int align)	设置标签内文字的对齐方式，align 的值可为 LEFT、RIGHT 与 CENTER 等
void setIcon(Icon icon)	设置标签内将要显示的图标
String getText()	返回标签内的文字
String setText(String text)	设置标签内的文字为 text

根据提供给构造方法的参数，可以创建需要的各种标签。

例 11.5 创建标签。

```
//文件名 Jpro11_5.java
import java.awt.*;
import javax.swing.*;
public class Jpro11_5
{
    public static void main(String args[])
    {
        JFrame jf = new JFrame("标签对象的创建");
        JLabel lab = new JLabel();
        Container cp = jf.getContentPane();
        cp.setLayout(null);
        jf.setSize(300, 150);
        jf.setLocation(250, 250);
        cp.setBackground(Color.YELLOW);
        lab.setText("Welcom to Java GUI World!");
```

```
            lab.setBackground(Color.PINK);
            lab.setForeground(Color.BLUE);
            lab.setFont(new Font("Tamoha", Font.ITALIC, 20));
            lab.setLocation(20, 30);
            lab.setSize(320, 50);
            cp.add(lab);
            jf.setVisible(true);
        }
    }
```

运行结果如图 11-9 所示。

图 11-9　标签对象的创建

程序分析：

程序中，创建了一个标签对象，分别使用 setBackground()方法和 setForeground()方法设置标签的背景和前景颜色。

11.3.2　JButton 组件

按钮是交互式界面常用的组件，用户可以通过点击按钮控制程序的运行。表 11-8 给出了 JButton 类常用的构造方法与方法。

表 11-8　类 Button 的构造方法与方法

构造方法	主要功能
JButton()	构造一个标签字符串为空的按钮
JButton(String label)	构造一个带指定标签的按钮
JButton(String label, Icon icon)	构造一个带指定标签和图标的按钮
方法	**主要功能**
String getText()	获得此按钮的标签
void setText(String label)	将按钮的标签设置为指定的字符串

例 11.6　创建按钮。

```
//文件名 Jpro11_6.java
import javax.swing.*;
import java.awt.*;
public class Jpro11_6
{
    public static void main(String args[])
    {
        JFrame jf = new JFrame("按钮对象的创建");
        JButton btn1 = new JButton("按钮一");      // 创建一个按钮
        JButton btn2 = new JButton();             // 创建一个按钮
```

```
        btn2.setText("按钮二");                          // 设置按钮标题
        Container cp = jf.getContentPane();
        cp.setLayout(null);                              // 取消默认的布局
        jf.setSize(200, 150);
        jf.setLocation(250, 250);
        cp.add(btn1);
        cp.add(btn2);
        btn1.setBounds(60, 20, 80, 30);                  // 设置按钮的位置和大小
        btn2.setBounds(60, 60, 80, 30);
        jf.setVisible(true);                             // 显示窗口
    }
}
```

运行结果如图 11-10 所示。

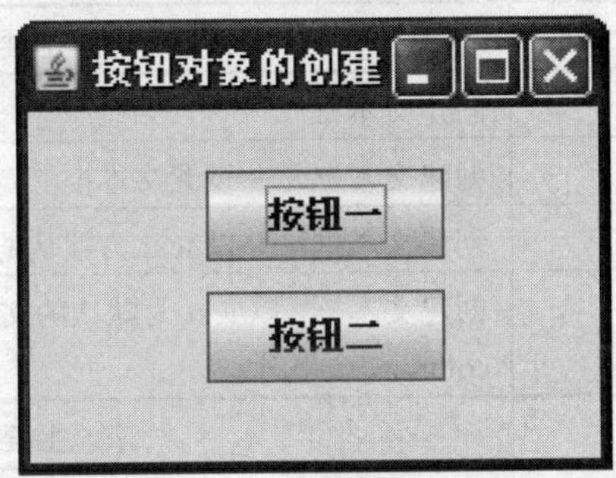

图 11-10　按钮对象的创建

程序分析：

程序中创建了两个按钮对象，获取 JFrame 类对象 jf 的内容面板 cp 后，通过 cp 的 add()方法将按钮添加入窗口。程序中出现的 setLayout()方法是用来设置窗口内组件的布局方式的。按钮对象的 setBounds()方法是在 Component 类中定义的，作用是设置组件的位置和大小。

11.3.3　JTextField 与 JTextArea 组件

Swing 中用来处理文字输入组件的类主要有两个，JTextField 与 JTextArea。JTextField 用来处理单行文字，而 JTextArea 可以做多行文字处理。这两个类都继承自 JTextComponent 类。JTextComponent 里提供了不少常用的方法，表 11-9 给出了部分方法。

表 11-9　类 JTextComponent 的方法

方法	主要功能
void copy()	将此文本组件中选定的内容复制到系统剪贴板
void cut()	将此文本组件中选定的内容剪切到系统剪贴板
void paste()	将系统剪贴板的内容传输到此文本组件中
String getSelectedText()	返回由此文本组件表示的文本中选定的文本
int getSelectionEnd()	获取此文本组件中选定文本的结束位置
int getSelectionStart()	获取此文本组件中选定文本的开始位置
String getText()	返回此文本组件表示的文本

续表

方法	主要功能
boolean isEditable()	指示此文本组件是否可编辑
void selectAll()	选择此文本组件中的所有文本
void setText(String t)	将此文本组件显示的文本设置为指定文本

1. 文本框

文本框（JTextField）是 Swing 包中最基本的文字处理组件，它可以显示输入单行文字，类 JTextField 常用的构造方法与方法如表 11-10 所示。

表 11-10 类 TextField 的构造方法与方法

构造方法	主要功能
JTextField()	创建文本框
JTextField(int columns)	创建文本框，并设置文本框的宽度可容纳 columns 个字符
JTextField(String text)	创建文本框，并以 text 为默认的文字
JTextField(String text,int columns)	创建文本框，以 text 为默认的文字，并设置文本框的宽度可容纳 columns 个字符
方法	**主要功能**
int getColumns()	取得文本框默认的宽度（以字符数为单位）
void setColumns(int columns)	设置文本框的宽度为 columns 个字符
void setFont(Font f)	设置文本框当前字体

例 11.7 文本输入框的使用。

```
//文件名 Jpro11_7.java
import java.awt.*;
import javax.swing.*;
public class Jpro11_7
{
    public static void main(String args[])
    {
        JFrame jf = new JFrame("用户信息修改界面");
        JLabel lab1 = new JLabel("用户名");
        JLabel lab2 = new JLabel("昵称");
        JLabel lab3 = new JLabel("密码");
        JTextField txf1 = new JTextField("student001");
        JTextField txf2 = new JTextField("学生");
        JPasswordField txf3 = new JPasswordField("123456");//设置字符显示为"*"
        Container cp = jf.getContentPane();
        jf.setSize(250, 180);
        cp.setLayout(null);
        cp.setBackground(Color.yellow);
        lab1.setBounds(20, 40, 40, 20);
        lab2.setBounds(20, 60, 40, 20);
        lab3.setBounds(20, 80, 40, 20);
        txf1.setBounds(80, 40, 120, 20);
        txf2.setBounds(80, 60, 120, 20);
```

```
        txf3.setBounds(80, 80, 120, 20);
        txf1.setEditable(false);// 设置不可编辑
        cp.add(lab1);
        cp.add(txf1);
        cp.add(lab2);
        cp.add(txf2);
        cp.add(lab3);
        cp.add(txf3);
        jf.setVisible(true);
    }
}
```

运行结果如图 11-11 所示。

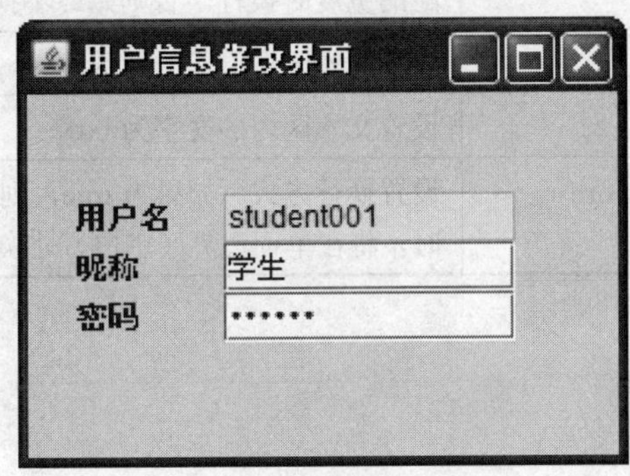

图 11-11　文本框对象的创建

程序分析：

程序中使用了 3 个文本框。其中第一个文本框使用方法 setEditable()设置成不可编辑，第三个文本框是一个 JPasswordField 对象，编辑一个单行文本，但不显示原始字符。而把里面的输入字符显示成“*”。与 AWT 中的 TextField 不同，JTextField 不具有设置掩饰字符的功能，而是由其子类 JPasswordField 类实现。

用 JTextField()构造方法创建文本框时，除了设置初始字符串之外，还可以设置文本框的宽度。例如，

```
JTextField txf = new JTextField("初始字符串",20);//能容纳 20 个字符的文本框
```

2. 文本域

文本域（JTextArea）可以呈现多行文字，可以设置自动换行的功能，但不管理滚动。它实现了 Swing 的 Scrollable 接口，因此可以把它放置在 JScrollPane 的内部，通过 JScrollPane 来设置垂直或水平滚动条。表 11-11 给出了类 JTextArea 常用的构造方法与方法。

表 11-11　类 JTextArea 的构造方法与方法

构造方法	主要功能
JTextArea()	创建文本区
JTextArea(int rows,int cols)	创建一个文本区，并指定高与宽分别可供 rows 与 cols 个字符来显示
JTextArea(String text)	创建文本区，并默认文字为 text
JTextArea(String text, int rows,int cols)	创建文本区，并默认文字及指定大小
void append(String str)	在目前的文本区内的文字之后加上新的文字 str

续表

方法	主要功能
int getColumns()	取得文字区的宽度（以字符数为单位）
int getRows()	取得文字区的高度（以字符数为单位）
void insert(String str,int pos)	在文本区的 pos 位置插入 str 字符串
void replaceRange(String str,int start,int end)	在文本区内，位置在 start 到 end 之间的文字以字符串 str 来取代
void setColumns(int columns)	设置文本区的宽度（以字符数为单位）
void setLineWrap(boolean wrap)	设置文本区的换行策略。如果为 true，则当行的长度大于所分配的宽度时换行。否则始终不换行
void setRows(int rows)	设置文本区可显示的行数
void setText(String txt)	设置文本区内的文字为 txt
void setWrapStyleWord(boolean word)	设置换行方式。如果为 true，则当行的长度大于所分配的宽度时，将在单词边界（空白）处换行。否则将在字符边界处换行

例 11.8 文本域的使用。

```
//文件名 Jpro11_8.java
import java.awt.*;
import javax.swing.*;
public class Jpro11_8
{
    public static void main(String args[])
    {
        JFrame jf = new JFrame("文本域");
        JTextArea txa = new JTextArea(8, 14);
        JScrollPane scp = new JScrollPane(txa);
        Container cp = jf.getContentPane();
        txa.setAutoscrolls(true);          //设置自动显示滚动条
        txa.setWrapStyleWord(true);        //设置文本区的换行策略
        txa.setLineWrap(true);             //设置换行方式
        cp.add(scp);
        scp.validate();                    //设置滚动窗格生效
        jf.setSize(240, 180);
        jf.setVisible(true);
    }
}
```

运行结果如图 11-12 所示。

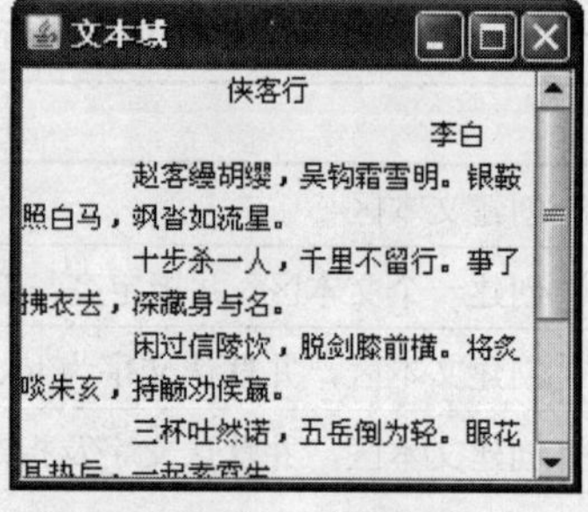

图 11-12 文本域对象的创建

程序分析：

程序中，产生一个 8 行 14 列的文本框，这个文本框带有垂直滚动条，可以在单词边界进行自动换行，所以不显示水平滚动条。

11.3.4 JCheckBox 组件

选择框可以让用户选取项目，通常分为复选和单选两种。复选表示多个选项可以同时选择，而单选表示一组选项中只能选择一项。Swing 中提供了 JCheckBox 类来实现复选功能。表 11-12 给出了 JCheckBox 类常用的构造方法与方法。

表 11-12 类 Checkbox 的构造方法与方法

构造方法	主要功能
JCheckBox()	使用空字符串标签创建一个复选框
JCheckBox(String label)	使用指定标签创建一个复选框
JCheckBox(String label, boolean state)	使用指定标签创建一个复选框，并设置它是否为选定状态
JCheckBox(String label, Icon icon, boolean state)	使用指定标签和图标创建一个复选框，并设置它是否为选定状态
方法	**主要功能**
String getText()	获得此复选框的标签
boolean isSelected()	确定此复选框是否处于选中状态
void setText(String label)	将此复选框的标签设置为字符串参数
void setSelected (boolean state)	将此复选框的状态设置为指定状态

下面的例子创建了三个复选框对象。通过构造方法，将两个复选框的状态设置为选中状态。

例 11.9 复选框的使用。

```
//文件名 Jpro11_9.java
import java.awt.*;
import javax.swing.*;
Public class Jpro11_9
{
    Public static void main(String args[])
    {
        Jframe jf = new Jframe("复选框");
        Container cp = jf.getcontentpane();
        Jlabel lab = new Jlabel("您喜欢的节目?");
        Jcheckbox ckb1 = new Jcheckbox("电视剧", true);
        Jcheckbox ckb2 = new Jcheckbox("新闻", true);
        Jcheckbox ckb3 = new Jcheckbox("综艺");
        Jf.setsize(200, 150);
        Cp.setlayout(null);
        Cp.setbackground(Color.yellow);
        Lab.setbounds(20, 20, 140, 20);
        Ckb1.setbounds(20, 40, 140, 20);
        Ckb2.setbounds(20, 60, 140, 20);
```

```
        Ckb3.setbounds(20, 80, 140, 20);
        Cp.add(lab);
        Cp.add(ckb1);
        Cp.add(ckb2);
        Cp.add(ckb3);
        Jf.setvisible(true);
    }
}
```

运行结果如图 11-13 所示。

请读者自行分析程序理解运行结果。

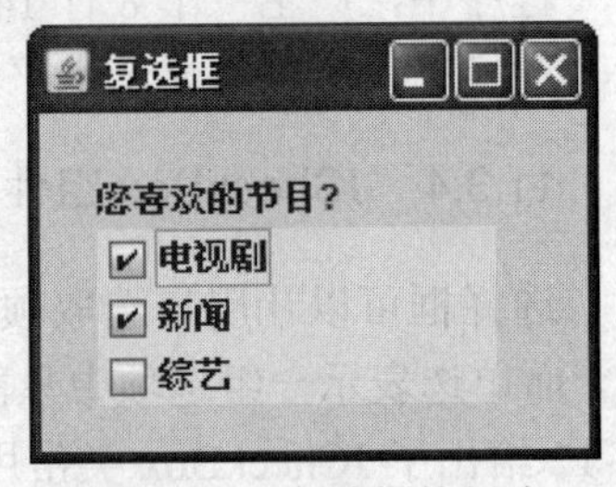

图 11-13　复选框的创建

11.3.5　JRadioButton 组件

Swing 中实现单选操作非常简单，只要将几个 JRadioButton 对象加入到一个 ButtonGroup 群组对象就可以了。ButtonGroup 类用于为一组按钮创建一个多斥（multiple-exclusion）作用域。使用相同的 ButtonGroup 对象创建一组按钮意味着“开启”其中一个按钮时，将关闭组中的其他所有按钮。表 11-13 给出了类 JRadioButton 的构造方法，它的常用方法与 JCheckBox 基本相同。表 11-14 给出了类 ButtonGroup 的构造方法和方法。

表 11-13　类 JRadioButton 的构造方法

构造方法	主要功能
JRadioButton()	使用空字符串标签创建一个单选按钮
JRadioButton(String text)	使用指定标签创建一个单选按钮
JRadioButton(String text, boolean selected)	使用指定标签创建一个单选按钮，并设置它是否为选定状态
JRadioButton(String text, Icon icon, boolean selected)	使用指定标签和图标创建一个单选按钮，并设置它是否为选定状态

表 11-14　类 ButtonGroup 的构造方法与方法

构造方法	主要功能
ButtonGroup()	创建一个新的 ButtonGroup
方法	主要功能
void add(AbstractButton b)	将按钮添加到组中
void remove(AbstractButton b)	从组中移除按钮
int getButtonCount()	返回组中的按钮数

例 11.10　单选按钮的使用。

```
//文件名 Jpro11_10.java
import java.awt.*;
import javax.swing.*;
public class Jpro11_10
{
    public static void main(String args[])
    {
        JFrame jf = new JFrame("单选框");
```

```
        Container cp = jf.getContentPane();
        JLabel lab = new JLabel("您的职业?");
        JRadioButton rb1 = new JRadioButton("自由职业者");
        JRadioButton rb2 = new JRadioButton("学生");
        JRadioButton rb3 = new JRadioButton("工程师");
        ButtonGroup grp = new ButtonGroup();
        jf.setSize(200, 150);
        cp.setLayout(null);
        cp.setBackground(Color.yellow);
        lab.setBounds(20, 20, 140, 20);
        rb1.setBounds(20, 40, 140, 20);
        rb2.setBounds(20, 60, 140, 20);
        rb3.setBounds(20, 80, 140, 20);
        grp.add(rb1);
        grp.add(rb2);
        grp.add(rb3);
        rb2.setSelected(true);// 设置 rb2 为选中状态
        cp.add(lab);
        cp.add(rb1);
        cp.add(rb2);
        cp.add(rb3);
        jf.setVisible(true);
    }
}
```

运行结果如图 11-14 所示。

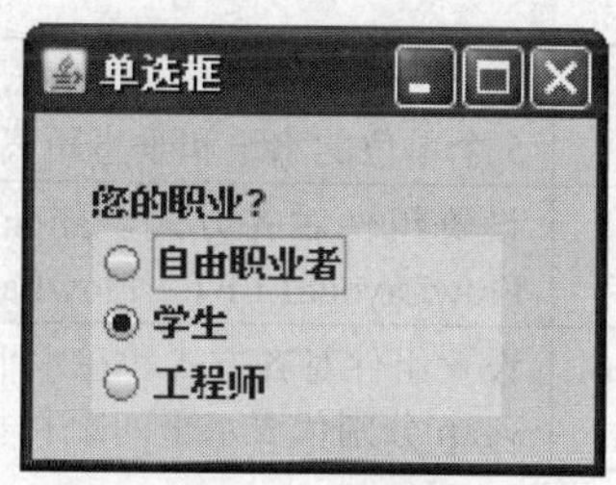

图 11-14　单选框的创建

请读者分析程序理解运行结果。

11.4　布局管理器

在前面课程的学习中，经常会发生这样的情况，当将很多的组件放在容器里面的时候，这些组件摆放将很凌乱，有时候甚至看不见部分组件。这是因为没有对这些组件进行布局管理。

每个容器对象都有一个默认的布局管理器，它是一个实现页面布局管理类的实例，布局管理器可以由 setLayout()方法设定。如果容器没有调用 setLayout()方法，那么默认的布局管理器就将被使用。每当容器初次显示或进行大小调整时，布局管理器都会自动布置它里面的组件并将组件调整为最佳大小。

Java 提供了多种布局类来对容器页面进行管理，常用的有以下 5 个，它们均直接继承自 java.lang.Object 类，虽然属于 java.awt 包，但也是 Swing 中常用的布局类。这些布局类之间的关系如图 11-15 所示。

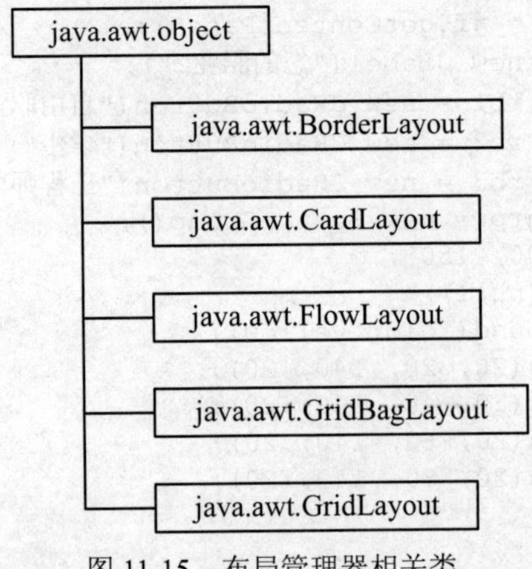

图 11-15 布局管理器相关类

11.4.1 FlowLayout

FlowLayout 是 JPanel 容器及其子类的默认布局管理器，它按照从上到下、从左到右的规则，将添加到容器中的组件依次排列。当一行的空间用完后，便从新的一行开始存放。

FlowLayout 类提供了如表 11-15 所示的几个构造方法。

表 11-15 类 FlowLayout 的构造方法

构造方法	主要功能
FlowLayout()	创建一个新的 FlowLayout，默认是居中对齐且组件之间彼此有 5 个单位的水平和垂直距离
FlowLayout(int align)	设置组件对齐方式，align 参数值可为 FlowLayout.RIGHT、FlowLayout.LEFT、FlowLayout.CENTER
FlowLayout(int align, int hgap, int vgap)	设置组件对齐方式和在水平和垂直方向上的间隙大小，hgap 和 vgap 分别代表水平间距和垂直间距

在创建 FlowLayout 对象时，可以指定一行中组件的对齐方式，默认为居中，构造方法可以接受 FlowLayout.LEFT 和 FlowLayout.RIGHT 两个参数，使组件左或右对齐。比如可以使用下面的代码使组件右对齐。

```
setLayout(new FlowLayout(FlowLayout.RIGHT));
```

例 11.11 FlowLayout 布局管理器的使用。

```
//文件中 Jpro11_11.java
import java.awt.*;
import javax.swing.*;
public class Jpro11_11
{
    public static void main(String args[])
    {
        JFrame jf = new JFrame("FlowLayout 演示窗口");
        Container cp=jf.getContentPane();
        JButton but1, but2, but3, but4, but5;
        but1 = new JButton("按钮一");
        but2 = new JButton("按钮二");
        but3 = new JButton("按钮三");
```

```
        but4 = new JButton("按钮四");
        but5 = new JButton("按钮五");
        // 设置 FlowLayout 布局，并且组件左对齐
        cp.setLayout(new FlowLayout(FlowLayout.LEFT));
        cp.add(but1); // 将五个按钮分别加入容器中
        cp.add(but2);
        cp.add(but3);
        cp.add(but4);
        cp.add(but5);
        jf.setSize(260, 110);
        jf.setLocation(100, 100);
        jf.setVisible(true);
    }
}
```

程序运行结果如图 11-16（a）所示。

图 11-16　FlowLayout 布局管理器

当拖动窗口的边界改变窗口大小时，将会发现窗口里面的组件随着窗口大小而改变位置，组件的布局有流动式特征，这也是 FlowLayout 布局的特点。比如将图 11-16（a）向右拖动放宽，则布局如图 11-16（b）所示。

11.4.2　BorderLayout

BorderLayout 是 Window 及其子类的默认布局管理器，它将容器分为 5 个部分，分别命名为 NORTH、SOUTH、WEST、EAST 和 CENTER。

BorderLayout 类提供了如表 11-16 所示的几个构造方法。

表 11-16　类 BorderLayout 的构造方法

构造方法	主要功能
BorderLayout()	创建组件之间没有间距的新的 BorderLayout
BorderLayout(int hgap, int vgap)	创建组件之间有间距的新的 BorderLayout，其中水平间距和垂直间距分别由参数 hgap 和 vgap 决定

例 11.12　BorderLayout 布局管理器的使用。

```
//文件名 Jpro11_12.java
import java.awt.*;
import javax.swing.*;
public class Jpro11_12
{
    public static void main(String args[])
    {
        JFrame jf = new JFrame("BorderLayout 演示窗口");
        Container cp=jf.getContentPane();
```

```
        BorderLayout border = new BorderLayout(2, 5);
        JButton but1, but2, but3, but4, but5;
        but1 = new JButton("按钮东");
        but2 = new JButton("按钮南");
        but3 = new JButton("按钮西");
        but4 = new JButton("按钮北");
        but5 = new JButton("按钮中");
        cp.setLayout(border);
        cp.add(but1, border.EAST);
        cp.add(but2, border.SOUTH);
        cp.add(but3, border.WEST);
        cp.add(but4, border.NORTH);
        cp.add(but5, border.CENTER);
        jf.setSize(200, 150);
        jf.setLocation(100, 100);
        jf.setVisible(true);
    }
}
```

程序运行结果如图 11-17 所示。

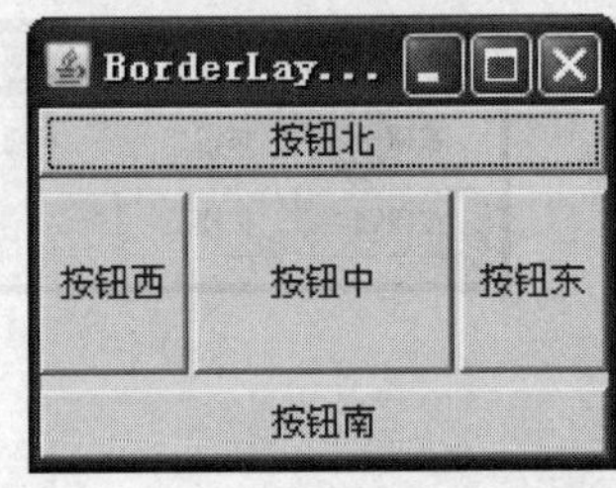

图 11-17 BorderLayout 布局管理器

如果容器使用 BorderLayout 类对象作为布局管理器，添加任何一个组件都将以边界作为参照。比如，cp.add(but1,border.EAST);就是在容器 cp 的最左端添加一个组件 but1。

11.4.3 GridLayout

GridLayout 是一种很容易理解的布局管理器，它将容器按照指定的行数、列数分成大小均匀的网格，然后将添加到容器里面的组件一一放入。

GridLayout 类提供了如表 11-17 所示的几个构造方法。

表 11-17 类 GridLayout 的构造方法

构造方法	主要功能
GridLayout()	创建具有默认值的网格布局，即每个组件占据一行一列
GridLayout(int rows,int cols)	创建具有指定行数和列数的网格布局
GridLayout(int rows,int cols,int hgap,int vgap)	创建具有指定行数和列数的网格布局，同时设置组件之间的间距

例 11.13 GridLayout 布局管理器的使用。

```
//文件名 Jpro11_13.java
import java.awt.*;
import javax.swing.*;
public class Jpro11_13
{
    public static void main(String args[])
    {
        JFrame jf = new JFrame("GridLayout 演示窗口");
        Container cp = jf.getContentPane();
        GridLayout grid = new GridLayout(3, 4);
        cp.setLayout(grid);
        for (int i = 1; i <= 8; i++)
```

```
            cp.add(new Button(Integer.toString(i)));
        jf.setSize(200, 150);
        jf.setVisible(true);
    }
}
```

运行结果如图 11-18 所示。

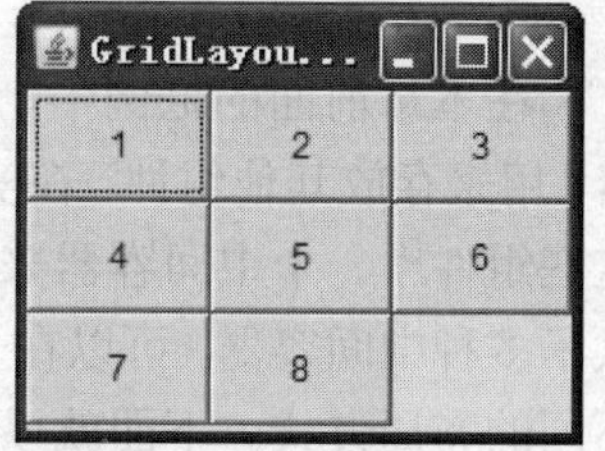

图 11-18　GridLayout 布局管理器

程序分析：

由于使用 GridLayout 布局管理器的容器里添加的组件大小完全相同，所以经常将界面中具有这种特点的组件放入一个新的容器里面，使用 GridLayout 进行布局，然后再将这个容器添加到界面容器里面。当实际产生的组件少于网格定义数时，布局对象会按照保持行数不变的原则进行自动调整。

11.4.4　CardLayout

CardLayout 是一种将每个组件看作一张卡片，且将所有卡片码成一摞，每一时刻只有一张卡片被显示的布局管理器。有人将其形象地描述为一副摞成一叠的扑克牌。第一个添加到容器中的组件位于最底层，最后一个添加到容器中的组件位于最上层。

CardLayout 类提供了如表 11-18 所示的几个构造方法和方法。

表 11-18　类 CardLayout 的构造方法

构造方法	主要功能
CardLayout ()	创建一个间隙大小为 0 的新卡片布局
CardLayout (int hgap,int vgap)	创建一个具有指定的水平和垂直间隙的新卡片布局
方法	**主要功能**
void first(Container parent)	翻转到容器的第一张卡片
void last(Container parent)	翻转到容器的最后一张卡片
void next(Containcr parent)	翻转到指定容器的下一张卡片
void previous(Container parent)	翻转到指定容器的前一张卡片
void show(Container parent, String name)	翻转到已添加到此布局的具有指定 name 的组件

11.4.5　GridBagLayout

GridBagLayout 生成的布局管理器也是和 GridLayout 一样是使用网格来进行布局管理的。不同之处在于 GridBagLayout 可以通过类 GridBagConstraints 来控制布局容器内各组件的大小，每个组件都使用一个 GridBagConstraints 对象来给出它的大小和摆放位置，这样就可以按照设计者的意图，改变组件的大小，把它们摆在设计者希望摆放的位置上。这种灵活性是前面几个布局管理器所不具备的。有关 GridBagLayout 布局管理器使用的详细情况参阅 JDK 帮助文档。

除了以上五种布局类，Swing 还为它的容器提供了其他一些布局管理器，如 BoxLayout、DefaultMenuLayout、ScrollPaneLayout 等，这里不进行介绍，可查阅 Sun 公司提供的 API 文档进行深入学习。

11.4.6 容器的嵌套

在本章前面的范例中，都是把组件放在窗口对象的内容面板内，窗口和内容面板都是容器，用来存放其他组件。在实际应用中，可能将一个容器分成很多小块，每一块包含几个组件，这些组件用一个中间容器来存放，然后再将这些中间容器添加到外部容器对象中。Swing 中提供了多种中间容器，可以在一个容器中添加几个中间容器对象，每个中间容器对象都可以指定不同的布局方式。下面就以 JPanel 容器为例来说明容器的嵌套使用。

例 11.14 容器嵌套的使用。

```
//文件名 Jpro11_14.java
import java.awt.*;
import javax.swing.*;
public class Jpro11_14
{
    public static void main(String args[])
    {
        JFrame jf = new JFrame("容器的嵌套");
        Container cp = jf.getContentPane();
        JLabel lab = new JLabel("0.", JLabel.RIGHT);
        cp.setLayout(null);
        JPanel pnl = new JPanel();
        GridLayout grid = new GridLayout(4, 4);
        pnl.setLayout(grid);
        String s[] = { "7", "8", "9", "/", "4", "5", "6", "*", "1", "2", "3",
                "-", "0", ".", "=", "+" };
        for (int i = 0; i < 16; i++)
            pnl.add(new JButton(s[i]));
        lab.setOpaque(true);
        lab.setBackground(Color.white);
        lab.setBounds(20, 20, 170, 20);
        pnl.setBounds(20, 50, 170, 80);
        cp.add(lab, BorderLayout.NORTH);
        cp.add(pnl);
        jf.setSize(210, 180);
        jf.setVisible(true);
    }
}
```

运行结果如图 11-19 所示。

图 11-19 容器的嵌套

程序分析：

程序中，将大小相同的 16 个按钮组件添加在一个 JPanel 对象里面，使用 GridLayout 进行布局，然后再将这个 JPanel 对象添加到顶层容器 JFrame 对象的内容面板 ContentPane 中。

我们既可以在程序中安排组件的位置和大小，也可以通过布局管理器安排，这两种情况可能会发生冲突，因此，同时使用时要注意以下两点：

（1）容器中的布局管理器负责各个组件的大小和位置，因此用户无法在这种情况下设置组件的这些属性。如果试图使用Java语言提供的 setLocation()，setSize()，setBounds() 等方法，则都会被布局管理器覆盖。

（2）如果用户确实需要自行设置组件大小或位置，则应取消该容器的布局管理，方法为：

```
setLayout(null);
```

11.5 事件驱动设计

在窗口程序设计时，事件（event）的设计是不可或缺的。当按下按钮时，也就触发了相应的事件，这个事件由程序代码来做判断与决定。前面已经掌握如何绘制一个图形用户界面，但是还不能执行用户交互的操作。而 Java 的事件处理机制，能够实现用户与应用程序交互的功能。

11.5.1 委托事件模型

Java 事件处理机制涉及三个非常重要的概念：事件源、事件和事件监听器（也称作事件处理者）。事件源是指产生事件的对象，如容器、按钮等。事件：用于在事件源与事件监听器间传递信息的对象。监听器：能够接收事件源通知的对象。

事件处理机制的思想是：当事件源收到用户发出的操作指令后产生相应的事件，然后将这些事件分别发送给不同的监听器，由监听器来处理这些事件，并将处理结果返回。整个过程中，监听器简单的等待，直到它收到一个事件。这种事件处理机制使得处理事件的应用程序逻辑与生成事件的界面逻辑（容器或者组件）彼此分离，相互独立存在。

在 Java 中，事件处理机制中的事件、事件源和事件监听器，均以类的形式存在，这些类构成了整个 Java 事件处理机制的核心。为了更好地理解这些概念以及机制本身，下面通过一个例子说明。

例 11.15 事件处理程序。

```
//文件名 Jpro11_15.java
import java.awt.*;
import javax.swing.*;
import java.awt.event.*;
public class Jpro11_15 extends JFrame implements ActionListener
{
    JButton btn = new JButton("将窗口变成黄色");
    Container cp = getContentPane();
    public Jpro11_15()
    {
        super("Action Event");
        cp.setLayout(new FlowLayout());
        btn.addActionListener(this);    //把自己注册为 btn 的监听器，监听 btn 上发
                                        //生的 ActionEvent 事件

        cp.add(btn);
        setSize(200, 150);
        setVisible(true);
    }
    public static void main(String args[])
    {
        new Jpro11_15();
    }
    public void actionPerformed(ActionEvent e)
    {
        setTitle("事件处理机制");
        cp.setBackground(Color.yellow);
    }
}
```

程序运行结果如图 11-20（a）所示，单击窗口中的按钮，窗口的背景将变成黄色，同时窗口的标题也改变为“事件处理机制”。

（a）

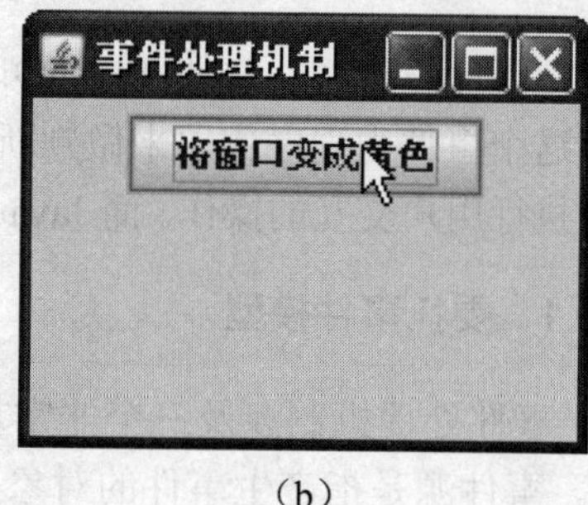

（b）

图 11-20　事件处理机制

来分析一下本程序事件处理过程中前面提到的三个概念。

事件源：本例中，按钮对象就是一个事件源。也就是事件发生的场所，通常就是各个组件。

事件：本例中，当按下按钮时，就产生了一个事件类 ActionEvent 的对象 e，它是用户对界面操作在 Java 语言上的描述。它由用户和界面中的组件交换而产生，比如移动鼠标、点击鼠标按钮和按下键盘键等都可以引发事件。

监听器：本例中，为了使窗口对象能够监听按钮触发的事件，让 Jpro11_15 对象实现事件处理的接口。Java 使用一组接口来实现对事件源的监听。

那么选择谁来担任监听呢？在层次事件模型中，当一个事件对象产生后，首先传递给直接相关的组件，该组件可以对事件进行处理，也可以忽略事件不做处理。如果组件没有对事件进行处理，则事件处理系统会将事件继续向上传递给组件所在的容器。同样，容器可以对事件处理，也可以忽略不处理。如果事件又被忽略，则事件处理系统会将事件继续上传，依次类推，直到事件被处理，或是传到顶层容器。如本例中，内容面板容器没有对按钮事件进行处理，而是交由顶层窗口容器进行处理。

当事件发生时，由事件处理接口处理事件。事件处理接口提供了一定的事件处理方法。本例中，当窗口对象监听到按钮 ActionEvent 类事件后，就交给事件处理者——窗口——调用 actionPerformed()方法进行事件处理。

本例中，选择了窗口作为监听者。事实上也可以自定义一个类来实现 ActionListener 接口，再把此类产生的对象作为监听。通常把实现接口的类定义在主类里，成为主类的内部类。按照这种思路，可以把上面的例子改成例 11.16。

例 11.16　使用内部类来监听事件。

```
//文件名 Jpro11_16.java
import java.awt.*;
import javax.swing.*;
import java.awt.event.*;
public class Jpro11_16 extends JFrame
{
    JButton btn = new JButton("将窗口变成黄色");
    Container cp = getContentPane();
    public Jpro11_16()
    {
```

```
        super("Action Event");
        cp.setLayout(new FlowLayout());
        btn.addActionListener(new ActLis());
        cp.add(btn);
        setSize(200, 150);
        setVisible(true);
    }
    public static void main(String args[])
    {
        new Jpro11_16();
    }
    // 定义内部类 ActLis，并实现 ActionListener 接口
    class ActLis implements ActionListener
    {
        public void actionPerformed(ActionEvent e)
        {  // 事件发生的处理操作
            setTitle("事件处理机制");
            cp.setBackground(Color.yellow);
        }
    }
}
```

程序分析：

程序通过内部类实现事件处理的功能。内部类是在类的内部进行声明的类，它自动拥有对其外部类所有成员（方法、属性）的访问权。因为这一特点，在编写 GUI 程序时，常常使用它进行事件处理。在对多个相似事件源进行监听时，可以使用多个内部类分类型的进行事件监听，实现相同事件的不同处理过程，即避免过多的分支语句导致程序过长，又可以明确划分组件功能。对于只使用一次在某个事件源上进行注册的监听器，也常常在注册时创建一个匿名的内部类，完成事件处理，如语句

```
btn.addActionListener(new ActionListener (){
    public void actionPerformed(ActionEvent e) {     //事件处理代码}} );
```

可以完成对 btn 上的 ActionEvent 事件的处理。

11.5.2 事件类

Java 将事件类大致分成两种：语义事件（semantic events）与底层事件（low-level events）。其中语义事件直接继承自 AWTEvent，如 ActionEvent、AdjustmentEvent 与 ComponentEvent 等，底层事件则是继承自 ComponentEvent 类，如 ContainerEvent、FocusEvent、WindowEvent 与 KeyEvent 等。

表 11-19 显示了常用的事件类、事件监听接口与事件监听接口提供的方法。

表 11-19 常用事件及监听器

事件类别/接口名称	接口中声明的方法	产生事件的用户操作
ComponentEvent 组件事件类 ComponentListener 组件事件接口	void componentHidden(ComponentEvent e)	组件变得不可见
	void componentMoved(ComponentEvent e)	组件位置更改
	void componentResized(ComponentEvent e)	组件大小更改
	void componentShown(ComponentEvent e)	组件变得可见

续表

事件类别/接口名称	接口中声明的方法	产生事件的用户操作
ContainerEvent 容器事件类 ContainerListener 容器事件接口	void componentAdded(ContainerEvent e)	已将组件添加到容器
	void componentRemoved(ContainerEvent e)	已从容器中移除组件
WindowEvent 窗口事件类 WindowListener 窗口事件接口	void windowActivated(WindowEvent e)	将 Window 设置为活动
	void windowClosed(WindowEvent e)	窗口关闭（调用该方法，在窗口关闭后）
	void windowClosing(WindowEvent e)	窗口关闭（调用该方法，在窗口关闭时）
	void windowDeactivated(WindowEvent e)	不再是活动状态
	void windowDeiconified(WindowEvent e)	从最小化状态变为正常
	void windowIconified(WindowEvent e)	从正常变为最小化
	void windowOpened(WindowEvent e)	窗口首次变为可见
ActionEvent 单击事件类 ActionListener 单击事件接口	void actionPerformed(ActionEvent e)	发生操作
TextEvent 文本框事件类 TextListener 文本框事件接口	void textValueChanged(TextEvent e)	AWT 中文本的值改变
ItemEvent 选择事件类 ItemListener 选择事件接口	void itemStateChanged(ItemEvent e)	已选定或取消选定某项
MouseEvent 鼠标事件类 MouseListener 鼠标事件接口	void mouseClicked(MouseEvent e)	单击（按下并释放）
	void mouseEntered(MouseEvent e)	进入
	void mouseExited(MouseEvent e)	离开
	void mousePressed(MouseEvent e)	按下
	void mouseReleased(MouseEvent e)	释放
KeyEvent 键盘事件 KeyListener 键盘事件接口	void keyPressed(KeyEvent e)	按下某个键
	void keyReleased(KeyEvent e)	释放某个键
	void keyTyped(KeyEvent e)	键入某个键
FocusEvent 焦点事件 FocusListener 焦点事件接口	void focusGained(FocusEvent e)	获得键盘焦点
	void focusLost(FocusEvent e)	失去键盘焦点
MouseEvent 鼠标移动事件 MouseMotionListener 鼠标移动事件接口	void mouseDragged(MouseEvent e)	组件按下并拖动
	void mouseMoved(MouseEvent e)	组件没有按下时拖动
ListSelectionEvent 列表选择更改事件 ListSelectionListener 列表选择更改事件接口	void valueChanged(ListSelectionEvent e)	列表选择值发生更改

11.5.3 ActionEvent 类

ActionEvent 事件类是组件的事件处理常用类。当单击按钮、选择菜单项目、或向单行文本框输入字符串并敲击 Enter 键时，都会发生 ActionEvent 事件。

ActionEvent 类提供了如表 11-20 所示的几个方法。

表 11-20　类 ActionEvent 的方法

方法	主要功能
String getActionCommand()	返回与此动作相关的命令字符串
int getModifiers()	返回发生此动作事件期间按下的组合键
String paramString()	返回标识此动作事件的参数字符串
Object getSource()	最初发生事件的对象

例 11.17　ActionEvent 事件类的处理。

```
//文件名 Jpro11_17.java
import java.awt.*;
import javax.swing.*;
import java.awt.event.*;
public class Jpro11_17 extends JFrame implements ActionListener
{
   Container cp = getContentPane();
   JButton btn1 = new JButton("按钮一");
   JButton btn2 = new JButton("按钮二");
   JButton btn3 = new JButton("退出");
   JLabel lab = new JLabel("键入 Enter 后文本框内容: ");
   JTextField txt = new JTextField("", 20);
   public Jpro11_17()
   {
      super("Action Event");
      btn1.addActionListener(this);
      btn2.addActionListener(this);
      btn3.addActionListener(this);
      txt.addActionListener(new ActionListener(){
         public void actionPerformed(ActionEvent e) {
            lab.setText("键入 Enter 后文本框内容: " + txt.getText());
         }
      });
      cp.setLayout(new FlowLayout(FlowLayout.CENTER));
      cp.add(lab);
      cp.add(txt);
      cp.add(btn1);
      cp.add(btn2);
      cp.add(btn3);
      setSize(260, 140);
      setVisible(true);
   }
   public static void main(String args[])
   {
      Jpro11_17 frm = new Jpro11_17();
   }
   public void actionPerformed(ActionEvent e)
   {
      JButton btn = (JButton) e.getSource();
      if (btn == btn1)
         txt.setText("按钮一被按下");
      else if (btn == btn2)
         txt.setText("按钮二被按下");
```

```
            else
                System.exit(0);
        }
    }
```

程序运行结果如图 11-21 所示。

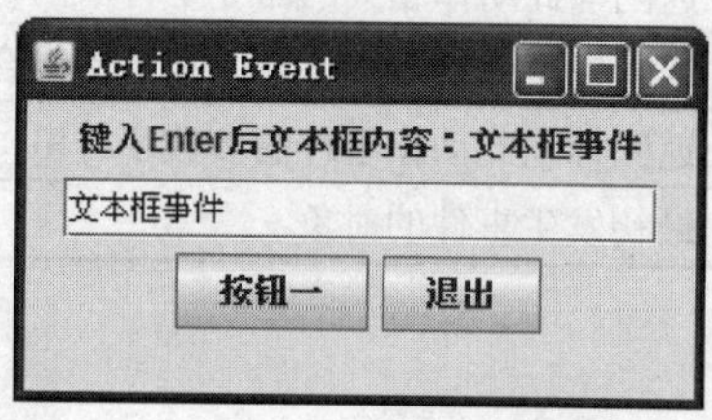

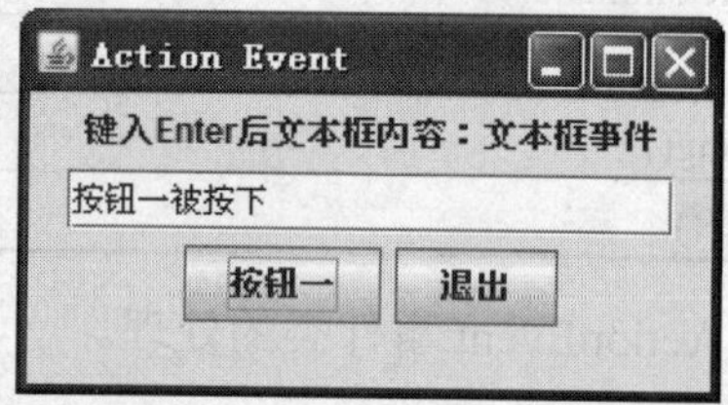

图 11-21 ActionEvent 类的处理示例

在文本框中输入内容并单击 Enter 键时，文本框内容显示在标签中，如果单击“按钮一”，文本框将显示“按钮一被按下”，单击“退出”按钮，程序将结束。

程序分析：

类 Jpro11_17 继承自 JFrame，cp 对象是内容面板容器。当按下按钮时，将会发生 ActionEvent 类事件，按钮本身不作任何处理，这时候就会把事件向上传递，直到窗口对象 frm 监听到为止。当 frm 对象监听到按钮事件后，就会运行 ActionListener 接口提供的方法 actionPerformed(ActionEvent e)。由于 ActionEvent 类继承自 EventObject 类，所以可以使用 EventObject 类提供的方法 getSource()来查看是哪个对象激活的事件。程序在类 Jpro11_17 中通过实现 ActionListener 接口定义了一个匿名内部类，文本框组件 txt 向该匿名内部类对象注册监听。

11.5.4 KeyEvent 类

KeyEvent 类继承自 InputEvent 类，是属于低层次的事件类，只要在键盘上按下任何键，都会触发按键事件。

KeyEvent 类提供了如表 11-21 所示的几个方法。

表 11-21 类 KeyEvent 的方法

方法	主要功能
char getKeyChar()	返回与此事件中的键相关联的字符
int getKeyCode()	返回与此事件中的键相关联的整数 keyCode
boolean isActionKey()	返回此事件中的键是否为“动作”键

要处理 KeyEvent 事件，可以用 KeyListener 接口来承担监听。但是 KeyListener 接口提供的事件处理方法较多，在实现的类里针对每一个方法都要编写处理代码。即使没有作相关的处理，也必须写上这些方法，用起来有点不方便。除了 KeyListener 之外，Java 还提供了 KeyAdapter 类来处理 KeyEvent 事件。

1. 用 KeyListener 接口处理 KeyEvent 事件

用 KeyListener 接口处理 KeyEvent 事件，必须用类实现 KeyListener 接口，然后用这个类对象来监听 KeyEvent 事件。KeyListener 接口声明了三个方法，如表 11-22 所示。

表 11-22 接口 KeyListener 声明的方法

方法	主要功能
void keyPressed(KeyEvent e)	按下某个键时调用此方法
void keyReleased(KeyEvent e)	释放某个键时调用此方法
void keyTyped(KeyEvent e)	键入某个键时调用此方法

例 11.18 用 KeyListener 接口处理 KeyEvent 事件。

```
//文件名 Jpro11_18.java
import java.awt.*;
import javax.swing.*;
import java.awt.event.*;
public class Jpro11_18 extends JFrame implements KeyListener
{
    JTextField txf = new JTextField(14);
    JLabel lab1 = new JLabel("未按键盘");
    JLabel lab2 = new JLabel("未按键盘");
    JLabel lab3 = new JLabel("未按键盘");
    int keyCode;    //保存按键代码
    Container cp = getContentPane();
    public Jpro11_18()
    {
        super("Key Event");
        cp.setLayout(new GridLayout(4,1));
        txf.addKeyListener(this);
        cp.add(txf);
        cp.add(lab1);
        cp.add(lab2);
        cp.add(lab3);
        setSize(200, 150);
        setVisible(true);
    }
    public static void main(String args[]) {
        Jpro11_18 frm = new Jpro11_18();
    }
    public void keyPressed(KeyEvent e) {
        keyCode = e.getKeyCode();    //获取按键代码
    }
    public void keyReleased(KeyEvent e) {
    }
    public void keyTyped(KeyEvent e) {
        lab1.setText("按键代码："+keyCode);
        lab2.setText("按键名称："+e.getKeyText(keyCode));
        lab3.setText("按键字符："+e.getKeyChar());
    }
}
```

程序运行结果如图 11-22 所示。

当在文本框中按下键盘时，KeyEvent 事件将被触发，窗口对象监听到之后，KeyListener 接口定义的三个方法将会执行。

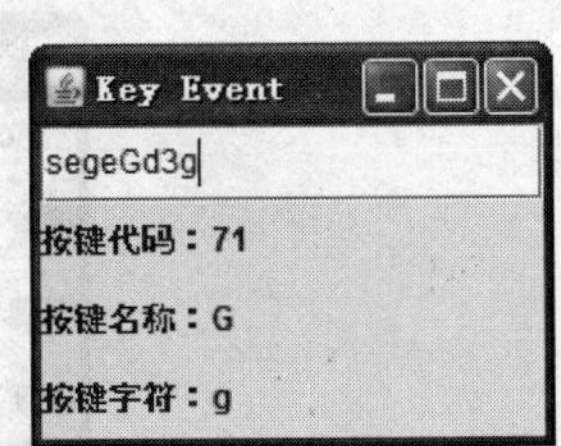

图 11-22 使用 KeyListener 接口来处理 KeyEvent 事件

2. 以 KeyAdapter 类事件处理 KeyEvent 事件

Java 提供的 KeyAdapter 类，处理 KeyEvent 事件时更加方便。KeyAdapter 类事实上只是用 KeyListener 接口定义了一个类，类方法里面没有任何语句，因此可以继承这个类。

例 11.19 以 KeyAdapter 类事件处理 KeyEvent 事件。

```
//文件名 Jpro11_19.java
import java.awt.*;
import javax.swing.*;
import java.awt.event.*;
public class Jpro11_19 extends JFrame
{
    JTextField txf = new JTextField(14);
    JLabel lab1 = new JLabel("未按键盘");
    JLabel lab2 = new JLabel("未按键盘");
    JLabel lab3 = new JLabel("未按键盘");
    //int keyCode;
    Container cp = getContentPane();
    public Jpro11_19()
    {
        super("Key Event");
        cp.setLayout(new GridLayout(4,1));
        txf.addKeyListener(new KeyLis());
        cp.add(txf);
        cp.add(lab1);
        cp.add(lab2);
        cp.add(lab3);
        setSize(200, 150);
        setVisible(true);
    }
    public static void main(String args[]) {
        Jpro11_19 frm = new Jpro11_19();
    }
    class KeyLis extends KeyAdapter
    {
        public void keyPressed(KeyEvent e)
        {
            int keyCode = e.getKeyCode();
            lab1.setText("按键代码: "+keyCode);
            lab2.setText("按键名称: "+e.getKeyText(keyCode));
            lab3.setText("按键字符: "+e.getKeyChar());
        }
    }
}
```

程序运行结果如图 11-23 所示。

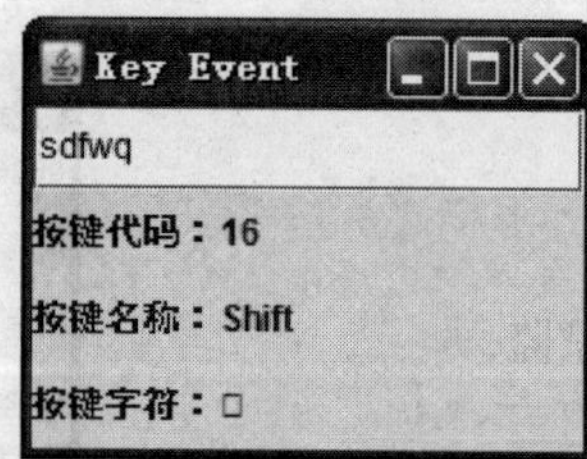

图 11-23 使用 KeyAdapter 类来处理 KeyEvent 事件

当在文本框中按下键盘时，KeyEvent 事件将被触发，KeyLis 内部类对象监听到之后，keyPressed()方法将会执行。

程序分析：

程序中，类 Jpro11_19 里定义了一个内部类 KeyLis，用这个内部类的对象去监听 KeyEvent 事件。在内部类 KeyLis 中，定义了方法 keyPressed()方法，这个方法覆盖了父类 KeyAdapter 类中的方法 keyPressed()。

11.5.5 MouseEvent 类

鼠标事件类 MouseEvent 也继承自 InputEvent 类，属于低层次事件类的一种，只要鼠标的按钮按下、鼠标指针进入或移出事件源、移动或拖拽鼠标，都会触发鼠标事件。MouseEvent 提供了如表 11-23 所示的方法。

表 11-23 类 MouseEvent 的方法

方法	主要功能
int getButton()	返回哪个鼠标按键更改了状态
int getClickCount()	返回与此事件关联的鼠标单击次数
Point getPoint()	返回事件相对于源组件的 x、y 位置
int getX()	返回事件相对于源组件的水平 x 坐标
int getY()	返回事件相对于源组件的垂直 y 坐标

同 KeyEvent 事件一样，可以使用多种方法来处理 MouseEvent 事件。Java 提供了 MouseListener 接口和 MouseMotionListener 接口作为 MouseEvent 事件的监听。为了方便操作，还提供了 MouseAdapter 类和 MouseMotionAdapter 类来处理 MouseEvent 事件，它们分别对 MouseListener 接口和 MouseMotionListener 接口进行实现。

1. 用 MouseListener 接口来处理 MouseEvent 事件

MouseListener 接口声明了 5 个用来处理不同事件的方法，如表 11-24 所示。

表 11-24 接口 MouseListener 声明的方法

方法	主要功能
void mouseClicked(MouseEvent e)	鼠标按键在组件上单击（按下并释放）时调用
void mouseEntered(MouseEvent e)	鼠标进入到组件上时调用
void mouseExited(MouseEvent e)	鼠标离开组件时调用
void mousePressed(MouseEvent e)	鼠标按键在组件上按下时调用
void mouseReleased(MouseEvent e)	鼠标按钮在组件上释放时调用

2. 用 MouseMotionListener 接口来处理 MouseEvent 事件

MouseMotionListener 接口用来监听鼠标的移动和拖拽操作，事件源使用 addMouseMotionListener()方法来注册监听。MouseMotionListener 接口声明的方法如表 11-25 所示。

表 11-25 接口 MouseMotionListener 声明的方法

方法	主要功能
void mouseDragged(MouseEvent e)	鼠标按键在组件上按下并拖动时调用
void mouseMoved(MouseEvent e)	鼠标光标移动到组件上但无按键按下时调用

3. 用 MouseAdapter 类事件处理 MouseEvent 事件

为了方便操作，Java 为 MouseListener 接口定义了 MouseAdapter 类。

例 11.20 用 MouseListener 和 MouseMotionListener 接口来处理 MouseEvent 事件。

```
//文件名 Jpro11_20.java
import java.awt.*;
import javax.swing.*;
import java.awt.event.*;
public class Jpro11_20 extends JFrame implements MouseListener, MouseMotionListener
{
    JButton btn = new JButton("演示按钮");
    JTextArea txa = new JTextArea(2, 6);
    Container cp = getContentPane();
    JLabel labx = new JLabel();
    JLabel laby = new JLabel();
    JLabel lab = new JLabel();
    public Jpro11_20()
    {
        super("Mouse Event");
        cp.setLayout(null);
        btn.addMouseListener(this);
        cp.addMouseMotionListener(this);
        txa.setEditable(false);
        btn.setBounds(10, 20, 150, 40);
        lab.setBounds(10,70,60,20);
        labx.setBounds(80,70,40,20);
        laby.setBounds(130,70,40,20);
        txa.setBounds(10, 100, 150, 100);
        cp.add(btn);
        cp.add(labx);
        cp.add(laby);
        cp.add(lab);
        cp.add(txa);
        setSize(180, 220);
        setVisible(true);
    }
    public static void main(String args[]) {
        Jpro11_20 frm = new Jpro11_20();
    }
    public void mouseEntered(MouseEvent e) {
        txa.setText("鼠标进入\n");
    }
    public void mouseClicked(MouseEvent e) {
        txa.append("鼠标单击\n");
    }
    public void mouseExited(MouseEvent e) {
        txa.append("鼠标离开\n");
    }
```

```
    public void mousePressed(MouseEvent e) {
        txa.append("鼠标按下\n");
    }
    public void mouseReleased(MouseEvent e) {
        txa.append("鼠标释放\n");
    }
    public void mouseMoved(MouseEvent e) {
        labx.setText("x=" + e.getX());
        laby.setText("y=" + e.getY());
        lab.setText("鼠标移动");
    }
    public void mouseDragged(MouseEvent e) {
        labx.setText("x=" + e.getX());
        laby.setText("y=" + e.getY());
        lab.setText("鼠标拖拽");
    }
}
```

程序运行结果如图 11-24 所示。

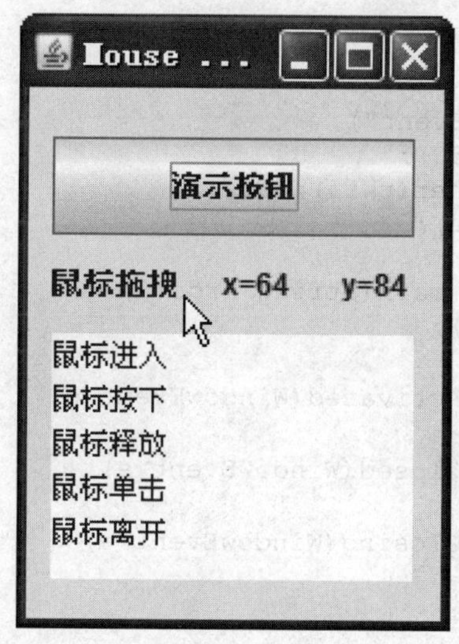

图 11-24　使用 MouseListener 和 MouseMotionListener 接口来处理 MouseEvent 事件

标签和文本框里显示鼠标进行的各种操作。

程序分析：

程序中，用按钮作为事件源之一，当鼠标进入按钮、按下按钮、释放按钮、离开按钮时都将触发 MouseEvent 事件。窗口的内容面板也是事件源之一，当鼠标在当前窗口中进行移动和拖拽时，标签中将显示事件触发时的鼠标的位置以及状态。

11.5.6 WindowEvent 类

窗口事件 WindowEvent 类也属于低层次的事件类。窗口的创建、缩小、关闭、变成非活动窗口等操作都会触发 WindowEvent 事件。Java 提供了 WindowListener 接口用于窗口事件的监听。为了简便操作，Java 还提供了 WindowAdapter 类来处理 WindowEvent 事件。WindowListener 接口中声明了 7 个处理不同事件的方法，如表 11-26 所示。

表 11-26　接口 WindowListener 声明的方法

方法	主要功能
void windowActivated(WindowEvent e)	将 Window 设置为活动 Window 时调用
void windowClosed(WindowEvent e)	因对窗口调用 dispose 而将其关闭时调用
void windowClosing(WindowEvent e)	用户试图从窗口的系统菜单中关闭窗口时调用
void windowDeactivated(WindowEvent e)	当 Window 不再是活动 Window 时调用
void windowDeiconified(WindowEvent e)	窗口从最小化状态变为正常状态时调用
void windowIconified(WindowEvent e)	窗口从正常状态变为最小化状态时调用
void windowOpened(WindowEvent e)	窗口首次变为可见时调用

例 11.21　使用 WindowListener 接口处理 WindowEvent 事件。

```
//文件名 Jpro11_21.java
import java.awt.*;
import javax.swing.*;
import java.awt.event.*;
public class Jpro11_21 extends JFrame implements WindowListener
{
    public Jpro11_21()
    {
        super("Window Event");
        setSize(200, 150);
        addWindowListener(this);
        setVisible(true);
    }
    public static void main(String args[]) {
        new Jpro11_21();
    }
    public void windowActivated(WindowEvent e) {     // 活动窗口
    }
    public void windowClosed(WindowEvent e) {        // 窗口关闭
    }
    public void windowClosing(WindowEvent e) {       // 按下窗口关闭按钮
        dispose();
        System.exit(0);
    }
    public void windowDeactivated(WindowEvent e) {  // 变成非活动窗口
    }
    public void windowDeiconified(WindowEvent e) {  // 窗口还原
    }
    public void windowIconified(WindowEvent e) {    // 窗口最小化
    }
    public void windowOpened(WindowEvent e) {       // 窗口打开
    }
}
```

程序运行结果如图 11-25 所示。

程序分析：

单击关闭按钮，窗口将关闭。窗口 JFrame 中的 setDefaultCloseOperation(int operation)方法也可以设置窗口的关闭行为，如果使用 WindowAdapter 类来处理 WindowEvent 事件，需要设置 setDefaultCloseOperation()方法的参数为 JFrame.DO_NOTHING_ON_CLOSE，否则事件监听的结果是隐藏窗口。

图 11-25　使用 WindowListener 接口处理 WindowEvent 事件

11.6　Swing 其他组件

11.3 节中介绍了常用的 Swing 基本组件，GUI 设计中，使用这些组件还是远远不够的，通常还会使用对话框、滚动条、菜单栏等。下面将介绍它们的使用方法。

11.6.1　JList 组件

文本项列表（JList）组件为用户提供一个文本项列表，用户可以选择一个或者多个选项。文本项列表组件的使用方式非常简单，使用 JList 类的构造方法就可以将选项加入到窗体内。类 JList 提供的构造方法与方法如表 11-27 所示。

表 11-27　类 JList 的构造方法与方法

构造方法	主要功能
JList()	创建新的文本项列表
JList(Object[] listData)	创建一个用指定数组初始化的新文本项列表
JList(Vector<?> listData)	创建一个初始化为指定向量的新文本项列表
方法	**主要功能**
void addListSelectionListener(ListSelectionListener listener)	添加指定的项侦听器以接收此列表的选择更改事件
void addNotify()	创建列表的同位体
void clearSelection()	清除选择
int getSelectedIndex()	获取列表中选中项的索引
Object getSelectedValue()	获取列表中选中的第一个值
Object[] getSelectedValues()	获取列表中选中的一组值
int getSelectionMode()	确定此列表是否允许多项选择
int getVisibleRowCount()	返回首选可见行数
void setVisibleRowCount(int visibleRowCount)	设置不使用滚动条可以在列表中显示的首选行数

当用户选取或者取消选取文本项列表中的某个选项时，ListSelectionEvent 事件就会被触

发。可以使用 addListSelectionListener ()方法把事件监听向 JList 类的对象注册，再将事件处理的程序代码编写在 valueChanged ()方法里。

例 11.22 JList 组件的使用。

```
//文件名 Jpro11_22.java
import java.awt.*;
import javax.swing.*;
import javax.swing.event.*;
public class Jpro11_22 extends JFrame implements ListSelectionListener
{
    Container cp = getContentPane();
    String txt[] = { "山东", "江苏", "浙江", "安徽", "福建", "江西", "上海市" };
    JList lst = new JList(txt);
    JLabel lab = new JLabel("邮编查询：");
    JLabel lab1 = new JLabel("邮编范围：");
    public Jpro11_22()
    {
        super("JList 组件");
        cp.setLayout(new FlowLayout(FlowLayout.CENTER));
        setSize(180, 200);
        cp.add(lab);
        cp.add(lst);
        cp.add(lab1);
        lst.addListSelectionListener(this);
        //lst.setBorder(BorderFactory.createLineBorder(Color.gray));
        setVisible(true);
    }
    public static void main(String args[])  {
        Jpro11_22 frm = new Jpro11_22();
    }
    public void valueChanged(ListSelectionEvent e)
    {
        int select = lst.getSelectedIndex();
        switch (select) {
        case 0:
            lab1.setText("邮编范围：25-27");  break;
        case 1:
            lab1.setText("邮编范围：21-22");  break;
        case 2:
            lab1.setText("邮编范围：31-32");  break;
        case 3:
            lab1.setText("邮编范围：23-24");  break;
        case 4:
            lab1.setText("邮编范围：35-36");  break;
        case 5:
            lab1.setText("邮编范围：33-34");  break;
        case 6:
            lab1.setText("邮编范围：20");break;
        }
    }
}
```

程序运行结果如图 11-26 所示。当选择某一选项时，窗口中的标签颜色将相应产生变化。

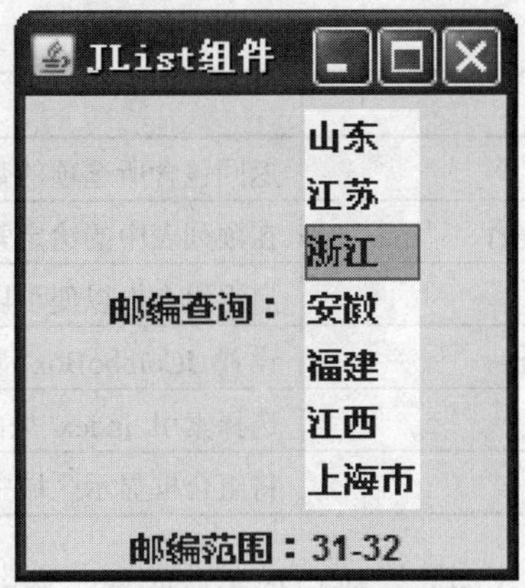

图 11-26　JList 组件

程序分析：

本例中，类 Jpro11_22 实现接口 ListSelectionListener，所以 Jpro11_22 类对象 frm 就可以用来监听 ListSelectionEvent 事件。当用户选择某一个选项时，ListSelectionEvent 事件对象 e 将被触发，相应的 valueChanged()方法就会执行。使用 JList 类对象的 getSelectedIndex()方法获取哪个选项被选中，根据返回值设置窗口中标签对象 lab1 的内容。JList 组件不能通过自身的方法显示滚动块，但可以通过创建滚动面板进行设置，如语句 JScrollPane listScrollPane = new JScrollPane(lst);就可以为 lst 对象添加一个垂直的滚动块。

11.6.2　JComboBox 组件

组合框（JComboBox）组件与文本项列表组件类似，提供了多个选项供用户选择。但与文本项列表不同的是，组合框只能选择单一的项目，不能复选，且组合框只能显示一个选项，用户必须按下菜单旁的下拉按钮才能选择某个选项。表 11-28 列出了 JComboBox 类的构造方法与方法。

表 11-28　类 JComboBox 的构造方法与方法

构造方法	主要功能
JComboBox()	创建一个新的组合框
JComboBox(Object[] items)	创建一个用指定数组初始化的新组合框
JComboBox(Vector<?> items)	创建一个初始化为指定向量的新组合框
方法	**主要功能**
void addItem(Object item)	为项列表添加项
void addItemListener(ItemListener l)	添加指定的项侦听器，以接收来自此组合框的项事件
Object getItemAt(int index)	获得此组合框指定索引上的字符串
int getItemCount()	返回此组合框列表中项的数量
int getSelectedIndex()	返回当前选定项的索引
Object getSelectedItem()	返回当前所选项

续表

方法	主要功能
Object[] getSelectedObjects()	返回包含所选项的数组
void insertItemAt(Object item, int index)	在项列表中的给定索引处插入项
void setEnabled(boolean b)	启用组合框以便可以选择项
void setMaximumRowCount(int count)	设置 JComboBox 显示的最大行数
void setSelectedIndex(int index)	选择索引 index 处的项
void setSelectedItem(Object item)	将组合框显示区域中所选项设置为参数中的对象

组合框的事件处理使用 ItemListener 接口作为监听器，当用户选取或者取消选取组合框中的某个选项时，ItemEvent 事件就会被触发。可以使用 addItemListener ()方法把事件监听向 JComboBox 类的对象注册，再将事件处理的程序代码编写在 itemStateChanged ()方法里。

例 11.23 JComboBox 组件的使用。

```
//文件名 Jpro11_23.java
import java.awt.*;
import javax.swing.*;
import java.awt.event.*;
public class Jpro11_23 extends JFrame implements ItemListener
{
    Container cp = getContentPane();
    JComboBox cb = new JComboBox();
    JLabel lab = new JLabel("邮编查询：");
    JLabel lab1 = new JLabel("邮编范围：");
    public Jpro11_23()
    {
        super("JComboBox 组件");
        cb.addItem("山东");
        cb.addItem("江苏");
        cb.addItem("浙江");
        cb.addItem("安徽");
        cb.addItem("福建");
        cb.addItem("江西");
        cb.addItem("上海市");
        cb.setEditable(true);
        cp.setLayout(new FlowLayout(FlowLayout.CENTER));
        setSize(240, 100);
        cp.add(lab);
        cp.add(cb);
        cp.add(lab1);
        cb.addItemListener(this);
        cb.setBorder(BorderFactory.createLineBorder(Color.gray));
        setVisible(true);
    }
    public static void main(String args[]) {
        Jpro11_23 frm = new Jpro11_23();
    }
    public void itemStateChanged(ItemEvent e) {
```

```
        String select = (String) cb.getSelectedItem();
        if (select == "山东")
            lab1.setText("邮编范围: 25-27");
        else if (select == "江苏")
            lab1.setText("邮编范围: 21-22");
        else if (select == "浙江")
            lab1.setText("邮编范围: 31-32");
        else if (select == "安徽")
            lab1.setText("邮编范围: 23-24");
        else if (select == "福建")
            lab1.setText("邮编范围: 35-36");
        else if (select == "江西")
            lab1.setText("邮编范围: 33-34");
        else
            lab1.setText("邮编范围: 20");
    }
}
```

程序运行结果如图 11-27 所示。当选择某一选项时，组合框下的标签中将显示相应地区的邮编范围。

图 11-27　JComboBox 组件

程序分析：

本例和例 11.22 类似，类 Jpro11_23 由接口 ItemListener 实现，所以 Jpro11_23 类对象 frm 就可以用来监听 ItemEvent 事件。当用户选择某一个选项时，ItemEvent 事件对象 e 将被触发，相应的 itemStateChanged()方法就会执行。使用 JComboBox 类对象的 getSelectedItem()方法获取被选中的选项，根据返回值设置窗口中标签对象 lab1 的内容，获取选中项也可以使用 getSelectedIndex()方法来实现。

11.6.3　JScrollBar 组件

滚动条（JScrollBar）是 Swing 中常用的组件，方便用户拖拽滚动条来设置数值或滚动画面。表 11-29 列出了类 JScrollBar 的构造方法与方法。

表 11-29　类 JScrollbar 的构造方法与方法

构造方法	主要功能
JScrollbar()	构造一个新的垂直滚动条
JScrollbar(int orientation)	构造一个具有指定方向的新滚动条
JScrollbar(int orientation, int value, int visible, int minimum, int maximum)	构造一个新的滚动条，它具有指定的方向、初始值、可视量、最小值和最大值

续表

方法	主要功能
void addAdjustmentListener(AdjustmentListener l)	添加指定的调整侦听器，以接收来自此滚动条的 AdjustmentEvent 实例
int getMaximum()	获得此滚动条的最大值
int getMinimum()	获得此滚动条的最小值
int getOrientation()	返回此滚动条的方向
int getValue()	获得此滚动条的当前值
boolean getValueIsAdjusting()	如果该值作为用户执行操作的结果正处于改变过程中，则返回 true
void setMaximum(int newMaximum)	设置此滚动条的最大值
void setMinimum(int newMinimum)	设置此滚动条的最小值
void setOrientation(int orientation)	设置此滚动条的方向
void setValue(int newValue)	将此滚动条的值设置为指定值
void setValues(int value, int visible, int minimum, int maximum)	设置此滚动条的四个属性值：value、visible、minimum 和 maximum

滚动条的方向可以设置成水平或垂直，JScrollBar 类分别用 HORIZONTAL 与 VERTICAL 两个常量来表示。

Java 为滚动条提供了 AdjustmentEvent 类进行事件处理，使用的是 AdjustmentListener 接口。该接口提供了一个唯一的方法：

```
void adjustmentValueChanged(AdjustmentEvent e)
```

adjustmentValueChanged()可接收 AdjustmentEvent 类的对象，这个对象正是当滚动条滚动时触发 AdjustmentEvent 而传递给监听器的。

例 11.24 滚动条组件的使用。

```
//文件名 Jpro11_24.java
import java.awt.*;
import javax.swing.*;
import java.awt.event.*;
public class Jpro11_24 extends JFrame implements AdjustmentListener
{
    Container cp = getContentPane();
    JScrollBar scr = new JScrollBar(Scrollbar.HORIZONTAL);
    JLabel lab = new JLabel("Java 面向对象程序设计", JLabel.CENTER);
    public Jpro11_24()
    {
        super("滚动条");
        BorderLayout br = new BorderLayout(5, 5);
        cp.setLayout(br);
        setSize(450, 100);
        scr.setValues(20, 4, 12, 40);
        scr.addAdjustmentListener(this);
        cp.add(scr, br.SOUTH);
        cp.add(lab, br.NORTH);
        lab.setFont(new Font("黑体", Font.PLAIN, 10));
        setVisible(true);
```

```
    }
    public static void main(String args[]) {
        Jpro11_24 frm = new Jpro11_24();
    }
    public void adjustmentValueChanged(AdjustmentEvent e) {
        int size = scr.getValue();
        lab.setFont(new Font("黑体", Font.PLAIN, size));
    }
}
```

程序运行结果如图 11-28 所示。

图 11-28 JScrollBar 组件

程序分析：

当拖动滚动条时，AdjustmentEvent 事件将被触发，则执行 adjustmentValueChanged()。通过滚动条对象的 getValue()方法取得滚动条的当前值，根据这个值设置标签字体的大小。

11.6.4 JDialog 组件

对话框（JDialog）是一种特殊的窗口，通常会利用它来处理一些简单的交互信息。JDialog 继承 java.awt.Dialog 类，可放置 Swing 的组件。表 11-30 列出了类 JDialog 常用的构造方法与方法。

表 11-30 类 JDialog 的构造方法与方法

构造方法	主要功能
JDialog()	构造一个初始时不可见，无模式，无所有者，带有空标题的对话框
JDialog(Dialog owner)	构造一个初始时不可见，无模式，带有空标题和指定所有者的对话框
JDialog(Dialog owner, boolean modal)	构造一个初始时不可见，无标题，有模式和指定所有者的对话框
JDialog(Dialog owner, String title)	构造一个初始时不可见，无模式，带有指定所有者和标题的对话框
JDialog(Dialog owner, String title, boolean modal)	构造一个初始时不可见的 JDialog，带有指定的所有者、标题和模式
JDialog(Frame owner)	构造一个初始时不可见，无模式，带有空标题和指定所有者的对话框
JDialog(Frame owner, boolean modal)	构造一个初始时不可见，无标题，有模式和指定所有者的对话框
JDialog(Frame owner, String title)	构造一个初始时不可见，无模式，带有指定所有者和标题的对话框
JDialog(Frame owner, String title, boolean modal)	构造一个初始时不可见的 JDialog，带有指定的所有者、标题和模式

续表

方法	主要功能
void addNotify()	通过将此 Dialog 连接到本机屏幕资源，从而使其成为可显示的
Container getContentPane()	返回此对话框的 contentPane 对象
void remove(Component comp)	从该容器中移除指定组件
void setContentPane(Container contentPane)	设置 contentPane 属性
void setDefaultCloseOperation(int operation)	设置当用户在此对话框上发起“close”时默认执行的操作
void setJMenuBar(JMenuBar menu)	设置此对话框的菜单栏

例 11.25 对话框的使用。

```
//文件名 Jpro11_25.java
import java.awt.*;
import javax.swing.*;
import java.awt.event.*;
public class Jpro11_25 extends JFrame implements ActionListener
{
    JDialog dlg = new JDialog(this);// 创建以当前窗口为主控窗口的 Dialog 对象
    JButton closeBtn = new JButton("关闭");
    JButton cancelBtn = new JButton("取消");
    public Jpro11_25()
    {
        super("对话框的使用");
        this.setSize(280, 150);
        dlg.setTitle("确定要关闭窗口?");
        dlg.setSize(200, 100);
        dlg.setLayout(new FlowLayout(FlowLayout.CENTER, 5, 30));
        dlg.add(closeBtn);
        dlg.add(cancelBtn);
        cancelBtn.addActionListener(this);
        closeBtn.addActionListener(this);
        this.setDefaultCloseOperation(DO_NOTHING_ON_CLOSE);//关闭时不执行任何
//操作，要求程序在已注册的 WindowListener 对象的 windowClosing()中处理该操作
        this.addWindowListener(new WinLis());//注册窗口监听器对象
        this.setVisible(true);
    }
    public static void main(String args[]) {
        Jpro11_25 frm = new Jpro11_25();
    }
    class WinLis extends WindowAdapter {
        public void windowClosing(WindowEvent e) {
            dlg.setLocation(50, 30);
            dlg.setVisible(true);
        }
    }
    public void actionPerformed(ActionEvent e) {
        JButton btn = (JButton) e.getSource();
        if (btn == closeBtn) {
            dlg.dispose();
            this.dispose();
```

```
            System.exit(0);
        } else if (btn == cancelBtn)
            dlg.setVisible(false);
    }
}
```

运行程序，将得到一个窗口。当按下窗口的“关闭”按钮时，将弹出一个无模式的对话框，如图 11-29 所示。按下对话框中的关闭按钮，窗口将关闭。当按下“取消”按钮时，将返回到初始状态。

图 11-29 对话框的使用

程序分析：

程序中，可能会触发两个类的事件，一个是按下窗口关闭按钮所触发的 WindowEvent 事件，关于这个事件，程序中使用了由 WindowAdapter 类派生出来的内部类 WinLis 类对象来监听。另一个事件是对话框上的按钮按下时所触发的 ActionEvent 事件。因为 Jpro11_25 类由 ActionListener 接口实现，所以第二个事件可以由 frm 窗口对象来监听。

11.6.5 JOptionPane 组件

Swing 中提供 JOptionPane 类来实现类似 Windows 平台下消息框的功能，使用 JOptionPane 类可以快速生成各种标准的模式对话框，实现信息提示、问题确定、警告、用户输入参数等功能。虽然由于方法众多使 JOptionPane 类显得复杂，但几乎所有此类的使用都是对表 11-31 中静态 showXXXDialog 方法之一的调用。

表 11-31 类 JOptionPane 的方法

方法	主要功能
static int showConfirmDialog(Component parentComponent, Object message, String title, int optionType , int messageType)	显示带有选项 Yes、No 和 Cancel 的话框，询问一个确认问题
static String showInputDialog (Component parentComponent, Object message, String title, int messageType)	显示请求用户输入内容的问题消息对话框
static void showMessageDialog (Component parentComponent, Object message, String title, int messageType)	显示信息的对话框，告知用户某事已发生
static int showOptionDialog (Component parentComponent, Object message, String title, int optionType, int messageType, Icon icon, Object[] options, Object initialValue)	上述三项的大统一，显示选择性的对话框

它们所使用的参数说明如下：

① parentComponent：指示对话框的父窗口对象，一般为当前窗口。也可以为 null 即采用

缺省的 Frame 作为父窗口，此时对话框将设置在屏幕的正中。

② message：指示要在对话框内显示的描述性的文字。

③ title：对话框的标题。

④ options：对将在对话框底部显示的选项按钮集合的更详细描述。

⑤ icon：在对话框内要显示的装饰性图标。

⑥ messageType：一般可以为如下的值：ERROR_MESSAGE、INFORMATION_MESSAGE、WARNING_MESSAGE、QUESTION_MESSAGE、PLAIN_MESSAGE。

⑦ optionType：它决定在对话框的底部所要显示的按钮选项。一般可以为 DEFAULT_OPTION、YES_NO_OPTION、YES_NO_CANCEL_OPTION、OK_CANCEL_OPTION。

⑧ initialValue：默认选择（输入值）。

例 11.26 JOptionPane 的使用。

```
//文件名 Jpro11_26.java
import java.awt.*;
import javax.swing.*;
import java.awt.event.*;
public class Jpro11_26 implements ActionListener
{
    JFrame jf = null;
    JLabel lab = null;
    public Jpro11_26()
    {
        jf = new JFrame("JOptionPane");
        Container cp = jf.getContentPane();
        JPanel panel = new JPanel();
        panel.setLayout(new GridLayout(2, 2));
        JButton btn = new JButton("MessageDialog");
        btn.addActionListener(this);
        panel.add(btn);
        btn = new JButton("InputDialog");
        btn.addActionListener(this);
        panel.add(btn);
        btn = new JButton("ConfirmDialog");
        btn.addActionListener(this);
        panel.add(btn);
        btn = new JButton("OptionDialog");
        btn.addActionListener(this);
        panel.add(btn);
        lab = new JLabel(" ", JLabel.CENTER);
        cp.add(lab, BorderLayout.NORTH);
        cp.add(panel, BorderLayout.CENTER);
        jf.pack();        //紧凑窗口组件显示
        jf.setVisible(true);
        jf.setDefaultCloseOperation(JFrame.EXIT_ON_CLOSE);
    }
    public static void main(String[] args) {
        new Jpro11_26();
    }
    public void actionPerformed(ActionEvent e) {
        String cmd = e.getActionCommand();
        String str = "";
        int result = 0;
```

```
        if (cmd.equals("MessageDialog")) {
            JOptionPane.showMessageDialog(jf, "ERROR_MESSAGE类型消息对话框", "
错误",JOptionPane.ERROR_MESSAGE);
        } else if (cmd.equals("InputDialog")) {
            str = JOptionPane.showInputDialog(jf, "请输入信息：", "输入",
JOptionPane.PLAIN_MESSAGE);
        } else if (cmd.equals("ConfirmDialog")) {
            result = JOptionPane.showConfirmDialog(jf, "YES_NO_CANCEL_OPTION
类型确认对话框", "确认",  JOptionPane.YES_NO_CANCEL_OPTION);
        } else {
            String[] options = { "OK", "CANCEL" };
            result = JOptionPane.showOptionDialog(jf, "点击 OK 继续", "警告
",JOptionPane.DEFAULT_OPTION, JOptionPane.WARNING_MESSAGE,null,  options,
options[0]);
        }
        if (str.length() != 0)
            lab.setText(str);
        else
            lab.setText("" + result);
    }
}
```

运行程序，将得到一个具有四个按钮和一个标签的窗口。当按下按钮时，将弹出不同的模式对话框，如图 11-30 所示，单击 ConfirmDialog 按钮将弹出图 11-30（b）所示对话框。选择对话框中的按钮或输入值，图 11-30（a）中的标签将显示操作结果。

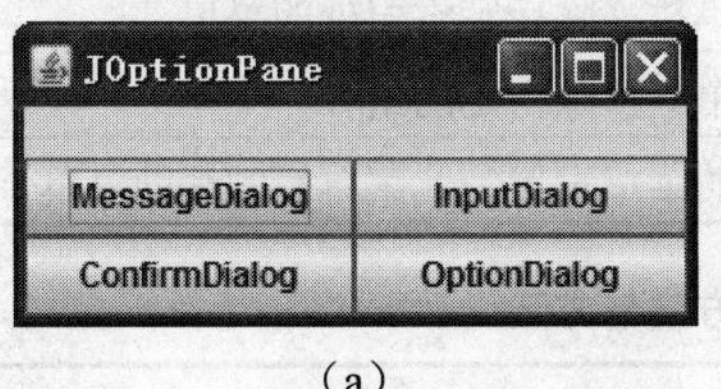

（a）

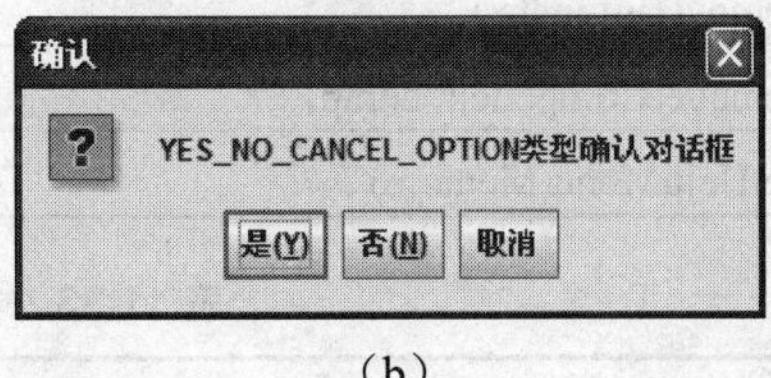

（b）

图 11-30　JOptionPane 的使用

程序分析：

程序中，按下按钮会触发 ActionEvent 事件，通过四个不同的按钮触发显示 JOptionPane 的四种常用对话框，所有的对话框都将窗口 jf 设置为父窗口。

11.6.6　菜单的设计

一般的软件设计中总是离不开菜单。在 Java 中，一个完整的菜单由 3 个类所创建，它们分别是菜单栏类（JMenuBar）、菜单类（JMenu）、菜单项类（JMenuItem）。这三个组件的继承关系和层次关系如图 11-31 所示。

创建一个菜单栏，首先必须创建一个 JMenuBar 对象。通过调用窗口对象的 setMenuBar()方法，将菜单栏加入到指定的窗口。再通过 JMenuBar 对象的 add()方法，将 JMenu 对象加入到菜单中，然后将 JMenuItem 菜单项通过 add()方法加入到各菜单中。由于 JMenu 类是继承自 JMenuItem 类的，所以也可以将一个 JMenu 对象通过 add()方法加入到菜单中，这就形成了子菜单。表 11-32、表 11-33 和表 11-34 分别列出了类 JMenuBar、类 JMenu 及类 JMenuItem 的构造方法与方法。

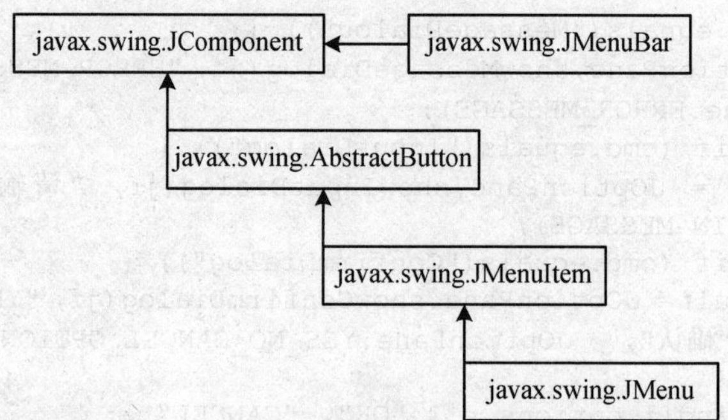

图 11-31 菜单相关组件的继承和层次关系图

表 11-32 类 JMenuBar 的构造方法与方法

构造方法	主要功能
JMenuBar()	创建新的菜单栏
方法	**主要功能**
JMenu add(JMenu m)	将指定的菜单添加到菜单栏
JMenu getHelpMenu()	获取该菜单栏上的帮助菜单
JMenu getMenu(int i)	获取指定的菜单
int getMenuCount()	获取该菜单栏上的菜单数
void remove(int index)	从此菜单栏移除指定索引处的菜单
void remove(Component comp)	从此菜单栏移除指定的组件
void setHelpMenu(Menu m)	将指定的菜单设置为此菜单栏的帮助菜单

表 11-33 类 JMenu 的构造方法与方法

构造方法	主要功能
JMenu()	构造具有空标签的新菜单
JMenu(String label)	构造具有指定标签的新菜单
方法	**主要功能**
JMenuItem add(JMenuItem mi)	将指定的菜单项添加到此菜单
JMenuItem add(String label)	将带有指定标签的项添加到此菜单
void addSeparator()	将一个新分隔符添加到菜单的当前位置
JMenuItem getItem(int index)	获取此菜单的指定索引处的项
int getItemCount()	获取此菜单中的项数
JMenuItem insert(JMenuItem menuitem, int index)	将菜单项插入到此菜单的指定位置
void insert(String label, int index)	将带有指定标签的菜单项插入到此菜单的指定位置
void insertSeparator(int index)	在指定的位置插入分隔符
void remove(int index)	从此菜单移除指定索引处的菜单项
void remove(Component item)	从此菜单移除指定的组件
void removeAll()	从此菜单移除所有项

表 11-34 类 JMenuItem 的构造方法与方法

构造方法	主要功能
JMenuItem()	构造具有空标签的新菜单项
JMenuItem(String label)	构造具有指定标签的新菜单项
JMenuItem(String label, Icon icon)	创建带有指定文本和图标的 JMenuItem
方法	**主要功能**
void addActionListener(ActionListener l)	添加指定的操作侦听器，以从此菜单项接收操作事件
AccessibleContext getAccessibleContext()	获取与此菜单项关联的 AccessibleContext
String getText()	获取此菜单项的标签
void setEnabled(boolean b)	启用或禁用菜单项
void setText(String label)	将此菜单项的标签设置为指定标签

菜单栏的设计看起来很复杂，但是事件处理却很简单，它主要触发 ActionEvent 事件。具体的使用方法跟前面的按钮事件相同，这里就不重复说明了。

例 11.27 创建一个如图 11-32 所示的能设置标签字号及颜色的菜单栏。

分析：图 11-32 的菜单栏中共有 2 个菜单，“文件”菜单中的菜单项具有关闭窗口的功能，“字体”菜单中应该进行“字号”及“颜色”的设置，可以通过在不同的菜单项上添加 ActionListener 对象实现这些功能。

```
//文件名 Jpro11_27.java
import java.awt.*;
import javax.swing.*;
import java.awt.event.*;
public class Jpro11_27 extends JFrame implements ActionListener
{
    Container cp = getContentPane();
    JLabel lab = new JLabel("字体演示", JLabel.CENTER);
    JMenuBar mb = new JMenuBar();
    JMenu menu0 = new JMenu("文件");
    JMenu menu1 = new JMenu("字体");
    JMenu menu1_1 = new JMenu("字号");
    JMenu menu1_2 = new JMenu("颜色");
    JMenuItem mi1_1_1 = new JMenuItem("30");
    JMenuItem mi1_1_2 = new JMenuItem("50");
    JMenuItem mi1_2_1 = new JMenuItem("红色");
    JMenuItem mi1_2_2 = new JMenuItem("蓝色");
    JMenuItem mi0 = new JMenuItem("退出");
    public Jpro11_27()
    {
        super("菜单栏");
        mb.add(menu0);
        mb.add(menu1);
        menu0.add(mi0);
        menu1.add(menu1_1);
        menu1.add(menu1_2);
        menu1_1.add(mi1_1_1);
        menu1_1.add(mi1_1_2);
        menu1_2.add(mi1_2_1);
```

```
        menu1_2.add(mi1_2_2);
        mi0.addActionListener(this);
        mi1_1_1.addActionListener(this);
        mi1_1_2.addActionListener(this);
        mi1_2_1.addActionListener(this);
        mi1_2_2.addActionListener(this);
        cp.add(lab);
        this.setSize(300, 150);
        this.setJMenuBar(mb);
        this.setVisible(true);
    }
    public static void main(String agrs[]) {
        Jpro11_27 frm = new Jpro11_27();
    }
    public void actionPerformed(ActionEvent e)
    {
        JMenuItem mi = (JMenuItem) e.getSource();
        Font f = lab.getFont();
        String name = f.getName();
        int style = f.getStyle();
        int size = f.getSize();
        if (mi == mi1_1_1)
            lab.setFont(new Font(name, style, 30));
        else if (mi == mi1_1_2)
            lab.setFont(new Font(name, style, 50));
        else if (mi == mi1_2_1)
            lab.setForeground(Color.red);
        else if (mi == mi1_2_2)
            lab.setForeground(Color.blue);
        else
            System.exit(0);
    }
}
```

程序运行结果如图 11-32 所示。

图 11-32　菜单的设计

与按钮事件的处理一样，通过 getSource()方法获取事件源，根据事件源来设置窗口内 JLabel 对象的字体。菜单代码编写很有规律，请读者自行分析程序，找出其中规律。

11.7　实例

例 11.28　猜数字游戏。编写程序，完成一个如图 11-33 所示的猜数字游戏。在 0～99 范围之内猜测系统随机产生的一个整数，当未猜中时，窗口中的标签将给出大了或小了的提示，否则显示猜中信息。

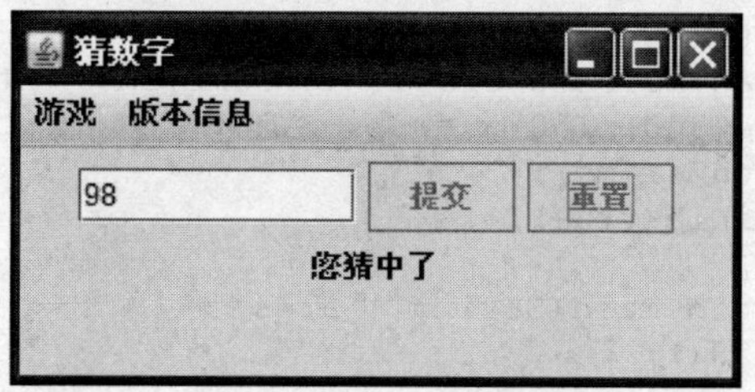

图 11-33　猜数字游戏

分析：程序中需要生成 JFrame、JMenuBar、JLabel、JTextField、JButton 等对象。当程序监听到 JMenuItem 对象或 JButton 对象产生 ActionEvent 事件时，根据不同的命令信息作出不同的反应。如选中游戏菜单中的开始项时生成待猜测的变量 key 的值，然后改变两个按钮的状态，并给出提示让用户输入 100 以内整数；在输入数字提交猜测时，根据与 key 的比较结果给出"太大了"等信息的提示。

```
//文件名 Jpro11_28.java
import java.awt.*;
import javax.swing.*;
import java.awt.event.*;
public class Jpro11_28 extends JFrame implements ActionListener
{
    private JMenuBar mb = new JMenuBar();
    private JMenu menu1 = new JMenu("游戏");
    private JMenu menu2 = new JMenu("版本信息");
    private JMenuItem mit1 = new JMenuItem("开始");
    private JMenuItem mit2 = new JMenuItem("退出");
    private JMenuItem mit3 = new JMenuItem("关于");
    private JLabel lab = new JLabel();
    private JTextField tf = new JTextField(10);
    private JButton btnGuess = new JButton("提交");
    private JButton btnExit = new JButton("重置");
    private int key;
    private JDialog dlg = new JDialog(this);
    public Jpro11_28()
    {
        super("猜数字");
        JPanel jp = new JPanel();
        jp.setLayout(new FlowLayout());
        mit1.addActionListener(this);
        menu1.add(mit1);
        mit2.addActionListener(this);
        menu1.add(mit2);
        mit3.addActionListener(this);
        menu2.add(mit3);
        mb.add(menu1);
        mb.add(menu2);
        jp.add(tf);
        btnGuess.addActionListener(this);
        btnGuess.setEnabled(false);
        jp.add(btnGuess);
        btnExit.addActionListener(this);
        btnExit.setEnabled(false);
        jp.add(btnExit);
        jp.add(lab);
```

```
        this.setContentPane(jp);
        this.setDefaultCloseOperation(JFrame.EXIT_ON_CLOSE);
        this.setSize(300, 150);
        this.setJMenuBar(mb);
        this.setVisible(true);
    }
    public static void main(String[] args) {
        new Jpro11_28();
    }
    public void actionPerformed(ActionEvent e)
    {
        if (e.getActionCommand().equals("开始")) {
            key = (int) (100 * Math.random());
            tf.setText("");
            btnGuess.setEnabled(true);
            btnExit.setEnabled(true);
            lab.setText("请输入 100 以内整数");
        } else if (e.getActionCommand().equals("退出")) {
            System.exit(0);
        } else if (e.getActionCommand().equals("重置")) {
            tf.setText("");
            tf.requestFocus();
        } else if (e.getActionCommand().equals("提交")) {
            String str = tf.getText();
            try {
                int x = Integer.parseInt(str);
                if (key > x) {
                    lab.setText(x + "太小了");
                } else if (key < x) {
                    lab.setText(x + "太大了");
                } else {
                    lab.setText("您猜中了");
                    btnGuess.setEnabled(false);
                    btnExit.setEnabled(false);
                }
            } catch (Exception ex) {
                lab.setText("您输入的值不符合要求");
            }
        } else {
            dlg.setBounds(600, 350, 100, 100);
            JLabel lb = new JLabel("猜数字游戏，version 1.0");
            dlg.add(lb);
            dlg.setTitle("关于");
            dlg.setVisible(true);
        }
    }
}
```

请读者分析程序，理解运行结果。

例 11.29 鼠标绘图。编写程序，生成一个窗口，当鼠标在窗口中拖动时，窗口自动绘制一个矩形。如图 11-34 所示。

图 11-34 用鼠标拖动绘图

分析：本例主要涉及到鼠标事件的处理和绘图两个内容。其中，鼠标动作主要有鼠标按下和鼠标释放，当用户按下鼠标时，记录按下时的坐标，当用户释放鼠标时，记录鼠标所在的坐标。然后根据这两个坐标来绘制一个矩形。

```
//文件名 Jpro11_29.java
import java.awt.*;
import javax.swing.*;
import java.awt.event.*;
public class Jpro11_29 extends JFrame
{
    private int x1 = 0, x2 = 0, y1 = 0, y2 = 0;
    public Jpro11_29()
    {
        super("鼠标作图");
        this.setBounds(0,0,200, 150);
        addMouseListener(new MouseLis());
        this.setDefaultCloseOperation(EXIT_ON_CLOSE);
        this.setVisible(true);
    }
    public static void main(String args[]) {
        Jpro11_29 frm = new Jpro11_29();
    }
    class MouseLis extends MouseAdapter {
        public void mousePressed(MouseEvent e) {
            x1 = e.getX();
            y1 = e.getY();
        }
        public void mouseReleased(MouseEvent e) {
            x2 = e.getX();
            y2= e.getY();
            Graphics g = Jpro11_29.this.getGraphics(); //获取外部类窗口的
                                                       //Graphics 对象
            paint(g);
        }
    }
    public void paint(Graphics g)
    {
        super.paint(g);
        g.setColor(Color.blue);
        int temp;
        if (x2 < x1) {
            temp = x1;
            x1 = x2;
            x2 = temp;
        }
        if (y2 < y1) {
            temp = y1;
            y1 = y2;
            y2 = temp;
        }
        g.drawRect(x1, y1, x2 - x1, y2 - y1);
    }
}
```

程序分析：

在 paint()方法中，做了一个对(x1,x2)和(y1,y2)两组数据的大小判断。这是为什么呢？drawRect()方法中，前面两个参数是绘制矩形的起始坐标，后面两个参数分别表示矩形的宽和高。当用户将鼠标从左上往右下拖动时，可以正常绘图。但是，如果将鼠标从右上往左下拖动，或者左下往右上拖动时，x2-x1 和 y2-y1 将会产生一个负值，这时候将不能进行正确绘图。所以在使用 drawRect()方法绘图时，先做一个判断并进行转换，保证 x2 大于 x1，y2 大于 y1。本题也可以使用 Applet 或 JApplet 作为容器绘图，在 init()方法中为当前界面添加鼠标事件监听器，编写 paint()方法绘制图形，实现监听器接口或编写内部类继承适配器完成事件处理。

习题十一

1．javax.swing.JFrame 的父类是___________。

A．javax.swing.JContainer　　B．java.awt.Window

C．java.awt.Frame　　D．javax.swing.JComponent

2．方法___________可以将 JMenuBar 加入到 JFrame 中___________。

A．setMenu()　　B．addMenuBar()　　C．add()　　D．setMenuBar()

3．当单击鼠标或者拖动鼠标时，触发的事件是___________。

A．KeyEvent　　B．AcitonEvent　　C．ItemEvent　　D．MouseEvent

4．___________不属于 AWT 布局管理器。

A．GridLayout　　B．CardLayout　　C．BorderLayout　　D．BoxLayout

5．在类中若要处理 ActionEvent 事件，则该类需要实现的接口是____________。

A．ActionListener　　B．Runnable　　C．Serializable　　D．Event

6．什么是 AWT、Swing？它们之间有什么样的关系？

7．在程序中要将一个组件的前景色改成黄色，黄色有几种表示方法？分别是什么？

8．试说明 Font 类的主要用途及使用方法。

9．简述 Graphics 类的使用方法，并使用该类在窗口中绘制一个圆形。

10．在 300*200 的窗口里创建一个按钮，宽为 80，高为 40，标题是“确定”，按钮距窗口左上角的 x 方向距离为 60，y 方向距离为 80。

11．设计一个用户调查表的程序界面，调查选项里面包括一个文本框、一组单选按钮、一组复选选项。

12．设计一个窗口程序。窗口内包含一个文本域和两个按钮。当文本域的内容为空时，两个按钮变成无效状态。当按钮有效时，单击第一个按钮，文本域中的字体颜色改变成黄色，单击另一个按钮，文本域内的字体颜色改变成蓝色。

13．设计一个用户编辑菜单界面，菜单具有打开、保存、退出等功能。

14．使用鼠标适配器设计一个绘图界面，当鼠标在窗口内单击时，程序在单击位置绘制字符串显示“学习 Java GUI 设计”。

第 12 章 applet 程序设计

- applet 的工作机制和生命周期。
- applet 的程序框架。
- applet 的主要方法及层次结构。
- applet 程序与 HTML 文件的配合。
- applet 程序的运行方式。
- applet 与 application 的区别与联系。

- 了解 applet 的工作原理。
- 掌握 applet 程序中主要方法的使用。
- 掌握创建和运行 applet 程序的方法。
- 掌握 applet 标记的使用。
- 掌握 Java applet 与 Java application 的区别。
- 了解 applet 在多媒体中的应用。

12.1 引例

在介绍 applet 的工作原理之前，先看下面一个范例。

例 12.1 当首次启动 Java applet 小程序时，显示面板上显示字符串"Welcome!"，如图 12-1（a）所示；当该 applet 窗口被其他窗口遮挡后再次显示时，显示面板上显示字符串"Welcome back!"，如图 12-1（b）所示。请看下面的源代码。

```
//文件名 Jpro12_1.Java
import java.awt.*;                    //装载 Graphics 类
import javax.swing.JApplet;           //装载 JApplet 类
public class Jpro12_1 extends JApplet
{
    private String message;
    public void init() {
        message = "Welcome!";
    }
    public void paint(Graphics g) {
        g.drawString(message, 10, 20);
        message = "Welcome back!";
    }
}
```

（a）首次启动 applet 运行结果

（b）遮挡后 applet 运行结果

图 12-1　例 12.1 的运行结果

要运行 applet 需要两个准备步骤：①编写源文件并将该文件编译成相应的类文件；②创建一个 HTML 文件，该文件包含了类文件的位置和 applet 尺寸等信息。

在 JCreator 环境下编写并编译好 Jpro12_1.java 之后，创建一个名为 Jpro12_1.html 文件，其内容是：

```
<APPLET CODE ="Jpro12_1.class" WIDTH="200" HEIGHT ="100">
</APPLET>
```

这里使用 applet 查看器 appletviewer 来运行 applet 程序。具体步骤如下：

单击“开始”按钮，单击“运行”，弹出“运行”对话框，如图 12-2 所示，在文本框中输入“cmd”，并点击“确定”按钮，就可打开命令控制台窗口。

图 12-2　Windows 运行窗口

在命令控制台窗口中，将当前目录切换到 Jpro12_1.html 文件所在的目录，然后在命令行中输入：appletviewer Jpro12_1.html，如图 12-3 所示。

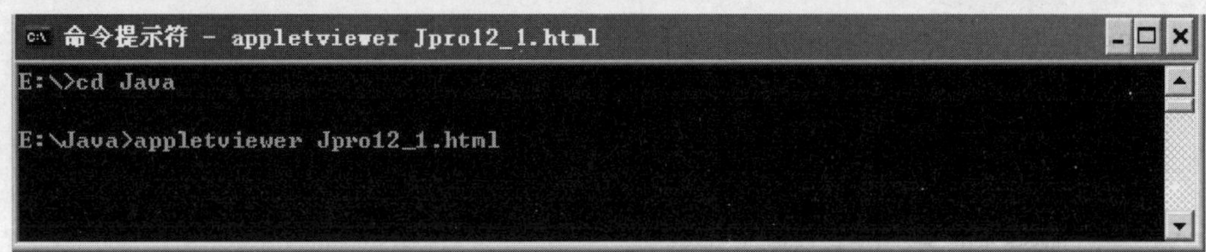

图 12-3　Windows 命令控制台窗口

程序分析：

将编写好的 Jpro12_1.html 同 Jpro12_1.class 放在同一文件夹下，就可以用 appletviewer 命令来查看 applet 的运行结果，如图 12-1 所示。

在类 Jpro12_1 中共有两个方法，其中方法 init()用于初始化字符串信息。方法 paint()用于将字符串信息显示在 applet 窗口的显示面板上。程序在执行时最先执行的是 init()方法，然后再是 paint()方法。

主类 Jpro12_1 是 JApplet 的子类，JApplet 类继承自 Container 类，而 paint()方法是定义在 Container 类之内，因此 Applet 类自然继承 Container 类的 paint()方法。applet 的画面相当于一个窗口，因此当上述情况发生在 applet 实体时，applet 自然会调用 paint()方法来重新绘制画面。

Jpro12_1.html 文件的含义是在一个 200 像素宽，100 像素高的窗口中运行一个名为 Jpro12_1 的 applet。其中，code 值给出了 applet 所在.class 文件的名称。width 和 height 指定 applet 的初始大小（以像素为单位）。关于 applet 标记的其他属性将在本章后面做详细介绍。

由上例可知，applet 是一种特殊的 Java 程序，为了和 application 相区别，称之为小程序。applet 是能够嵌入到一个 HTML 页面中，且可通过 Web 浏览器下载和执行的一种 Java 小程序。它是 Java 容器的一种特定类型，其执行方式不同于应用程序。一个应用程序是从它的 main()方法被调用开始的，而一个 applet 的生命周期在一定程度上则要复杂得多。关于 applet 生命周期将在 12.2.2 节介绍。

通过前面的学习已经知道，Java 字节码文件需要一个专门的解释器来执行，对于 application 程序来说，这个解释器就是文件 java.exe。对于小程序来说，在 JDK 中，这个解释器就是文件 appletviewer.exe。同时，applet 是可以在与 Java 兼容的 Internet 浏览器上运行的。关于 applet 的运行将在 12.3.2 节做详细介绍。

12.2 applet 的基本工作原理

12.2.1 applet 的工作机制

由于 applet 在 Web 浏览器环境中运行，所以它并不直接由键入的命令启动，必须要创建一个 HTML 文件来告诉浏览器需装载什么以及如何运行它。在 WWW 服务器上存放了很多的 Web 页，这些页面都是由 HTML（超文本标记语言，HyperText Markup Language）编写的。用户使用兼容 Java 的 WWW 浏览器浏览页面进行信息访问。

applet 工作原理如图 12-4 所示，编译好的字节码文件（.class）保存在特定的 WWW 服务器上，而另外一个嵌入了该字节码文件名的 HTML 文件保存在同一个或另一个服务器上。当某一个浏览器向服务器请求下载嵌入了 applet 的文件时，该文件从 WWW 服务器上下载到客户端，由 WWW 浏览器解释 HTML 中的各种标记。当浏览器遇到嵌入 applet 标记的 HTML 文件时，它会根据 applet 的名字和位置自动将字节码从服务器上下载到本地，并利用浏览器本身的 Java 解释器执行该字节码文件。

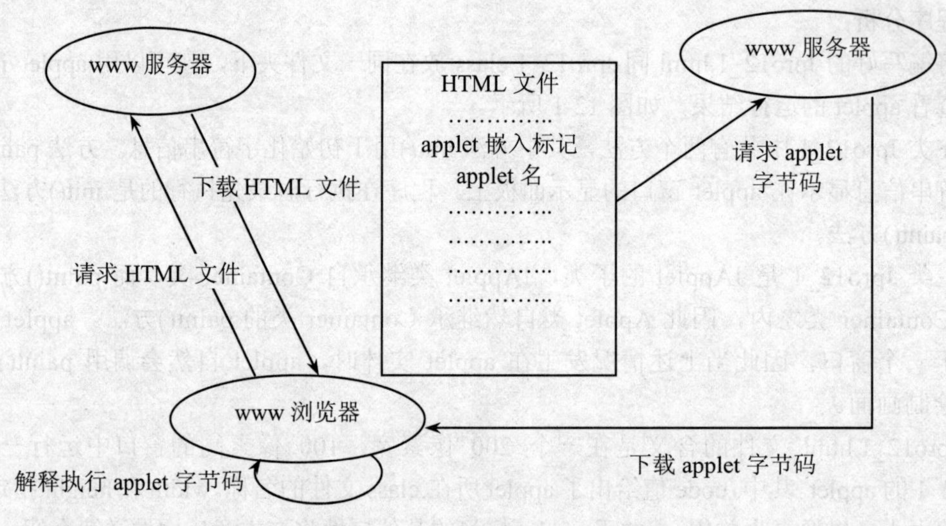

图 12-4 applet 的工作原理

12.2.2 applet 的生命周期

Java applet 程序的运行环境与 Java application 程序差别很大，applet 是一种特殊的 Java 程序，它被连入 HTML 网页文件中，由浏览器中的 Java 虚拟机运行。要深入理解 Java applet 程序是如何运行的，就需要了解 applet 的生命周期。

在了解 applet 生命周期之前，先介绍一下 applet 的层次结构。

1．applet 的层次结构

要生成 applet 程序必须继承 Applet 类或 JApplet 类，然后根据用户的需要，重写 Applet 类或 JApplet 类。

applet 的层次结构如图 12-5 所示。其中 Applet 类是 Java 类库中的一个重要系统类，存在于 java.applet 包中。Applet 类也是 java.awt.Panel 的子类，属于构建图形用户界面的 java.awt 包，但是 Applet 类比较特殊，以至于系统专门为它建立了一个名为 java.applet 的包。

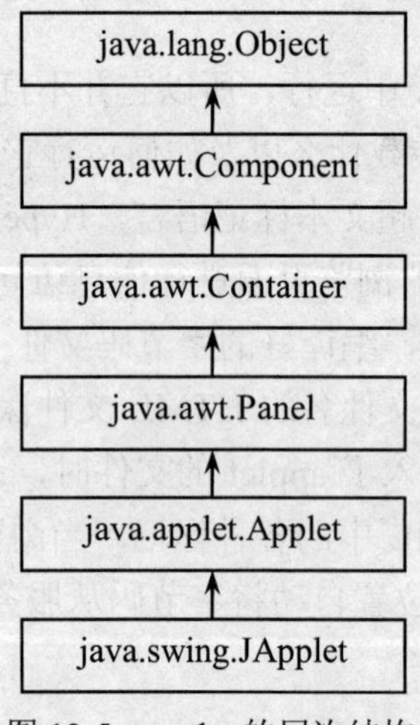

图 12-5 applet 的层次结构

从图 12-5 层次关系显示，一个 applet 可直接用作一个 AWT 布局的起始点。因为 Applet 本身是一种 Panel，所以它有一个缺省的流布局管理器。Component、Container 和 Panel 类的方法被 Applet 类继承了下来。Applet 在继承这些类的基础上，还具有一些与浏览器和 applet 生命周期有关的专门方法。

通过第 11 章的学习，我们知道 Swing 较 AWT 有着较多优势，目前都使用 Swing 组件。JApplet 属于 javax.swing 包中，它继承自 Applet 类，因此 JApplet 不仅继承了 Component、Container、Panel 和 Applet 类中的方法，而且原有的使用 Applet 类来实现的 applet 程序都还能够执行。本章所有 Java applet 实例都是通过继承 JApplet 类来实现的。

2. applet 的生命周期

applet 生命周期是指 applet 从开始载入、运行到停止、消亡的整个过程。applet 的生命周期与 application 相比较更为复杂。从运行开始到运行结束，applet 通过 init()、start()、stop()、destroy()、paint()方法表现出不同的状态，如初始化、启动、绘制图形等。这些方法提供了 Java 浏览器与 applet 之间的接口以及前者对后者的执行进行控制的基本机制。其中 init()、start()、stop()、destroy()方法是由 Applet 类所定义的，另一个方法 paint()是由 AWT 组件类定义的。下面我们将详细介绍这些方法。

- public void init()初始化

该方法用于 applet 的初始化。当 applet 第一次加载时，该方法会被自动调用。在这个方法中，可以做一些必要的初始化工作，这些内容包括创建和初始化程序运行所需要的对象实例，把图形或字体载入内存，处理 PARAM 参数等。

- public void start()

该方法是用来启动浏览器运行 applet 的主线程。调用 init()方法将 applet 的初始化工作完成之后，start()方法会自动调用；当用户刷新包含 applet 的页面或者从其他页面返回包含 applet 的页面时，start()方法会被自动调用。

也就是说，start()方法可以被多次调用，这与 init()方法是有区别的。基于这样的原因，可以把只调用一次的代码放在 init()方法中，而不能放在 start()方法中。

- public void stop()

该方法在用户离开包含 applet 的页面时会被自动调用。与 start()方法相同，stop()方法也可以被多次调用。当 stop()方法被调用时，将停止一些耗费系统资源的活动，如播放动画等。如果在 applet 中没有动画或者音乐文件的播放，可以不使用这个方法。

- public void destroy()

当用户正常关闭浏览器时，浏览器会调用 destroy()方法。该方法用于回收系统资源，如回收图形用户界面的系统资源、关闭连接等。至于 applet 实例本身，会由浏览器来负责从内存中清除，不需要在 destroy()方法中清除。

- public void paint(Graphics g)

该方法用于在 Applet 的界面上显示文字、图形和其他界面元素。方法中带有一个 Graphics 类参数，要将 java.awt.Graphics 包装入，这个 Graphics 类参数不需要程序员担心，浏览器会自动创建并将其传递给 paint()方法。该方法也是浏览器可自动调用 Applet 类的方法，导致浏览器调用 paint()方法的事件主要有如下三种：

①Applet 被启动之后，将自动调用 paint()来重新描绘自己的界面。

②Applet 所在的浏览器窗口改变时，例如窗口被放大、缩小、移动或被系统的其他部分遮盖、覆盖后又重新显示在屏幕的最前方等。这些情况都要求 Applet 重画它的界面，此时浏览器就自动调用 paint()方法来完成此项工作。

③Applet 的其他相关方法被调用时，系统也会相应的调用 paint()方法。例如，当 repaint()方法被调用时，系统就首先调用 update()方法将 Applet 实例所占用的屏幕空间清空，然后调用 paint()方法重新绘制 Applet 的界面。

上述 Applet 由浏览器自动调用的主要方法 init()、start()、stop()和 destroy()分别对应了 applet 的初始化、启动、暂停和直到消亡的各个阶段。图 12-6 说明了 applet 的生命周期和对应的方法。

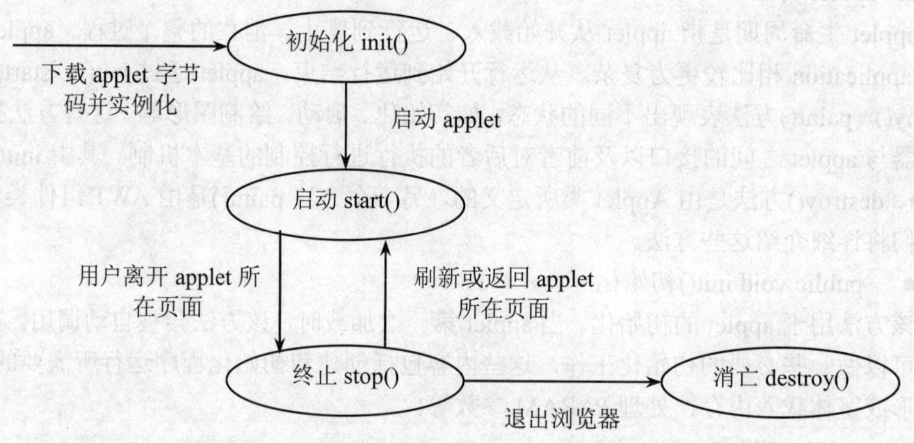

图 12-6 applet 的生命周期和对应的方法

通过下面的例 12.2 可以看到浏览器如何调用 applet 中的各种方法。

例 12.2 applet 生命周期的一个示例。

```
// 文件名 Jpro12_2.java
import java.awt.*;
import javax.swing.*;
public class Jpro12_2 extends JApplet
{
    // 各计数器初始化
    private int InitCnt = 0, StartCnt = 0, StopCnt = 0, DestroyCnt = 0,PaintCnt = 0;
    public void init() {
        InitCnt++;              // init()方法执行次数加 1
        System.out.println("init()method called!");
    }
    public void start() {
        StartCnt++;             // start()方法执行次数加 1
        System.out.println("start() method called!");
    }
    public void stop() {
        StopCnt++;              // stop()方法执行次数加 1
        System.out.println("stop() method called!");
    }
    public void destroy() {
        DestroyCnt++;           // destroy()方法执行次数加 1
```

```
        System.out.println("destroy () method called!");
    }
    public void paint(Graphics g)
    {
        PaintCnt++;                    // paint()方法执行次数加 1
        System.out.println("paint() method called!");
        g.drawString("init()执行了: " + InitCnt + "次。", 30, 70);
        g.drawString("start()执行了: " + StartCnt + "次。", 30, 120);
        g.drawString("paint()执行了: " + PaintCnt + "次。", 30, 20);
        g.drawString("stop()执行了: " + StopCnt + "次。", 30, 170);
        g.drawString("destroy()执行了: " + DestroyCnt + "次。", 30, 220);
    }
}
```

编写 Jpro12_2.htm 文件，具体内容如下：

```
<APPLET CODE ="Jpro12_2.class" WIDTH = "300" HEIGHT = "250">
</APPLET>
```

在命令行中输入：

```
appletviewer Jpro12_2.html
```

执行 appletviewer 命令后，将产生一个 applet 窗口。当选择“Applet”菜单上的“重新启动”子菜单后，就会出现如图 12-7 所示的运行结果。

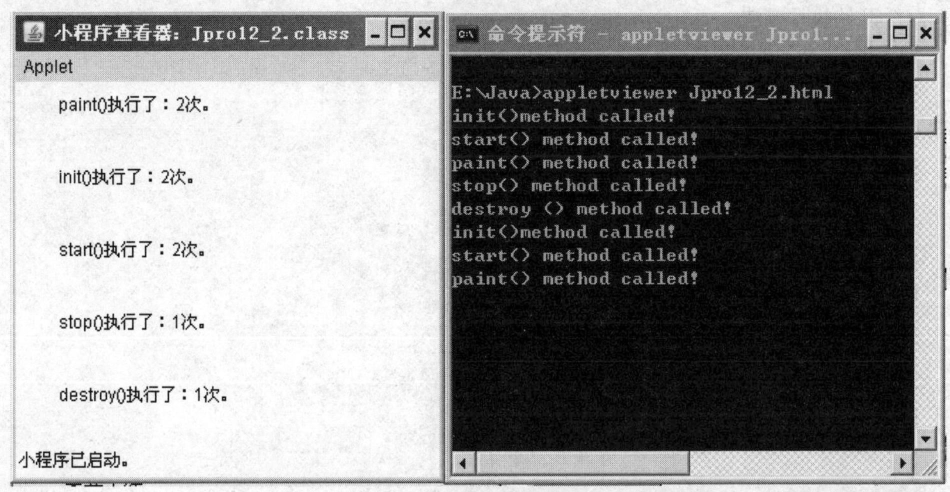

图 12-7 Jpro12_2 的显示结果和后台输出结果

程序分析：

程序说明了 applet 几个主要方法执行的先后顺序。当类 Jpro12_2 被载入时，首先执行 init()方法，将方法的执行次数计数加 1 并将方法名输出到 Java 控制台上，然后执行 start()方法，并做相应的计数和方法名的输出。接着执行 paint()方法，不仅做相应的计数和方法名的输出，而且在 applet 窗口显示面板上输出所有方法的执行次数。

当用户选择窗口上“Applet”菜单的“重新启动”子菜单后，浏览器分别调用 destroy()、init()、start()、paint()进行相应的计数和方法名的输出。

运行 Jpro12_2.html 后，执行将 applet 缩小、放大、切换页面、刷新等操作，看看这些操作发生时，有哪些方法被调用以及调用的顺序是怎样的。

12.3 applet 的创建和运行

Java applet 的实现主要依靠 java.applet 包中的 Applet 类，Applet 类是所有 Java applet 的超类。所有的 Java applet 都必须从该类继承。Applet 类为 applet 的执行，如启动、中止等提供了所有必需的支持。通过前面学习我们知道 JApplet 类是 Applet 类的子类。随着 Swing 组件成为主流，JApplet 类成为实现 applet 的主要方式。要掌握 Java applet 如何创建和运行，首先要了解 applet 的程序框架。

12.3.1 applet 的程序框架

根据上节介绍的 applet 的生命周期，我们可以将 Java applet 的程序框架总结如下：

```
import javax.swing.*;
import javax.awt.*;
public class 子类名 extends JApplet  // 定义 JApplet 类的子类
{
    // 初始化方法
    public void init(){
    // 初始化变量、设置字体、装载图片、读取参数等
    }
    // 开始执行方法
    public void start(){
    // 启动程序执行或恢复程序执行
    }
    // 停止执行方法
    public void stop(){
    // 挂起正在执行的程序、暂停程序的执行
    }
    // 退出方法
    public void destroy(){
    // 终止程序的执行释放资源
    }
    // 绘画方法
    public void paint(Graphics g){
    // 完成绘制图形等操作
    }
    ........// 用户可以在主类中定义其他方法，或定义其他类。
}
```

从 Java Applet 的程序结构看，Java Applet 由若干类组成，无需 main()方法，但必须有且仅有一个主类，该类是 Applet 类的子类，且被声明为 public。程序被保存时，程序名必须命名为主类名，即程序名与主类名完全相同，后缀为.java。

在上述结构中，并不是所有的方法都是必需的，用户根据自己的需要重写相应的方法，一般情况下init()和 paint()是必须重写的。另外用户可以在主类中自定义方法，自定义方法不能自动被执行，可以由其他方法调用，如 init()、start()等。

如果在创建 applet 时，继承的是 Applet 类，主类的结构不发生改变，但在 Applet 中加入组件或绘制图形等方面有所变化。继承 Applet 类的小应用程序需要引用的包和类声明语句如下：

```
import java.applet.*;
import java.awt.*;
public class 子类名 extends Applet {.....}
```

总之 applet 的创建有两种方式。一种是使用 JApplet 类来实现，另一种是使用 Applet 类来实现。随着 Swing 组件的广泛应用，建议大家使用第一种方式。

12.3.2 applet 与 HTML 文件的配合

applet 程序本身不能够独立执行，需要嵌入在 HTML 文件中并依赖浏览器运行。applet 程序从源代码的编写到编译生成字节码文件，都与 Java application 类似。但是要想调试和运行 applet，必须与 HTML 文件相配合。

1. HTML 中的 Applet 标记

HTML 是超文本标记语言，它通过各种各样的标记来编排超文本信息。在 HTML 文档中嵌入 applet 同样需要通过使用一组约定好的标记<applet>.....</applet>，此标记的完整语法如下所示，其中加方括号的参数是可选的：

```
<applet
    code=appletFile.class width=pixels height=pixels
     [codebase=codebaseURL]
     [alt=alternateText]
     [name=appletInstanceName]
     [align=alignment]
     [vspace=pixels][hspace=pixels]>
     [<param name=appletAttribute1 value=value>]
    {<param name=appletAttribute2 value=value>]
    ...
</applet>
```

具体选项的解释如下：

（1）code=appletFile.class：这是一个必选项，用来指定编译好的 applet 子类的文件名。一般情况下，applet 子类的类文件与 HTML 文件放在同一目录下，所以无需路径。如果类文件和 HTML 文件不在同一目录下，需要用到<codebase>选项，也就是说，要改变 applet 的 URL，可使用<codebase>选项。

（2）width=pixels height=pixels：这是一个必选项，用来指定 applet 显示区域的宽度和高度。

（3）codebase=codebaseURL：这是一个可选项，用来指定 applet 代码的 URL，从而告诉系统在什么位置查找 applet 的类文件。如果这一选项未指定，则认为 applet 的类文件和 HTML 文件在同一目录下。

（4）alt=alternateText：这一可选项指定一个文本消息。当浏览器能读取 applet 标记但不能运行 applet 时，就会显示该文本消息。

（5）name=appletInstanceName：这个可选项用来指定 applet 名称，从而使得在同一页面上的多个 applet 可以互相通信。

（6）align=alignment：这个可选项指定了 applet 的对齐方式。与基本的 HTML 中 IMG 标

记的相应属性相同，它的可取值为 left、top、texttop、middle、absmiddle、baseline、bottom 和 absbottom。

（7）vspace=pixels hspace=pixels：这些可选项分别指定 applet 与 HTML 文件的垂直和水平的距离大小，以像素为单位。

（8）<param name=appletAttribute value=value>：这一可选项用来将 value 的值作为 HTML 参数传递给 applet 处理。applet 用 getParameter()方法来获取参数。

例 12.3 HTML 文件的实例。

```
<HTML>
<BODY>
    <APPLET  CODE ="AppletTest.class"  CODEBASE="com"
        WIDTH = "400"       HEIGHT = "300"
            VSPACE="100"       HSPACE="100">
    </APPLET>
</BODY>
</HTML>
```

AppletTest.java 源代码如下：

```
import javax.swing.*;
import java.awt.*;
public class AppletTest extends JApplet{
    public void init(){
        getContentPane().add(new JButton("Applet!"));
    }
}
```

程序分析：

程序指定了 applet 的名称 AppletTest。它的显示高度和宽度分别为 300 和 400 像素，并指定它与浏览器边界的垂直和水平距离均为 100。这里假定 HTML 绝对路径是 E:\Java，AppletTest 的绝对路径是 E:\Java\com。因此，AppletTest 类文件相对于 html 文件所在的位置是 com。于是 CODEBASE 的值设为 com。

2. 向 applet 传递参数

Java application 通过命令行接受用户参数，在 applet 中，该任务是通过在 HTML 文件中使用 param 标记中 name 和 value 属性向 applet 传递参数的。在 applet 的定义中，使用方法 getParameter()来读取 name 参数提供的 value。由于在 HTML 文件和 applet 之间传递的参数是以字符串形式表示的，因此在使用某些特殊类型的参数前应该将其强制转化成特定的数据类型。下面实例中看出如何向 applet 传递参数。

例 12.4 向 applet 传递参数的范例

在一个 HTML 文件中，上下文为<applet>的<param>标记向 applet 传递参数。例如：

```
<applet code= Jpro12_4.class width=250 height=200>
  <param name=username value="John">
  <param name=age value=20>
</applet>
```

在 applet 内部，使用方法 getParameter()来读取这些值。源代码如下。

```
// 文件名 Jpro12_4.java
import java.awt.*;
import java.applet.*;
import javax.swing.*;
public class Jpro12_4 extends JApplet // 定义主类
```

```
{
    String name; // 用于接收 HTML 参数的程序变量
    int age;
    public void init() {
        name = getParameter("username"); // 接收 HTML 中传递的参数
        age = Integer.parseInt(getParameter("age"));// 接收参数并转换成整型
    }
    public void paint(Graphics g) {
        g.drawString(name + " is " + age + " years old ", 10, 20);
    }
}
```

运行结果，如图 12-8 所示。

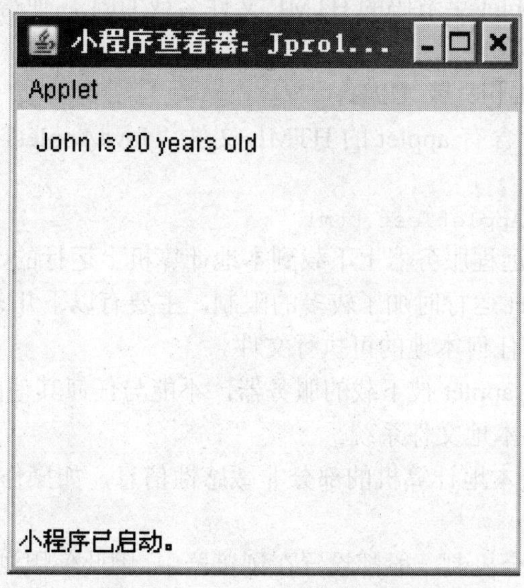

图 12-8　Jpro12_4 的显示结果

程序分析：

方法 getParameter()搜索匹配的名称，并将与之相关的值以字符串的形式返回。如果这个参数名称在位于<applet></applet>标记对中的任何<param>标记中都未被找到，则 getParameter()返回 null。参数的类型都是 String。如果需要其他类型的参数，则必须做一些转换处理。例如，读取应为 int 类型的参数，

```
age = Integer.parseInt(getParameter("age"));
```

由于 HTML 的本性，参数名称对大小写不敏感；但是，使它们全部为大写或小写是一种良好的风格。如果参数值的字符串中含有空格，则应把整个字符串放入双引号中。值的字符串对大小写敏感；不论是否使用双引号，它们的大小写都保持不变。

12.3.3　applet 的执行

Java applet 程序执行方式有两种：

1. 在 Web 浏览器中执行

applet 必须要嵌入到 HTML 文档中，就可以在支持 Java applet 的浏览器中直接查看 applet 的结果，即只需双击嵌入了 applet 的 HTML 页面即可运行。这里的 Java applet 浏览器是指可

以运行包含 Applet 的 HTML 文件的一切软件系统。Microsoft Internet Explorer、Netscape Navigator 等支持 Java 的 Web 浏览器都是 applet 浏览器，Java applet 都可以在其中运行。

随着 HTML 文件被加载，浏览器将发现其中的 applet 标签，然后根据 code 指定的值来查找相应的.class 文件，从而将该 applet 在 Web 浏览器中运行。

2. 使用 appletviewer 命令执行

Sun 公司的 JDK 中附带有一个专为查看 applet 而设计的工具 appletviewer。它使得用户无须使用 Web 浏览器就可直接运行 applet。appletviewer 能从 HTML 文件中抽取出“<APPLET>”标签，然后仅仅运行和这个 applet 相关的信息，其他内容将不会被显示。

appletviewer 通过命令行方式运行，运行时会产生一个 applet 窗口，用于显示执行结果。另外，要制定一个嵌入 applet 字节码的 HTML 文件名或 URL，使得 applet 可以在指定区域显示和执行。具体命令格式如下：

appletviewer <HTML file 或 URL>

例如，在命令行运行含有 applet 的 HTML 文件“JavaAppletTest.html”，则需要输入下列命令：

```
appletviewer JavaAppletTest.html
```

由于 applet 是通过从远程服务器上下载到本地计算机上运行的，存在着一定的安全问题。因此，Java 设计者在 applet 运行时加了较多的限制，主要有以下几条：

（1）applet 不能访问任何本地的可执行文件。

（2）applet 只能访问 applet 被下载的服务器，不能与任何其他的服务器进行通信。

（3）applet 不能读写本地文件系统。

（4）applet 只能获取本地计算机的部分非敏感性信息，如操作系统名称和版本号、文件及路径分隔符、换行符等。

上述的 applet 相关安全机制一般都设置在浏览器中，因此使用浏览器方式运行 applet 具有较高的安全限制。相比之下，使用 appletviewer 来运行 applet，安全限制较低些。使用该方式可以访问本地计算机的文件系统、连接其他主机的网络端口等。

12.3.4 applet 与 application

通过前面学习，可以总结出 Java applet 程序与 Java application 程序的不同之处：

（1）Java application 程序是独立完整的程序。Java applet 程序是在 WWW 浏览器环境下运行的，即不是完整的独立运行程序。

（2）运行方式上，Java application 程序通过在命令行调用独立的解释器软件即可运行。运行 Java applet 程序的解释器不是独立的软件，而是嵌在 WWW 浏览器中作为浏览器软件的一部分。运行 applet 程序时，必须把它嵌在 HTML 中并激活浏览器中的解释器，或者调用一些能够模拟浏览器环境的软件，如 appletviewer。

（3）程序结构上，Java application 程序的主类必须有一个 main()方法，这是 Java application 程序执行的入口点。Java applet 程序中不一定包含 main()方法，但是 Java applet 程序的主类必须是类库中已定义好的类 Applet 或 JApplet 的子类。由于 Java applet 不需要有 main()方法作为程序的入口点，Java applet 更多地是体现状态和状态之间的切换，而不是固定的顺序化的执行过程。

（4）程序编写组成上，Java applet 程序可以直接利用浏览器或者 appletviewer 运行图形用户界面，而 Java application 程序必须另外书写专门代码来创建自己的图形界面。因为 applet 是一种可在浏览器中执行的小型 Java 程序。而大部分执行 applet 所需的图形支持环境已内建或以嵌入的方式放在浏览器中。applet 是继承 Panel 的。即 applet 是一种 Panel。所以编写 applet 时，需要去作一个 Frame 来展示图形的部分。浏览器自然会产生一个 Panel 作为图形接口的容器。Java application 若要图形接口，就须编写 Frame 或 JFrame 的实例作为外面的容器。

由此可见，Java applet 和 Java application 在程序编写组成、结构、运行方式上都有着较大的区别，但是同时两者又是可以相容的，有一种程序既可以是 applet，也可以是 application，这种程序可以独立在操作系统上运行，也可以在浏览器中运行。请看下面的范例。

例 12.5 application 与 applet 混合应用示例。

```
// 文件名 Jpro12_5.java
import javax.swing.*;
import java.awt.*;
import java.awt.event.*;
public class Jpro12_5 extends JApplet
{
    JButton jb = new JButton("Add Text");          //创建一个按钮
    JTextPane jtp = new JTextPane();               //创建一个文本框
    public void init()
    {
      jb.addActionListener(new ActionListener() {
        public void actionPerformed(ActionEvent e) {
          jtp.setText(jtp.getText() + ",Welcome to here!\n");//设置文本框内容
          }
        });
        Container cp = getContentPane();
        cp.add(new JScrollPane(jtp));              //将文本框加入到面板中
        cp.add(BorderLayout.SOUTH, jb);            //将按钮加入到面板中
    }
    public static void main(String[] args)
    {
        JFrame frm = new JFrame("Java Application"); //产生一个窗口
        Jpro12_5 app = new Jpro12_5();             // 产生一个小应用程序对象
        frm.getContentPane().add(app);             //将小应用程序对象添加到窗口中
        frm.setSize(300, 200);
        //给窗口注册监听事件
        frm.addWindowListener(new WindowAdapter() {
            public void windowClosing(WindowEvent we) {
                System.exit(0);
            }
        });
        app.init(); //调用小应用程序中的方法
        frm.setVisible(true); //设置窗口可视
    }
}
```

运行结果：

（1）作为应用程序运行时，当用户在文本框中输入内容“John”，然后单击按钮“Add Text”，运行结果如图 12-9 所示。

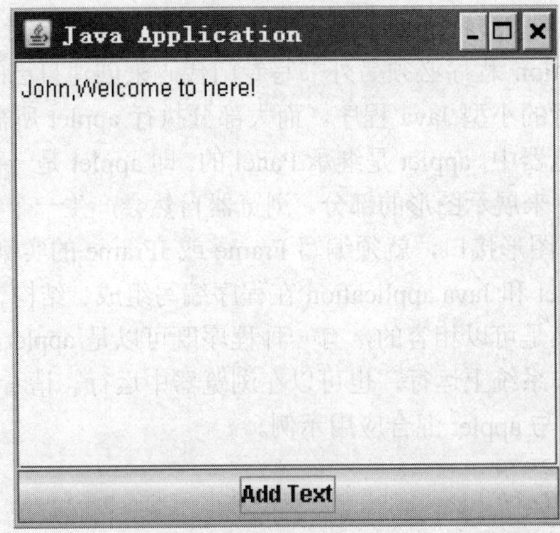

图 12-9 例 Jpro12_5 作为应用程序运行的结果

（2）作为小程序在网页中运行时，其中 Jpro12_5.html 的具体内容如下：

```
<applet code="Jpro12_5.class" width="300" height="200">
</applet>
```

当用户在文本框中输入内容“John”，然后单击按钮“Add Text”，运行的结果如图 12-10 所示。

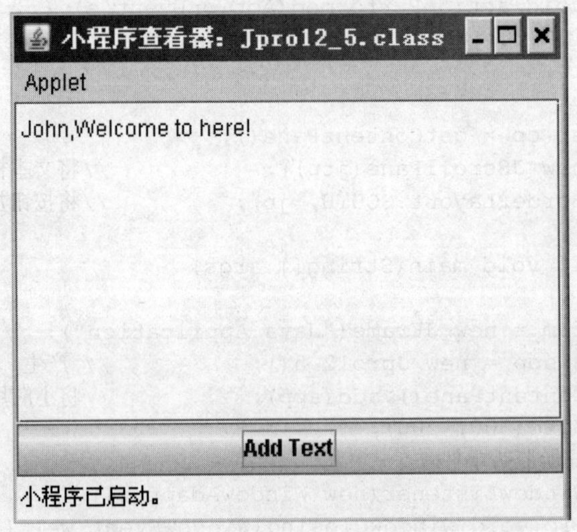

图 12-10 例 Jpro12_5 作为小程序运行的结果

程序分析：

其实现思想是这样的，首先创建一个小程序，这个小程序包含一个 main()方法，这个 main()方法把 JFrame 实例化，而且还创建这个小程序的一个实例，将小应用程序对象添加到窗口中。在调用小程序的 init()方法后，窗体用该小程序的内容面板来替代该窗体的内容面板。这个窗体接着设置其大小和标题，并把它的可见性设置为 true。如上所示，这种小程序和应用程序的组合实际上是共享一个内容面板。当 Jpro12_5.java 被编译后，它既可作为小程序运行，也可作为应用程序运行。

12.4 applet 与多媒体技术

applet 可以和多媒体技术结合，它不仅支持图形和文本媒体，同样支持图像、声音、动画及视频等其他多媒体，从而大大拓宽了其应用领域，给用户一个更丰富多彩的体验。下面简要介绍这些方法。

1. applet 中加载图片的方法

Graphics 类中提供了不少绘制图形的方法，但对于复杂图形，大部分都事先利用专用的绘图软件绘制好，或者是用其他截取图像的工具获取图像的数据信息，再将它们按照一定的格式存入图像文件。

Java 特别提供了 java.awt.Image 类来管理与图像文件有关的信息，因此执行与图像文件有关的操作时需使用 import 引用这个类。applet 类中提供了 getImage()方法将准备好的图像文件装载到 applet 中，但必须首先指明图像文件所存储的位置。getImage()方法的调用格式有以下两种，这两种调用格式的返回值都是 Image 对象。

Image getImage(URL url)

Image getImage(URL url，String name）

类 URL 代表一个统一资源定位符，它是指向互联网资源的指针。资源可以是简单的文件或目录，也可以是对更为复杂的对象的引用，例如对数据库或搜索引擎的查询。

2. applet 中加载声音的方法

Java 编程语言也具有播放音频文件的方法，这些方法在 java.applet.AudioClip 类中。利用 Java 2 可以播放 WAV、AIFF、MIDI、AU 和 RMT 格式的文件。

播放音频文件的最简单的方式是通过 applet 的 play()方法，有两种形式：

play(URL soundDirectory, String soundFile);

play(URL soundURL);

例如：

```
play(getDocumentBase(), "bark.au");
```

语句将播放存放在与 HTML 文件相同目录的 bark.au 文件，一旦 play()方法装载了该声音文件，就立即播放。如果找不到指定 URL 下的声音文件，play()方法不返回出错信息，只是听不到想听的声音而已。

3. 动画的生成和播放

前面几节我们学习了在 Java 语言中处理各种媒体的方法，除了以上介绍的媒体外，Java 语言的多媒体功能还包括利用绘画、音频和图像等制作动画。

Java 语言中的动画制作步骤是：

第一步，在屏幕上显示动画的第一帧（也就是第一幅画面）。

第二步，每隔很短的时间再显示另外一帧，如此往复。

具体的实现过程是系统调用 repaint()方法完成重画任务，而 repaint()方法又直接调用 update()方法。update()方法目的是先清除整个 applet 区域里的内容，然后再调用 paint()方法，从而完成了一次重画工作。这里涉及有关多线程的概念和工作原理，将在后面章节介绍。

例 12.6 applet 多媒体应用实例。

```
// 文件名 Jpro12_6.java
import java.awt.*;
import javax.swing.JApplet;
public class Jpro12_6 extends JApplet implements Runnable
{
    Image img;//声明 Image 类型的变量 img
    Thread runThread;
    String s = "Welcome to here !";
    int s_length = s.length() - 1;
    int x_character = 0;
    Font wordFont = new Font("TimesRoman", Font.BOLD, 30);//设置字体
    public void init() {
        img = getImage(getCodeBase(), "ittoolbox.gif");//加载 ittoolbox.gif 图片
    }
    public void start() {
        if (runThread == null) {
            runThread = new Thread(this);
            runThread.start();
        }
    }
    public void run() {
        while (true) {
            if (x_character++ > s_length)
                x_character = 0;
            repaint();
            try {
                Thread.sleep(300);
            } catch (InterruptedException e) {
            }
        }
    }
    public void paint(Graphics g) {
        g.drawImage(img, 100, 150, this);//将 img 画在 applet 上
        play(getDocumentBase(), "cq.au");//播放音乐
        g.setFont(wordFont);
        g.setColor(Color.red);
        g.drawString(s.substring(0, x_character), 5, 30);
    }
}
```

编写 Jpro12_6.htm 文件，具体内容如下：

```
<APPLET CODE ="Jpro12_6.class" WIDTH = "400" HEIGHT = "300">
</APPLET>
```

请读者自己运行该程序。

程序分析：

本例是涉及图像显示、声音以及动画播放效果的 applet 程序。在图片显示中利用 getImage(getCodeBase(),"ittoolbox.gif ")来加载图片 ittoolbox.gif，而 getCodeBase()是用来取得 applet 程序所在的目录，需要将 ittoolbox.gif 与 Jpro12_6.java 置于同一个目录下才能运行。

在动画的播放设计中涉及到多线程思想，即通过实现 Runnable 接口来实现多线程，然后声明一个 Thread 类型的实例变量，该实例变量用来存放新的线程对象。其次覆盖 start()方法，在 start()方法中需要生成一个新线程并启动这个线程。再将原来 start()方法中的主循环代码放

入 run()方法。

最后在 paint()方法里，利用 drawImage(img, 100, 150,this)把 img 加载，并把图像的左上角置于(100,150)处。这里的 this 关键字代表图片所显示的区域为目前的这个 applet。利用 play()方法可以将声音播放一遍，但若想循环播放声音，就需要用到功能更强大的 AudioClip 类。此处留给读者思考。

12.5 实例

例 12.7 在 applet 中鼠标点击的位置处显示鼠标所在的位置。

分析：Java 编程语言所支持的最有用的特色之一是直接的交互动作。Java applet 同应用程序一样，能注意到鼠标，并对鼠标事件作出反应，源代码如下。

```
// 文件名 Jpro12_7.java
import java.applet.Applet;
import java.awt.*;
import java.awt.event.*;
public class Jpro12_7 extends  Applet
{
    int x = 0, y = 0;
    int width, height;
    //applet 初始化，添加了一个鼠标监听对象
    public void init() {
        addMouseListener(new Mouse());
    }
    //继承 MouseAdapter 类，实现鼠标点击监听
    class Mouse extends MouseAdapter {
        public void mousePressed(MouseEvent e) {
            //获取鼠标在 Applet 上点击的位置
            x = e.getX();
            y = e.getY();
            width = size().width;
            height = size().height;
            repaint();
        }
    }
    //绘制 applet 屏幕，根据鼠标位置绘制坐标
    public void paint(Graphics g) {
        g.drawString("您当前所在位置是:" + "x=" + x + " y=" + y, x, y);
        g.drawLine(x, 0, x, height);//在(x,0) (x,height) 之间画一条直线
        g.drawLine(0, y, width, y);
    }
}
```

编写 Jpro12_7.htm 文件，具体内容如下：

```
<applet code = "Jpro12_7.class" width="300" height="200">
</applet>
```

程序运行结果，如图 12-11 所示。

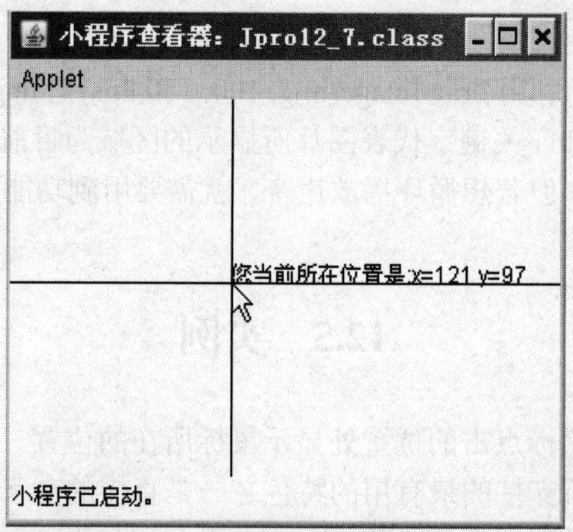

图 12-11　例 Jpro12_7 作为小程序运行的结果

程序分析：

本例中，在 mousePressed()方法中，先定位鼠标当前点击的位置坐标，再调用 repaint()方法重画图形。然后在 paint()方法中使用 g.drawString、g.drawLine 方法在鼠标点击处显示鼠标当前位置。方法 init()中通过 addMouseListener (new Mouse())方法注册鼠标监听，其中监听者采用内部类 Mouse。

习题十二

1．下列方法中，哪一个不是 applet 的基本方法__________。

A．init()　　B．run()　　C．stop()　　D．start()

2．请简述 applet 的工作原理。

3．applet 不能继承下列哪一个类的方法__________。

A．Component　　B．Container　　C．Panel　　D．Window

4．下列说法中，错误的一项是__________。

A．applet 和 application 一样，入口方法都是 main()

B．applet 和 application 不一样，入口方法不是 main()，其运行要复杂得多

C．applet 必须嵌入 Web 浏览器或者 application 中运行

D．applet 可以为 Web 页面提供动画、声音等效果

5．applet 的两种运行方式，分别为______________和_________________。

6．编写一个 applet 程序，绘制直线、矩形框、实心圆形和椭圆框图形。

7．编写一个 applet 程序和相应的 HTML 文件，通过 HTML 文件传递参数，在 applet 程序中显示字符串“向 Applet 传递参数”的内容。要求字符串的字体大小和字体类型由 HTML 文件传递。

8．编写同时具有 applet 与 application 特征的程序。具体方法是：作为 application 要定义 main()方法，并且把 main()方法所在的类定义一个类。为使该程序成为一个 applet，main()方法所在的这个类必须继承 Applet 类或 JApplet 类。

第 13 章　Java 高级编程

- 多线程的定义。
- 多线程的实现方法。
- 多线程同步和控制。
- JDBC 驱动程序。
- 使用 JDBC 进行数据库开发的过程。
- URL 编程。
- 基于 TCP/IP 协议的 Socket 编程。
- 基于 UDP 协议的 Socket 编程。

- 理解多线程相关概念。
- 掌握多线程的实现方法。
- 了解多线程的同步和控制原理。
- 理解 JDBC 的基本思想。
- 掌握应用 JDBC 进行 Java 数据库编程的步骤和方法。
- 理解 Java 网络编程的基本思想。
- 掌握应用基于 TCP/IP 协议的 Socket 的编程方法，实现客户/服务器的编程模式。
- 了解基于无连接的数据报通信编程。

13.1　多线程程序设计

13.1.1　进程与线程

进程是程序在一个数据集合上的一次执行过程，是一个程序及其数据在处理机上顺序执行所发生的活动，是系统进行资源分配和调度的一个独立单位。

线程是一个比进程小的基本单位，一个进程包括多个线程，每一个线程代表一项系统需要执行的任务。线程是一段完成某个特定功能的代码，是程序中单个顺序的流控制。但与进程不同，线程共享地址空间。也就是说，多个线程能够读写相同的变量或数据结构。

所谓单线程就是程序执行时，进程中的线程顺序是连续的。在单线程的程序设计语言里，运行的程序总是必须顺着程序的流程走，遇到 if-else 语句就进行判断，遇到 for、while 等循环就多绕几个圈，最后程序还是按着一定的顺序走，且一次只能运行一个程序块。如例 13.1 所示。

例 13.1 单线程程序设计的示例。

```
// 文件名 Jpro13_1.java
public class Jpro13_1
{
    String str = null;
    public Jpro13_1(String str) {
        this.str = str;
    }
    public void run() {
        for (int i = 0; i < 3; i++)
            System.out.println("输入参数是:" + str);
    }
}
class MyThread {
    public static void main(String[] args)
    {
        Jpro13_1 thread1 = new Jpro13_1("myThread1");
        Jpro13_1 thread2 = new Jpro13_1("myThread2");
        thread1.run();
        thread2.run();
    }
}
```

运行结果：

```
输入参数是:myThread1
输入参数是:myThread1
输入参数是:myThread1
输入参数是:myThread2
输入参数是:myThread2
输入参数是:myThread2
```

程序分析：

本例是单线程的范例，在类 Jpro13_1 中定义了 run()方法，用循环输出 3 个连续的字符串。在定义的 main()方法中，创建了 thread1 与 thread2 对象之后，各自调用 run()方法，分别输出 3 行信息。

从例 13.1 可看出，要运行 thread2.run()方法，一定要等到 thread1.run()运行完毕才行，这便是单线程的限制。在 Java 里，是否可以同时运行 thread1.run()、thread2.run()方法使得上述结果交叉输出呢？当然可以，就是在 Java 程序中实现多线程。多线程即进程中的线程可以并发执行。

13.1.2 多线程定义

多线程技术使单个程序内部也可以在同一时刻执行多个代码段，完成不同的任务，这种机制称为多线程。Java 语言利用多线程实现了一个异步的执行环境。比如说，在一个网络应用程序里，可以在后台运行一个下载网络数据的线程，在前台则运行一个线程来显示当前下载的进度，以及一个用于处理用户输入数据的线程。其实浏览器本身就是一个典型的多线程例子，它可以在浏览页面的同时播放动画和声音、打印文件等。

多线程是实现并发的一种有效手段。Java 在语言级上提供了对多线程的有效支持。多线程使程序运行的效率得到了提高，也克服了单线程程序设计语言所无法涉及的问题。

Java 多线程机制是通过 Java 类包 java.lang 中的类 Thread 实现的，Thread 类封装了对线程控制所必需的方法。线程的实例化对象定义了很多方法用来控制一个线程的行为。关于多线程的实现及同步控制在后续两节作详细介绍。

13.1.3 多线程的实现方法

本节用两个简单的程序来比较说明单线程与多线程的不同。

Java 中实现多线程机制主要有两种方法：一种是创建用户自己的线程子类，一种是在定义的类中实现 Runnable 接口。这两种方法都需要使用到 Java 基础库中的 Thread 类及其方法。

1. Thread 类介绍

Thread 类综合了 Java 程序中的一个线程需要拥有的属性和方法。Thread 类定义的几种常用构造方法如下：

public Thread();创建一个线程。

public Thread(String name);创建名称为 name 的线程。

public Thread(Runnable target,String name);

该构造方法创建基于含有线程体对象的命名线程。其中，参数 target 是一个实现 Runnable 接口类的实例，新线程的名称由 name 定义。

2. Runnable 接口介绍

Runnable 接口被定义为：

public void run();

当使用实现接口 Runnable 的对象创建一个线程时，启动该线程将导致在独立执行的线程中调用对象的 run()方法。

我们知道 Java 多线程机制可以通过创建 Thread 类的子类或实现 Runnable 接口实现。实际上 Thread 类实现了 Runnable 接口的 run()方法，只是其实现的 run()方法没有具体的操作内容。因此可以通过两种方法实现线程体。但是不管采用哪种方法，有两个关键性的操作：

（1）定义用户线程的操作，即定义用户线程的 run()方法。

（2）在适当时候建立用户线程实例。

下面将对例 13.1 进行改进，分别使用两种不同方法来实现多线程

3. 多线程的实现过程

（1）创建 Thread 类的子类。定义一个线程类，它继承线程类 Thread 并重写其中的 run()方法。初始化该类实例时实例本身含有 main()方法，所以目标 target 为空，表示由这个线程实例对象来执行线程体。程序框架如下：

```
public class  类名称 extends Thread{
   public void run(){
   ........
   //定义线程对象执行的任务
   }
   ..............
}
```

例 13.2 使用创建 Thread 子类的方法实现多线程示例。

```
//文件名 Jpro13_2.java
public class Jpro13_2 extends Thread {
    String str = null;
    public Jpro13_2(String str) {
        this.str = str;
    }
    public void run() {
        for (int i = 0; i < 3; i++) {
            System.out.println("输入参数是:" + str);
            try {
                Thread.sleep(1000); //用休眠 1000ms 来判断哪个线程在运行
            } catch (InterruptedException e) {
            }
        }
    }
}
class MyThread {
    public static void main(String[] args) {
        Jpro13_2 thread1 = new Jpro13_2("myThread1");
        Jpro13_2 thread2 = new Jpro13_2("myThread2");
        thread1.start();
        thread2.start();
    }
}
```

运行结果：

```
输入参数是:myThread1
输入参数是:myThread2
输入参数是:myThread1
输入参数是:myThread2
输入参数是:myThread2
输入参数是:myThread1
```

程序分析：

程序在 main()方法中构造了两个 Jpro13_2 类的线程，一个称为“thread1”线程，另一个称为“thread2”线程，并调用了 start()方法来启动这两个线程。可以看到，在 6 次输出结果中两个线程的运行是交叉在一起的，没有确定的顺序可寻，这是因为这两个线程同时运行，并且同时显示输出，且这两个线程的输出次序是随机的。

上面介绍了如何用类 Thread 的方式来创建线程。但是如果类本身已经继承了某个父类，现在又要继承 Thread 类来创建线程，就违背了 Java 不支持多继承的原则，解决这个问题的方法是使用接口。多线程中就是实现接口 Runnable。Runnable 接口里声明了抽象的 run() 方法，因此只要在类里实现 run()方法，也就是把处理线程的程序代码放在 run()里就可以创建线程了。下面讨论 Java 语言是如何通过实现 Runnable 接口实现多线程的。

（2）实现 Runnable 接口。创建一个类实现接口 Runnable，作为线程的目标对象。初始化一个线程类时，将目标对象传递给 Thread 实例，由该目标对象提供 run()方法，这样实现 Runnable 的类仍可继承其他父类。程序框架如下：

```
public class  类名称 implements Runnable{
   public void run(){
   ……
```

```
    //定义线程对象执行的任务
}
......
}
```

例 13.3 使用 Runnable 接口实现多线程示例。

```
public class Jpro13_3 implements Runnable
{
    String str = null;
    public Jpro13_3(String str) {
        this.str = str;
    }
    public void run() {
        for (int i = 0; i < 3; i++) {
            System.out.println("输入参数是:" + str);
            try {
                Thread.sleep(1000);
            } catch (InterruptedException e) {
            }
        }
    }
}
class MyThread {
    public static void main(String[] args)
    {
        Jpro13_3 T1 = new Jpro13_3("myThread1");
        Jpro13_3 T2 = new Jpro13_3("myThread2");
        Thread thread1 = new Thread(T1); //用目标对象来生成 Thread 实例
        Thread thread2 = new Thread(T2);
        thread1.start();
        thread2.start();
    }
}
```

程序分析：

程序中 Jpro13_3 类实现了 Runnable 接口，重新定义了 run()方法。MyThread 类中的 main()方法构造了两个 Jpro13_2 类的线程，一个称为“T1”线程，另一个称为“T2”线程。与创建 Thread 子类方法实现多线程不同，这里是通过 Thread 对象调用了 start()方法来启动这两个线程。程序的运行结果与例 13.2 类似，线程的运行是交叉在一起的，没有确定次序可寻。

另外，程序中的代码段：

```
try {
    Thread.sleep(1000);
        } catch (InterruptedException e) { }
```

可以使用 Thread.yield()代替。

上述采用了两种不同的方法对例 13.1 的单线程进行了改进。这两种方法均需执行线程的 start()方法为线程分配必须的系统资源、调度线程运行并执行线程的 run()方法。

其中方法 1 采用的是继承 Thread 类，此种方法可以直接操作线程，但不能再继承其他类，因为 Java 是单重继承。单重继承优点是编写简单，无需使用 Thread.currentThread()。方法 2 采用的是实现 Runnable 接口方法创建线程，它可以将 CPU、代码、数据分开，形成清晰的模型，此时是可以继承其他类的。这种方法的优点是保持了程序风格的一致性。

在具体应用中，采用哪种方法来构造线程体要视情况而定。通常，当一个线程已继承了另一个类时，就应该用第二种方法来构造，即实现 Runnable 接口。

例 13.4 使用 Java 语言多线程机制，实现在 applet 窗口中动态显示当前时间，每隔一秒刷新一次。

```
//文件名 Jpro13_4.java
import java.awt.*;
import java.applet.*;
import java.util.*;
public class Jpro13_4 extends Applet implements Runnable
{
    Thread clockThread;
    public void start(){
        if(clockThread==null){
            clockThread=new Thread(this,"Clock");
            clockThread.start();
        }
    }
    public void run(){
        while(clockThread!=null){
            repaint();
            try{
                clockThread.sleep(1000);
            }
            catch(InterruptedException  e){}
            catch(IllegalArgumentException    e){}
        }
    }
    public void paint(Graphics g){
        Date now=new Date();
        g.setColor(Color.RED);
        g.setFont(new Font("times new roman",Font.ITALIC ,28));
        g.drawString(now.getHours()+":"+now.getMinutes()+":"+
            now.getSeconds(),150,150);
    }
    public void stop(){
        clockThread.stop();
        clockThread=null;
    }
}
```

运行结果如图 13-1 所示。

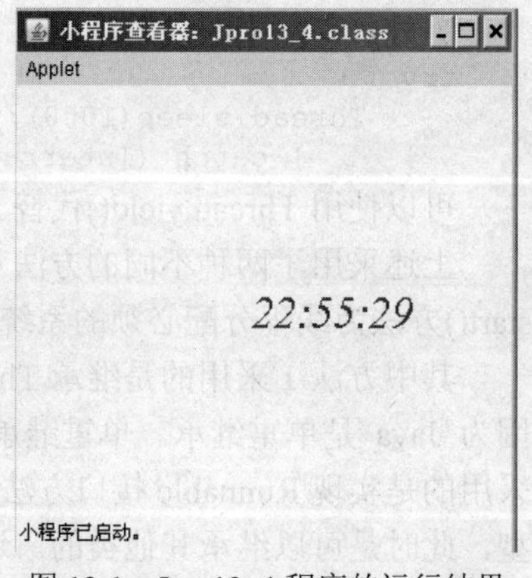

图 13-1 Jpro13_4 程序的运行结果

程序分析：

通过 Thread 类的构造方法创建 clock Thread 并进行初始化，同时将 Jpro13_4 类的当前对象（this）作为参数。该参数将 clockThread 的 run()方法与 Jpro13_4 类实现 runnable 接口的 run()方法联系在一起，因此，当线程启动后，Java 类的 run()方法就开始执行。其中 paint()方法实现将当前的系统时间显示在 applet 窗口面板上。

13.1.4 多线程同步与控制

多线程机制虽然给我们提供了方便，但如果程序一次激活多个线程，并且多个线程共享同一资源时，它们可能彼此发生冲突，这种情况可以使用线程的同步来解决。

1. 多线程的同步

线程之间的同步是指在同一时刻，系统内有多个线程在执行。线程同步造成的最直接问题就是对资源的访问问题。例如某一时刻一个线程在读取数据，而另外一个线程在处理数据，当处理数据的线程没有等到读取数据的线程读取完毕就去处理，必然得到错误的处理结果。Java 采用多线程同步控制机制，等到第一个线程读取完数据，第二个线程才处理该数据，就能避免数据冲突。使用关键字 synchronized 可使方法实现同步，如下所示：

```
public synchronized static void 方法名()
{ }
```

此时，在同一时间内，一个方法只能有一个线程运行，具体用法可参见例 13.5。

因此如有多个线程共享数据或方法时，特别要注意它们之间的访问顺序，否则一个线程未处理完某个方法时，另一个线程又进来，就有可能发生错误。

2. 线程的四种状态

从上例可知，如果有一个以上的线程同时运行，线程的管理就很重要。有些线程必须在某些线程结束之后才能运行，有些线程必须先暂缓运行，再等待其他线程唤醒它等。

每一个线程，一般有四种状态：创建、运行、阻塞与消亡。这四种状态均可通过 Thread 类所提供的方法来控制。线程状态的转移与方法之间的关系如图 13-2 所示。

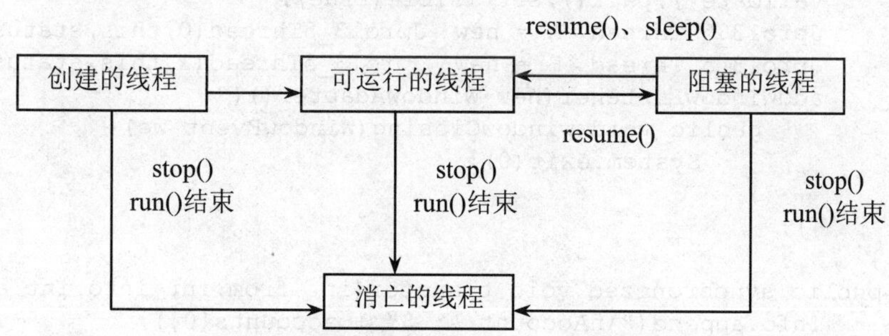

图 13-2　线程状态的转移与方法之间的关系

线程在产生时便进入创建状态，即 new Thread()创建对象时，线程所处的便是这个状态，但此时系统并不会分配资源，直到用 start()方法激活线程时才会分配。

当 start()方法激活线程时，线程进入可运行的状态。此时最先抢到 CPU 资源的线程先开始运行 start()方法，其余的线程在队列中等待机会争取 CPU 的资源，一旦争取到就开始运行。

当发生下列事件之一时，线程就进入阻塞状态。

（1）该线程调用对象的 wait()方法。

（2）该线程本身调用 sleep()方法。sleep(long millis)可用来设置睡眠的时间。

（3）该线程和另一个线程 join()在一起时。当某一线程调用 join()时，则其他尚未激活的线程或程序代码会等到该线程结束后才会开始运行。

当线程被阻塞后，便停止 run()方法的运行，直到被阻塞的原因不存在后，线程回到可运行状态，继续排队争取 CPU 的资源。

线程被阻塞情形消失的原因有下列几点：

（1）如果线程是由调用对象的 wait()方法所阻塞，则该对象的 notify()方法被调用时可解除阻塞。notify()方法用来“通知”被 wait()阻塞的线程开始运行。

（2）线程进入睡眠状态，但指定的睡眠时间到了。

当线程的 run()方法结束，或是线程调用它的 stop()时，则线程进入消亡的状态。

利用上述方法可以完成线程间的通信以及线程状态之间的转换，下面举例说明通过 wait()、notify()来达到线程间的通信和状态的转换。

例 13.5 线程间通信的示例。本例模拟两个银行之间的转账业务，当 A 银行转账给 B 银行后，暂停转账，通知 B 银行转账给 A 银行，转账金额随机确定，源代码如下。

```
//文件名 Jpro13_5.java
import java.awt.*;
import java.awt.event.*;
public class Jpro13_5 extends Frame
{
        protected static final String[] NAMES = {"A","B"};
        private int accounts[] = {1000,1000};
        private TextArea info = new TextArea(5,40);
        private TextArea status = new TextArea(5,40);
        public Jpro13_5 (){
            super("Jpro13_5");
            setLayout(new GridLayout(2,1));
            add(makePanel(info,"Accounts"));
            add(makePanel(status,"Threads"));
            validate();pack();setVisible(true);
            Jpro13_5 Thread  A = new  Jpro13_5Thread(0,this,status);
            Jpro13_5 Thread  B = new  Jpro13_5Thread(1,this,status);
            addWindowListener(new WindowAdapter(){
                public void windowClosing(WindowEvent we){
                    System.exit(0);
                }
            });
        }
        public synchronized void transfer(int from,int into,int amount){
            info.append("\nAccount A: $" + accounts[0]);
            info.append("\tAccount B: $" + accounts[1]);
            info.append("\n=>$"+amount+"from"+NAMES[from]+"to"+NAMES[into]);
            while(accounts[from] < amount){
                try{
                    wait();
                }catch(InterruptedException ie){
                    System.err.println("Error: " + ie);
                }
            }
            accounts[from] -= amount;
            accounts[into] +=amount;
            notify();
        }
        private Panel makePanel(TextArea text,String title){
            Panel p = new Panel();
            p.setLayout(new BorderLayout());
            p.add("North",new Label(title));p.add("Center",text);
            return p;
        }
```

```
        public static void main(String args[]){
            Jpro13_5 bank = new Jpro13_5();
        }
    }
    class Jpro13_5Thread extends Thread{
        private Jpro13_5 bank;
        private int id;
        private TextArea display;
        public Jpro13_5Thread(int _id,Jpro13_5 _bank,TextArea _display){
            bank = _bank;
            id = _id;
            display = _display;
            start();
        }
        public void run(){
            while(true){
                int amount = (int)(900*Math.random());
                    display.append("\nThread " + Jpro13_5.NAMES[id] + " sends
                    $ " + amount + " into " + Jpro13_5.NAMES[(1-id)]);
                    try{
                        sleep(50);
                    }catch(InterruptedException ie){
                        System.err.println("Interrupted");
                    }
                    bank.transfer(id,1-id,amount);
                }
            }
        }
```

运行结果如图 13-3 所示。

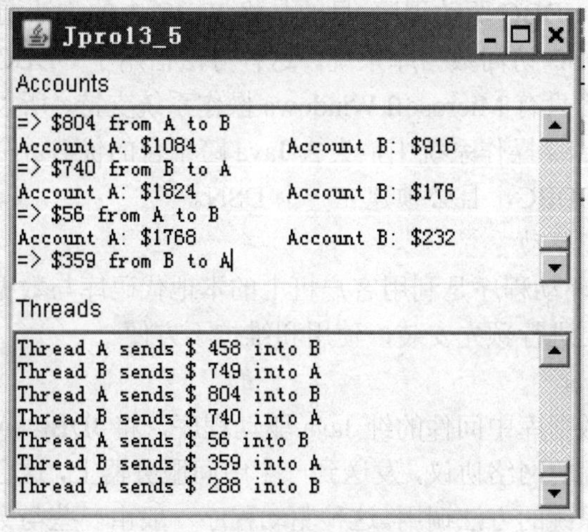

图 13-3 运行结果图

程序分析：

程序中创建一个银行类 Jpro13_5，一个整型数组域 accounts[]给两个银行初始化银行账户金额，然后在其构造方法中创建两个银行客户线程 A 和 B。这个程序中最重要的方法是 transfer()，它是同步方法。它需要三个参数：取钱的账号、存钱的账号、转账的金额。在转账之前检查相应账号是否有足够的资金，然后在转账之后计算新的余额。这个方法被每个银行共享，因此必须设计为同步方法，在一个银行使用时，这个方法被加锁，不再使用时，自动解锁，其他银行可以使用这个方法。

程序中使用了方法 start()、sleep()、run()、notify()和 wait()，请读者分析它们在程序中的作用，并理解它们的运行顺序。

13.2 数据库编程

在计算机应用中，数据库几乎无处不在，大部分应用系统都要涉及到对数据库的操作。Java 语言当然也支持对数据库的访问和操作。在 Java 语言中，连接数据库采用 JDBC（Java Database Connectivity）技术。JDBC 是 Sun 公司提供的与平台无关的数据库连接标准。有了 JDBC，向各种关系数据库发送 SQL 语句就是一件很容易的事。

13.2.1 JDBC 概述

JDBC 是实现 Java 程序与数据库系统互连的标准 API，由一组 Java 语言编写的类和接口组成。它允许发送 SQL 语句给数据库，并处理执行结果。使用 JDBC API 编写的程序可以很容易实现对不同数据库的访问。

由于 JDBC 是一个标准数据库访问接口，各大数据库厂商基本都提供 JDBC 驱动程序，这使得 Java 程序能与这些生产商的数据库系统进行连接通信。JDBC 驱动程序负责将其转换为特定的数据库操作。

JDBC 驱动程序有以下 4 种类型。

1．JDBC-ODBC 桥

JDBC-ODBC 是一种 JDBC 驱动程序，目的是将 JDBC 中的方法调用转换成 ODBC 中相应的方法调用，再通过 ODBC 访问数据库系统。这种方法借用了 ODBC 的部分技术，使用起来较容易，但是由于 ODBC 只有 Microsoft Windows 操作系统支持，所以 JDBC-ODBC 桥驱动程序最终只能运行在 Windows 操作系统中，失去 Java 跨平台的优势。另外在每台需要访问数据库的机器上，都要安装 ODBC，且必须建立一个 DSN。

2．Native API JDBC 驱动

Java to Native API 驱动程序是利用客户机上的本地代码库与数据库直接通信。这类驱动程序需要在每台客户机上进行预先安装，使用和维护不方便。

3．Net-Protocol Driver

该驱动程序是面向数据库中间件的纯 Java 驱动程序，将 JDBC API 方法调用按照一个独立于数据库系统生产厂商的网络协议，发送到一个中间服务器上，这台服务器将这些方法调用转换成针对特定数据库系统的方法调用。这种驱动程序一般由一些与数据库产品无关的公司开发。另外，此类驱动程序用纯 Java 编写，充分体现了 Java 跨平台的优势。但是运行这样的程序需要购买第三方厂商开发的中间件和协议解释器。

4．Pure Java JDBC Driver

Java to Native Database Protocol 驱动程序也是一种纯 Java 驱动程序，它将 JDBC API 的方法调用转换成具体数据库系统能直接使用的内部协议。这种方法的优点是程序效率高，在实际编程中最常用。后面主要以此种驱动程序为例进行介绍。

13.2.2 使用 JDBC 进行数据库开发

本节将结合具体的实例，介绍使用 JDBC 进行数据库开发的过程。

1. *安装数据库和驱动程序*

当前的主流数据库系统有：Oracle、Sybase、DB2、SQL Server 和 MySQL，它们最大的特点是都支持大规模数据的存储与访问，功能强大。它们的基本原理都大致相同，但是，各个数据库系统的 JDBC 驱动程序的安装配置不尽相同。本节实例使用开源数据库 MySQL 5.5。

MySQL5.5 数据库安装成功后，若采用纯 Java 驱动程序方式与 Java 程序进行连接，则需要下载 MySQL 的 JDBC 驱动程序 MySQL Connector/J 5.1.11。MySQL Connector/J 5.1.11 可以到网站http://dev.mysql.com/downloads/connector/j/下载。解压缩文件后会出现 mysql-connector-java-5.1.11.jar。安装 JDBC 驱动程序的过程就是将该 JAR 包的路径加入到开发项目的类路径中的过程。本节采用 Java 开源开发工具 Eclipse 为例，具体安装步骤如下：

（1）创建应用程序项目。选择 File→New→Project...命令，在弹出的窗口中选择 Java Project，单击 Next 按钮。在窗口中输入项目名称，如 DataBaseTest，如图 13-4 所示，单击 Next 按钮。最后单击 Finish 按钮。

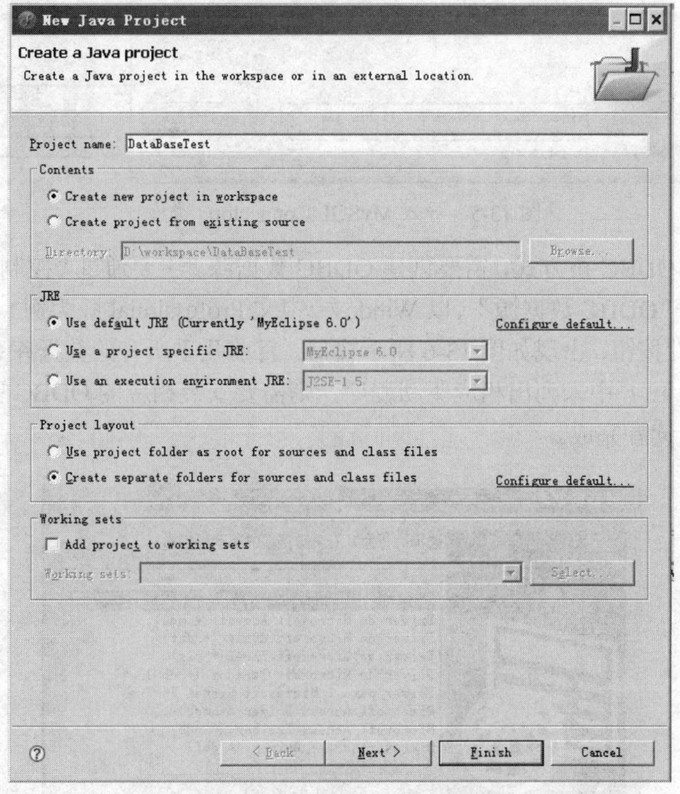

图 13-4 创建 Java 项目

（2）在项目中导入 MySQL Connector/J 类库。右击新建的 DataBaseTest，在弹出的菜单中选择 Properties 命令。在弹出窗口的左侧部分选择 Java Build Path。然后在窗口的右侧部分选择 Add External JARs，会弹出 JAR Selection 窗口，如图 13-5 所示。然后选择

mysql-connector-java-5.1.11.jar 所在的位置，单击“打开”按钮，然后单击 OK 就完成了 JDBC 驱动程序的安装。

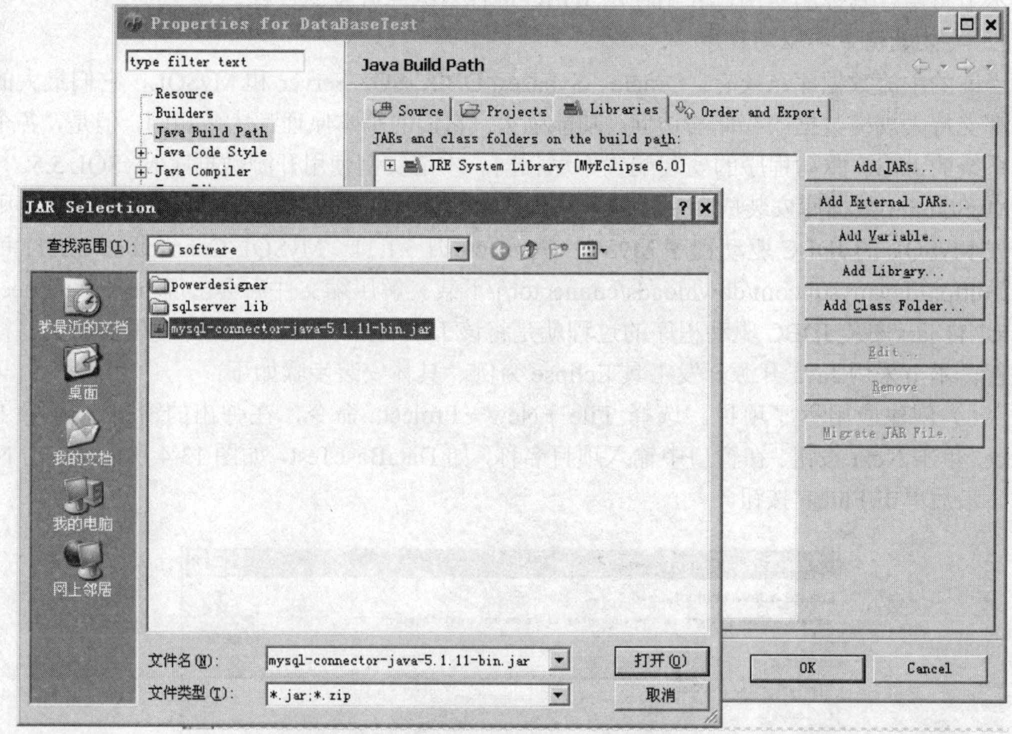

图 13-5　导入 MySQL Connector/J 类库

如采用 JDBC-ODBC 桥方式，需要创建 ODBC 数据源。主要通过“控制面板”中找到“管理工具”，接着打开“ODBC 数据源”（以 Windows 中文 Professional 版为例）。选择“系统 DSN”标签，单击“添加”按钮，出现如图 13-6 所示窗口。目前几乎所有的数据库系统都提供 ODBC 的驱动程序，如图 13-6 中未列出相应驱动程序，则需要安装相应的 ODBC 驱动程序。此种方式比较简单，留给读者完成。

图 13-6　添加一个 ODBC 数据源

2. 编写访问数据库的 Java 程序

具体操作步骤如下：

（1）注册驱动程序。注册驱动程序就是将驱动程序类装入 JVM 的过程，JDBC 驱动程序类是一个 Java 类，它在表示驱动程序的 JAR 文件中已经包括。注册 JDBC 驱动程序的具体方法是：

Class.forName(<JDBC 驱动程序类名>)

JDBC 使用 Class 类的 forName()方法指明加载哪个数据库系统的 JDBC 驱动程序。forName()方法的参数为代表不同数据库系统的一个字符串。

如果采用纯 Java 驱动方式，不同数据库系统的驱动程序类名写法各不相同。例如 MySQL 数据库注册驱动语句为：

```
Class.forName("org.git.mm.mysql,Driver");
```

Oracle 数据库注册驱动语句为：

```
Class.forName("oracle.jdbc.driver,OracleDriver");
```

注意：不同的数据库厂商都提供了相应的驱动程序类名。目前典型的数据库相应的驱动名称可参阅本节后面内容。如果读者采用其他数据库，可以到各数据库官方网站查阅。

如果采用 JDBC-ODBC 桥的方式，不同数据库系统，其驱动程序类名写法均为“sun.jdbc.odbc.JdbcOdbcDriver”。注册驱动语句如下：

```
Class.forName("sun.jdbc.odbc.JdbcOdbcDriver");
```

当驱动程序注册成功后，就可以和数据库管理系统建立连接了。

（2）建立驱动程序和数据库的连接。在正确注册 JDBC 驱动程序后，使用 DriverManager.getConnection()方法建立驱动程序和数据库的连接。语句如下：

```
Connection conn=DriverManager.getConnection(url,Login,password);
```

getConnection()方法可有 3 个参数，第一个参数是 JDBC URL，第二、三个参数分别是数据库系统的用户名和密码，指定以什么身份连接数据库。后面两个参数是可选的。

如果采用纯 Java 驱动方式，数据库系统的 URL 均由数据库厂商提供。下面介绍几种典型的数据库的驱动程序和 URL，供读者参考。

- MySQL

驱动名称——org.gjt.mm.mysql.Driver

JDBC URL——jdbc:mysql:// hostname :3306/ dbname

- Oracle

驱动名称——oracle.jdbc.driver.OracleDriver

JDBC URL——jdbc:oracle:thin:@hostname:1521:dbname

- SQL Server

驱动名称——com.microsoft.jdbc.sqlserver.SQLServerDriver

JDBC URL——jdbc:microsoft:sqlserver:// hostname:1433;DatabaseName= dbname

- DB2

驱动名称——com.ibm.db2.jdbc.app.DB2Driver

JDBC URL——jdbc:db2:// hostname:50002/ dbname

上述列出的 JDBC URL，其中 dbname 是数据源的名称。

这里采用 MySQL 数据库，假设数据源的名称是 MyDataBase，登录数据库的用户名为 root，密码是 admin，客户端和数据库服务器是同一台机器。则采用纯 Java 驱动方式建立驱动程序和数据库连接语句如下：

```
String url="jdbc:mysql://localhost :3306/MyDataBase";
Connection con=DriverManager.getConnection(url,"root","admin");
```

如果采用 JDBC-ODBC 桥方式，不同数据库系统的 URL 均为 jdbc:odbc:datasourceName，datasourceName 是建立的 ODBC 数据源的名字。如建立的数据源是 MyDataBase。采用此种方式建立驱动程序和数据库连接语句如下：

```
Connection con=DriverManager.getConnection("jdbc:odbc: MyDataBase");
```

注意，Java 是大小写敏感的，JDBC URL 中的协议部分所有字符必须是小写的。

（3）建立语句对象。建立了到特定数据库的连接之后，就可用该连接发送 SQL 语句。Statement 对象用于将 SQL 语句发送到数据库中。实际上有 3 种 Statement 对象：Statement、PreparedStatement 和 CallableStatement。其中 PreparedStatement 是 Statement 的子类，CallableStatement 又是 PreparedStatement 的子类。Statement 对象用于执行不带参数的简单 SQL 语句；PreparedStatement 对象用于执行带或不带 IN 参数的预编译 SQL 语句；CallableStatement 对象用于执行对数据库已存储过程的调用。

语句对象将 SQL 语句发送到相应的数据库，并获得执行结果。在获取连接后，可以通过下列语句创建 Statement 对象。

Statement stmt = con.createStatement();

（4）利用语句对象执行 SQL 语句。创建了 Statement 的对象 stmt 后，就可以使用 Statement 接口中的方法执行 SQL 语句了。

Statement 接口提供了三种执行 SQL 语句的方法：executeQuery、executeUpdate 和 execute。使用哪一个方法由 SQL 语句所产生的内容决定。

在数据库操作中涉及的 SQL 语句主要有两种类型：查询和更新。查询使用 executeQuery 方法，该方法用于产生单个结果集的语句，返回结果集 ResultSet，例如：

String sql="select *from person"

获取结果集合：ResultSet rs=stmt.executeQuery(sql);

executeUpdate()方法用于执行 INSERT、UPDATE 或 DELETE 语句以及 SQL DDL（数据定义语言）语句，例如 CREATE TABLE 和 DROP TABLE。executeUpdate()返回的是所影响的记录的个数。例如：

String sql="update person set age=age+1";

stmt.executeUpdate(sql);

execute ()方法用于执行返回多个结果集、多个更新计数或两者组合的语句。

注意：Statement 对象本身不包含 SQL 语句，因而必须给 Statement.execute 方法提供 SQL 语句作为参数。

（5）处理结果。对于有返回结果集的要进行结果处理。一般用在当执行 SQL 查询语句后得到的数据列表。下面介绍 ResultSet 中较为常用的两个方法：

get***()系列方法用于访问当前行的数据。ResultSet 对象使用这些方法都存在两个重载方法，一个方法根据列的序号（即列索引）访问数据，另一个方法根据字段名访问数据。例如，方法 getInt(int columnIndex)和 getInt(String columnName)为获取当前行的指定列的整型数据，方法 getString()为获取当前行的指定列的字符串型数据，其他的依次类推。

例如表 person 的第一个属性名称为 no，类型为整型，获取结果集 rs 的第一个属性的值可以使用语句：rs.getInt(1);或者 rs.getInt("no");

next():将游标从当前位置向下移动一行，返回值为 boolean。在数据处理时，通常用于判断是否有符合条件的记录。

（6）关闭对象。完成数据库相应的操作以后，一定要将数据库连接对象关闭。这样不仅释放了资源，而且避免数据库长期连接造成的安全隐患。

关闭数据库操作的顺序与打开数据库操作的顺序相反，即：先关闭结果集 ResultSet，

再关闭操作 Statement，最后关闭连接 Connection。主要语句如下：

```
rs.close();
stmt.close();
con.close();
```

下面给出一个实例及完整的代码，实现访问数据库的功能。

例 13.6 编写程序，将 MySQL 数据库的表中的记录打印出来。

要求：采用纯 Java 驱动方式进行数据库连接。

分析：安装 MySQL 数据库，假设数据库登录的用户名是 root，密码是 admin。

在编程之前，首先要建立数据库和表。应用 MySQL client 建立一个名为 mydatabase 的数据库，在 mydatabase 中建立一个名为 person 的表，该表包含三个属性：学号、姓名和电话。表的内容如图 13-7 所示。注意这里 MySQL client 选用的是 Navicat 8.0，开发环境选用 Eclipse。

图 13-7 person 表内容

其次安装驱动程序，因为需要采用纯 Java 驱动方式进行数据库连接，所以需要将 mysql-connector-java-5.1.11.jar 包的路径加入到开发项目的类路径中去。

最后编写访问数据库的 Java 程序。

源程序代码如下。

```
import java.sql.*;
public class Jpro13_6
{
    public static void main(String args[])
    {
        Connection conn = null; //连接对象
        Statement stmt = null;  //语句对象
        ResultSet sqlRst = null; //结果集对象
        try {//1.装载驱动程序
```

```
            Class.forName("com.mysql.jdbc.Driver");
            //2.创建与数据库的连接
            conn = DriverManager.getConnection(
                            "jdbc:mysql://localhost:3306/mydatabase",
                            "root", "admin");
            //3.创建语句对象
            stmt = conn.createStatement();
            //4.执行 Sql 语句
            String sqlQuery = "SELECT * FROM person";
            sqlRst = stmt.executeQuery(sqlQuery);
            //5.处理结果
            while (sqlRst.next()) {
                int id = sqlRst.getInt(1);
                String name = sqlRst.getString(2);
                String phone = sqlRst.getString(3);
                System.out.println(id + " " + name + " " + phone);
            }
        } catch (ClassNotFoundException e) {
            System.out.println(e.toString());
        } catch (SQLException e) {
            System.out.println(e.toString());
        } finally {
            //6.关闭对象
            try {
                if (sqlRst != null)
                    sqlRst.close();      //关闭结果集对象
                if (stmt != null)
                    stmt.close();        //关闭语句对象
                if (conn != null)
                    conn.close();        //关闭数据库连接
            } catch (SQLException e) {
                System.out.println(e.toString());
            }
        }
    }
}
```

运行结果：

```
1 john 1234567
2 kate 2345678
3 jack 8765432
```

程序分析：

在 main()方法中利用 Class 的类方法 forName()显式加载一个驱动程序，本例加载了 MySQL 的驱动程序，并由该驱动程序负责向 DriverManager 登记；然后利用 DriverManager 类的 getConnection()方法建立与数据源 mydatabase 的连接，并进行相应的用户名和密码验证；接着执行查询语句，使用 next()方法判断符合条件的记录，getInt()和 getString()方法获取 person 表中相应字段的记录数据，并打印输出该表中的记录；最后关闭所有对象，结束 JDBC 应用。

13.3 网络编程

Java 语言的内置网络功能非常强大。它能够使用网络上的各种资源和数据，与服务器建立各种传输通道，将数据传送到网络的各个地方，使我们可以像访问本地资源一样访问网络资源。Java 专门为网络通信提供了系统包 java.net，该包屏蔽了网络底层的实现细节，使得编程者不必关心数据是如何在网络中传输的，而将精力集中在功能的实现上，简化了 Java 网络编程。但是在网络编程时，需要首先引用该包。

13.3.1 URL 编程

URL（Uniform Resource Locator）是统一资源定位器的简称，它表示 Internet 上某一资源的地址。通过 URL 我们可以访问 Internet 上的各种网络资源，比如最常见的 WWW 和 FTP 服务器上的资源。浏览器通过解析给定的 URL 可以在网络上查找相应的文件或其他资源。

URL 地址包括两部分内容：协议名和资源名，中间用冒号分开，即

<protocol>://<hostname>:<port>/<filename>#<anchor>

其中 protocol 指明获取资源所使用的传输协议，如 http、ftp、file 等，"//"后面指出资源的地址，包括主机名、端口号、文件名或文件内部的一个引用。对于多数协议，其中的主机名和文件名是必需的，而端口号和文件内部的引用则是可选的，例如：

http://www.sohu.com（协议名://主机名）

http://www.sina.com.cn/index.htm（协议名://机器名+文件名）

下面介绍 URL 类及相关的 URLConnection 类的主要方法及其应用。

1. URL 类

为了表示 URL，java.net 中实现了类 URL。可以通过下面的构造方法来初始化一个 URL 对象。

- public URL(String spec);

根据 String 表示形式创建 URL 对象。

- public URL(URL context, String spec);

通过在指定的上下文中对给定的 spec 进行解析创建 URL。

- public URL(String protocol, String host, String file);

根据指定的 protocol 名称、host 名称和 file 名称创建 URL。

- public URL(String protocol, String host, int port, String file);

根据指定的 protocol、host、port 号和 file 创建 URL 对象。

注意，类 URL 的构造方法都要声明抛出异常（MalformedURLException），因此生成 URL 对象时，必须要对这一异常进行处理，通常是用 try-catch 语句进行捕获。

URL 类捕获异常的格式如下：

```
try{
    URL url= new URL(…)
    }catch (MalformedURLException e){
   …
}
```

一个 URL 对象生成后，其属性是不能被改变的，但是可以通过类 URL 所提供的方法来获取这些属性。下面给出一些常用的方法及其功能。

public String getProtocol()　　　//获取该 URL 的协议名。
public String getHost()　　　//获取该 URL 的主机名。
public int getPort()　　　//获取该 URL 的端口号，如果没有设置端口返回-1。
public int getDefaultPort()　　　//获取默认的端口号。
public String getFile()　　　//获取该 URL 的文件名。
public String getRef()　　　//获取该 URL 在文件中的相对位置。
public String getQuery()　　　//获取该 URL 的查询信息。
public String getPath()　　　//获取该 URL 的路径。
public String getAuthority()　//获取该 URL 的权限信息。
public String getUserInfo()　　//获得使用者的信息。
public String getRef()　　　//获得该 URL 中的 HTML 文档标记。
public String toString()　　　//获得完整的 URL 字符串。

2. URLConnection 类

URLConnection 类在 java.net 包中，该类用来表示与 URL 建立的通信连接。当与一个 URL 建立连接时，首先创建 URL 对象，然后调用 URL 对象的 openConnection()方法实现连接。URLConnection 类用于访问网络资源的主要方法如下：

void addRequestProperty(String key, String value)：添加由键值对指定的请求属性。
abstract void connect()：打开到此 URL 引用的资源的通信链接（如果尚未建立这样的连接）。
Object getContent()：检索此 URL 连接的内容。
long getDate()：返回 date 头字段的值。
boolean getDefaultUseCaches()：返回 URLConnection 的 useCaches 标志的默认值。
InputStream getInputStream()：返回从此打开的连接读取的输入流。
OutputStream getOutputStream()：返回写入到此连接的输出流。
URL getURL()：返回此 URLConnection 的 URL 字段的值。
boolean getUseCaches()：返回此 URLConnection 的 useCaches 字段的值。

例 13.7　使用 URL 和 URLConnection 获取网络上资源的 HTML 文件。

```
//文件名 Jpro13_7.java
    import java.io.BufferedReader;
    import java.io.InputStreamReader;
    import java.net.URL;
    import java.net.URLConnection;
    public class  Jpro13_7
    {
        public static void main(String args[]) throws Exception
        {
           URL url = new URL("http://www.baidu.com");  //创建 URL
           System.out.println("the host name::"+url.getHost());//打印主机名称
           System.out.println("the port:"+url.getPort());//打印主机端口号
           URLConnection uc = url.openConnection(); //获得 URLConnection
           //读取 URL 连接的网络资源
           BufferedReader in = new BufferedReader(new
           InputStreamReader(uc.getInputStream()));
```

```
        String line;
        while ((line = in.readLine()) != null) {
            System.out.println(line);
        }
        in.close();
    }
}
```

程序运行后将输出主机名称、主机端口号以及访问的 URL 页面的内容。

程序分析：

程序开始引入系统包 java.net。main()方法中创建一个 URL 对象 url，通过 getHost()和 getPort()方法获得主机名和端口号。使用 openConnection()方法实现与 URL 对象的通信。读取 URL 连接的网络资源，最后关闭相应的连接。

13.3.2 基于 TCP/IP 协议的 Socket 编程

Socket（套接字）的概念是在 UNIX 的基础上发展起来的，其目的是将套接字间的联机看作文件的输入与输出，也就是将 Socket 看作数据流。Socket 编程也是编制传统网络程序最常用的一种方法。

Socket 的通信机制涉及到通信双方，通常称为“客户机”和“服务器”。它们的通信模式是网络应用中常用的，称之为“客户/服务器（C/S）模式”。服务器是用来提供服务和共享资源，如 WWW 服务、邮件服务等。客户是指能够访问任何服务器的实体，如 WWW 浏览器。在 Socket 通信中，服务器和客户分别指向一个程序，完成服务器和客户的功能。

Socket 可以看作两个不同的应用程序通过网络的沟通管道，它们分别为基于 TCP/IP 协议的 Socket 编程和基于 UDP 协议的编程。TCP 是面向连接的可靠数据传输协议，它重发一切没有收到的数据，并进行数据准确性检查。IP 协议是面向无连接的数据报通信，它具有数据包路由选择和差错控制功能，但是它不进行正确检验。UDP 是一种基于数据包套接字的通信协议。本节主要介绍基于 TCP/IP 协议的 C/S 模式下的 Socket 编程。

1. Socket 的通信过程

对于一个功能齐全的 Socket，其工作过程包含以下四个基本的步骤：

（1）创建通信双方的 Socket 连接，即分别为服务器和客户端创建 Socket 对象，建立 Socket 连接。

（2）打开连接到 Socket 的输入流和输出流。

（3）按照一定的协议对 Socket 进行读/写操作。在本节里指的是基于 TCP/IP 协议。

（4）读/写操作结束后，关闭 Socket 连接。

基于 TCP/IP 协议的 Socket 编程中有两个重要的类 Socket 和 ServerSocket，这两个类属于 java.net 包，分别提供了用来表示客户端和服务器端的 Socket。这两个类具有良好的封装性，使用起来比较方便。Socket 和 ServerSocket 的构造方法如下。

Socket(InetAddress address, int port);

Socket(InetAddress address, int port, boolean s);

Socket(String host, int prot);

Socket(String host, int prot, boolean s);

Socket(SocketImpl impl);

Socket(String host, int port, InetAddress localAddr, int localPort);

Socket(InetAddress address, int port, InetAddress localAddr, int localPort);

ServerSocket(int port);

ServerSocket(int port, int backlog);

ServerSocket(int port, int backlog, InetAddress bindAddr)

其中 InetAddress 是一个类，用来区分计算机网络中的不同节点，并对其寻址。每个 InetAddress 对象包含 IP 地址、主机名等信息。InetAddress 类包含了两个重要的类方法 getLocalHost()和 getByName(String ww)，分别返回本地主机名、IP 地址以及某网站 www 的主机名、IP 地址。address、host 和 port 分别是双向连接中另一方的 IP 地址、主机名和端口号，布尔型变量 s 指明 Socket 是流 Socket（s 为 true 时）还是数据报 Socket（s 为 false 时），localPort 表示本地主机的端口号，localAddr 和 bindAddr 是本地机器的地址（ServerSocket 的主机地址），impl 是 Socket 的父类，既可以用来创建 ServerSocket 又可以用来创建 Socket。Count 则表示服务端所能支持的最大连接数。例如，

Socket client = new Socket("127.0.0.1", 80);

ServerSocket server = new ServerSocket(80);

每一个端口提供一种特定的服务，只有给出正确的端口号，才能获得相应的服务。端口号 0~1023 为系统所保留，例如，http 服务的端口号为 80，telnet 服务的端口号为 2，ftp 服务的端口号为 23。在选择端口号时，最好选择一个大于 1023 的数以防止发生冲突。

如果在创建 Socket 时发生错误，将产生 IOException，因此在创建 Socket 或 ServerSocket 时必须捕获或抛出异常。下面程序段就是对 Socket 对象进行了异常处理。

```
try{
   Socket socket=new Socket("127.0.0.1",2005);
   BufferedReader in=new BufferedReader(
      new InputStreamReader(System.in));
   PrintWriter out=new PrintWriter(socket.getOutputStream());
   BufferedReader is=new BufferedReader(
      new InputStreamReader(socket.getInputStream()));
}catch(UnknownHostException e){
   System.err.println(e);
   System.exit(1);
}catch(IOException io){
   System.err.println(io);
   System.exit(1);
}
```

从上面的代码段可以看出，当创建了一个连接到远程主机的 Socket 对象后，可以使用 getInputStream()和getOutputStream()方法分别得到该 Socket 的输入流和输出流，用来对该 Socket 进行数据读写。

2. 基于 TCP/IP 协议的 Socket 编程的基本过程

开发一个基于 TCP/IP 协议的 Socket 网络通信程序，需要编写服务器端和客户端两个应用程序。

- 编写服务器端应用程序

（1）调用 ServerSocket 对象的 accept()方法侦听接受客户端的连接请求。

（2）创建与 Socket 对象绑定的输入输出流，并建立相应的数据输入输出流。

（3）通过数据输入输出流与客户端进行数据读写，完成双向通信。

（4）当客户端断开连接时，关闭各个流对象。

● 编写客户端应用程序

（1）创建指定服务器上指定端口号的Socket对象。

（2）创建与Socket对象绑定的输入输出流，并建立相应的数据输入输出流。

（3）通过数据输入输出流与服务器端进行数据读写，完成双向通信。

（4）关闭与服务器端的连接，关闭各个流对象，结束通信。

例 13.8 应用 Socket 和 ServerSocket 编写一个基于 TCP 协议的网络聊天程序，实现 C/S 模式中的客户端和服务器端信息的互发。

（1）编写服务器端程序。

```
import java.io.*;
import java.net.*;
public class TCPServer {
    public static void main(String args[]) {
        try {
            String s;
            //在端口2005注册服务
            ServerSocket server = new ServerSocket(2005);
            System.out.println("等待与客户端连接");
            Socket socket = server.accept();//侦听连接请求，等待连接
            System.out.println("与客户端连接成功");
            //获得对应Socket的输入/输出流
            InputStream in = socket.getInputStream();
            OutputStream out = socket.getOutputStream();
            //建立数据流
            DataInputStream din = new DataInputStream(in);
            DataOutputStream dout = new DataOutputStream(out);
            BufferedReader sin = new BufferedReader(new InputStreamReader(
                    System.in));
            while (true) {
                s = din.readUTF();//读入从client传来的字符串
                System.out.println("从客户端接收的信息是：" + s);
                if (s.equals("bye"))
                    break;
                System.out.println("请输入要发送的信息：");
                s = sin.readLine();//读取用户输入的字符串
                dout.writeUTF(s);//将读取的字符串传给client
                if (s.equals("bye"))
                    break;
            }
            //关闭连接
            din.close();
            dout.close();
            in.close();
            out.close();
            socket.close();
        } catch (Exception e) {
            System.out.println("Error:" + e);
        }
    }
}
```

程序分析：

程序在 main()方法中，首先创建一个 ServerSocket 类对象，并在本地计算机的 2005 端口处建立一个监听服务。ServerSocket 对象的 accept()方法使 Server 端的程序处于阻塞状态，直到捕捉到一个来自 Client 端的请求并返回一个用于与 Client 通信的 Socket 对象 socket。利用 Socket 类提供的 getInputStream()和 getOutputStream()方法创建与 socket 绑定的输入输出流。此时即可与客户端进行通信，直到客户端断开连接即关闭各个流结束通信。

（2）编写客户端程序

```
import java.io.*;
import java.net.*;
public class TCPClient {
    public static void main(String args[]) {
        try {
            String s;
            //端口号应与服务端端口号一致
            Socket socket = new Socket("127.0.0.1", 2005);
            System.out.println("与服务器连接成功");
            //获得对应 socket 的输入/输出流
            InputStream in = socket.getInputStream();
            OutputStream out = socket.getOutputStream();
            //建立数据流
            DataInputStream din = new DataInputStream(in);
            DataOutputStream dout = new DataOutputStream(out);
            BufferedReader sin = new BufferedReader(new InputStreamReader(
                    System.in));
            while (true) {
                s = sin.readLine();//读取用户输入的字符串
                dout.writeUTF(s);//将读取的字符串传给 server
                if (s.equals("bye"))
                    break;
                s = din.readUTF();//从服务器获得字符串
                if (s.equals("bye"))
                    break;
            }
          //关闭连接
            din.close();
            dout.close();
            in.close();
            out.close();
            socket.close();
        } catch (Exception e) {
            System.out.println(e);
        }
    }
}
```

请读者自己运行以上两个程序，查看服务器端与客户端的运行结果。

客户端程序分析：

程序中创建了一个 Socket 对象 socket，其中第一个参数是服务器地址，本例中使用本地地址 127.0.0.1（localhost），若要在网络中指定服务器，只需将参数 localhost 改成相应的服务器名或 IP 地址即可。第二个参数指明了服务器端口号 2005，与服务器端端口号一致。

程序利用 Socket 类提供的 getInputStream()和 getOutputStream()方法创建与 socket 绑定的输入输出流。此时即可与服务器端进行通信，直到断开连接为止，最后关闭各个流结束通信。

注意，服务器端程序与客户端程序需要同时运行，并且有先后顺序，否则不能正常运行，即必须先执行服务器端程序，然后才能运行客户端程序。

请读者分别归纳服务器端和客户端的操作步骤，以及服务器端和客户端的通信顺序。

13.3.3 基于 UDP 协议的 Socket 编程

UDP（用户数据报协议）是一个无连接、不可靠的、发送独立数据报的协议，所以基于 UDP 编程不提供可靠性保证，即数据在传输时，用户无法知道数据能否正确到达目的主机，也不能确定数据到达目的主机的顺序是否和发送的顺序相同。但是有时人们需要快速传输信息，并能容忍小的错误，就可以考虑使用 UDP 协议。

1. DatagramPacket 类和 DatagramSocket 类

DatagramPacket 类和 DatagramSocket 类是 Java 用来实现无连接的数据报通信的。其中 DatagramPacket 类负责读取数据等信息，它的主要构造方法为：

public DatagramPacket(byte buf[],int length);

public DatagramPacket(byte buf[],int length,InetAddress add,int port);

第一个构造方法主要用来创建接收数据报的对象，其中字节数组 buf[]用来接收数据报的数据，length 指明所要接收的数据报的长度。

第二个构造方法创建发送数据报给远程节点的对象，其中字节数组 buf[]存放要发送的数据报，length 指定字节数组包的长度，add 指出发送的目的主机地址，port 指明目标主机接收数据报的端口号。

DatagramSocket 类则负责数据报的发送与接收，它主要的构造方法有：

public DatagramSocket();

public DatagramSocket(int port);

第一个构造方法主要创建一个数据报 Socket 对象，并将它连接到本地主机的任何一个可用的端口上。

第二个构造方法在指定的端口处创建一个数据报 Socket 对象。

注意上面这两个构造方法都可能抛出异常。

DatagramSocket 类还提供了 receive()和 send()两个方法分别用来实现数据报发送和接收。

2. UDP 的编程实现过程

UDP 编程包括数据报的发送和接收过程。

数据报的发送过程可描述如下：

（1）创建一个 DatagramPacket 对象，其中包含要发送的数据，数据分组长度，以及目标主机的 IP 地址和端口号。

（2）在指定的本机端口创建 DatagramSocket 对象。

（3）调用 DatagramSocket 对象的 send()方法，以 DatagramPacket 对象为参数发送数据报。

数据报的接收过程可以描述为：

（1）创建一个用于接收数据报的 DatagramPacket 对象，其中包含空数据缓冲区和指定数据报分组长度。

（2）在指定的本地端口号创建 DatagramSocket 对象。

（3）调用 DatagramSocket 对象的 receive()方法，以 DatagramPacket 对象为参数接收数据报，接收到的信息包括数据报内容，发送端的 IP 地址，以及发送端主机的发送端口号。

例 13.9 基于 UDP 实现具有获取本地主机时间功能的客户/服务器通信。

（1）编写服务器端程序：

```
import java.net.*;
import java.util.*;
public class UDPServer
{
    public static void main(String args[])
    {
        int i;
        try {
            //创建用于通信的 Socket 对象，其端口与客户端相同
            DatagramSocket ds = new DatagramSocket(2005);
            byte[] buff = new byte[1024]; //存放收发的数据
            //创建接收的数据报
            DatagramPacket dp = new DatagramPacket(buff, buff.length);
            ds.receive(dp);//接收数据报
            System.out.println("Sever have receive.");
            String date = new Date().toString();
            buff = date.getBytes();// 将当前日期时间存入 buff
            InetAddress addr = dp.getAddress();//获取接收到的数据报地址
            ds.send(dp);//发送数据报
            System.out.println("接受内容: " + addr.toString());
        } catch (Exception e) {
            e.printStackTrace();
        }
    }
}
```

程序分析：

服务器端程序的功能是完成接收客户端的数据报并返回给客户端。程序先创建一个指定端口为 2005 的 DatagramSocket 对象 ds，创建一个用来接收数据报的 DatagramPacket 对象 dp，将主机当前日期时间存入收发数据 buff 中，由于接收的数据报只含有一个地址，所以在接收数据报后直接调用 send()方法发送到客户端。

（2）编写客户端程序：

```
import java.net.*;
public class UDPClient
{
    public static void main(String args[])
    {
        int i;
        try {
            DatagramSocket ds = new DatagramSocket();//创建 Socket 对象
            byte[] buff = new byte[1024];//存放收发的数据
            InetAddress addr = InetAddress.getLocalHost();//获取主机地址
            DatagramPacket dp = new DatagramPacket(buff, buff.length,
                addr,2005);//创建要发送的数据报
            ds.send(dp);//发送数据报
```

```
            System.out.println("Client have finished sending.");
            ds.receive(dp);//接受数据报，存放到 dp 中
            String time = new String(dp.getData());//获取数据报中的数据内容
            System.out.println("主机的当前时间为：" + time);
            ds.close();
        } catch (Exception e) {
            e.printStackTrace();
        }
    }
}
```

请读者自己运行上述两个程序，观察运行结果。

程序分析：

客户端程序先创建一个用来发送数据报的 DatagramSocket 对象 ds 和一个用来存放待发送数据报的 DatagramPacket 对象 dp，其中 dp 指定的地址是本地地址。使用 DatagramPacket 对象的 getData()方法获取数据包中的内容，即主机的当前时间。最后关闭 Socket 连接。

习题十三

1．有关线程的叙述正确的是__________。

A．一旦一个线程被创建，它就立即开始运行

B．使用 start()方法可以使一个线程成为可运行的，并且它是立即开始运行

C．当一个线程因为抢先机制而停止运行，它被放在可运行队列的前面

D．一个线程可能因为不同的原因停止并进入就绪状态

2．多线程有哪两种实现方法，并说明它们的优缺点。

3．使用多线程编写程序。设计两个线程，其中一个线程每次增加 1，另外一个线程每次减少 1。

4．什么是线程的同步以及如何实现线程的同步

5．方法 executeUpdate 用于的语句有__________。

A．INSERT　　B．SELECT　　C．UPDATE　　D．DELETE

6．有关 Connection con = DriverManager.getConnection(url, "juddi","admin");描述正确的是__________。

A．juddi 是连接数据源的密码　　B．url 包含数据源信息

C．juddi 是连接的数据源或者库名称　　D．admin 是连接的数据源或者库

7．使用 JDBC 技术进行数据库编程的步骤。

8．在例 13.6 的基础上，使用 JDBC-ODBC 桥方式编写程序实现将 MySQL 数据库的表中的记录打印出来。

9．什么是 URL？URL 地址由哪几部分组成？

10．什么是 Socket？Socket 编程主要有哪些步骤？

11．UDP 与 TCP 的主要区别？

12．在例 13.9 的基础上，基于 TCP/IP 协议设计一个程序实现功能：服务器端写入字符串，然后从客户端读出该字符串。

参考文献

[1] [美] Y.Danniel Liang 著．王镁，李娜译．Java 语言程序设计．北京：机械工业出版社，2004．

[2] [美] John Lewis，William Loftus 著．张琛恩，孙娟译．Java 程序设计教程（第四版）．北京：电子工业出版社，2005．

[3] [美] Herbert Schildt 著．马海军，景丽等译．Java 实用教程（第 3 版）．北京：清华大学出版社，2005．

[4] 施铮编著．Java 国际认证（SCJP）典型试题 1000 例（中文版）．成都：电子科技大学出版社．2005．

[5] [美] Bruce Eckel 著．陈昊鹏，饶若楠等译．Java 编程思想（第 3 版）．北京：机械工业出版社，2005．

[6] 孙卫琴著．Java 面向对象编程．北京：电子工业出版社，2006．

[7] 吕凤翥，马皓编著．Java 语言程序设计．北京：清华大学出版社，2006．

[8] 陈语林．Java 程序设计简明教程．北京：中国水利水电出版社，2008．

[9] Sun 中国技术社区．http://developers.sun.com.cn/．

[10] Sun Microsystems．http://cn.sun.com/．